U0303098

3D 打印微点阵材料
——力学行为与结构优化

宋卫东　肖李军　著

科学出版社

北京

内 容 简 介

3D 打印微点阵材料是新一代轻质高强韧结构材料。本书主要针对 3D 打印微点阵材料在准静态和动态冲击载荷作用下的力学性能与变形失效机理进行论述，并结合典型的工程应用背景，对微点阵材料的力学优化设计方法进行阐述。全书包含微点阵材料概念与应用、3D 打印工艺和材料、微点阵材料准静态力学性能、微点阵材料动态力学性能、微点阵材料数值模拟方法以及微点阵材料力学优化设计六个方面的内容，涉及材料学、弹塑性力学和冲击动力学等方面的知识，相关内容能够直接应用于实际工程问题或给有关研究提供直接参考。

本书可供力学、航空航天、材料以及相关专业的高年级本科生、研究生学习和参考，也可供相关方向的科学技术人员以及对 3D 打印点阵材料/结构设计相关知识感兴趣的读者阅读和使用。

图书在版编目(CIP)数据

3D 打印微点阵材料 : 力学行为与结构优化 / 宋卫东, 肖李军著. -- 北京 : 科学出版社, 2024.12. -- ISBN 978-7-03-080399-3

I. TS853；TB3

中国国家版本馆 CIP 数据核字第 2024GP5035 号

责任编辑：刘信力　杨　然／责任校对：邹慧卿
责任印制：赵　博／封面设计：无极书装

科学出版社 出版
北京东黄城根北街 16 号
邮政编码：100717
http://www.sciencep.com
北京中科印刷有限公司印刷
科学出版社发行　各地新华书店经销
*
2024 年 12 月第　一　版　开本：720×1000　1/16
2025 年 1 月第二次印刷　印张：19 1/4
字数：383 000
定价：188.00 元
(如有印装质量问题，我社负责调换)

前　　言

　　点阵材料是一种由复杂拓扑胞元周期性排列构成的超轻质结构材料，兼具极低的密度、优越的力学和良好的能量吸收等性能。传统的点阵材料胞元尺寸较大 (10^{-2}m)，同时制备工艺也限制了胞元构型的选择。在"中国制造 2025"规划背景下，3D 打印 (增材制造) 成为推动智能制造的主线，为复杂构型轻质点阵材料的制备提供了必要的技术支持。采用 3D 打印制备的点阵材料特征尺寸较小 (可达 10^{-3}m 及以下)，国内外将其定义为微点阵材料/结构 (micro-lattice material/structure)。微点阵材料展现出了比传统点阵材料更为优越的物理力学性能，同时可以方便地通过细观结构调控和设计实现材料宏观性能的优化，是满足轻量化、抗冲击和多功能集成需求的重要新型战略材料，并已成功在航空航天、生物医学工程等领域得到应用，具有广阔的发展前景。

　　国内外关于点阵材料与结构已开展了大量研究，取得了丰硕的研究成果，例如：方岱宁院士等著有《轻质点阵材料力学与多功能设计》，对点阵材料的力学理论以及多功能设计进行了详细的介绍；吴林志教授所著《复合材料点阵结构力学性能表征》，介绍了复合材料点阵结构的制备方法以及实验表征手段；加拿大英属哥伦比亚大学 (UBC) 的 Srikantha Phani 教授所编 *Dynamics of Lattice Materials*，侧重介绍了点阵材料的动力学行为，并已被刘咏泉教授等翻译成中文版本《点阵材料的动力学》；英国利物浦大学 (University of Liverpool) 的 Robert Mines 教授所著 *Metallic Microlattice Structures: Manufacture, Materials and Application*，首次提出了微点阵材料或结构的定义，侧重于金属微点阵材料的制备及应用。本书则是一本专门介绍 3D 打印微点阵材料力学性能以及优化设计的专著。

　　本书整体章节的顺序按由材料制备到力学性能、由静态到动态、由实验到仿真、由经典到现代的思路进行设置，主线分明，各章又自成体系，内容比较丰富，目的是使读者对 3D 打印微点阵材料的相关概念、基础力学问题和研究现状有较为深入的了解。本书可作为工程力学、兵器科学与技术等专业的本科生或研究生教材，也可作为相关学科领域研究人员的参考书。

　　在本书的撰写过程中，课题组的研究生李实、冯根柱、于国际、石高泉、慕珂良等为书稿的整理、编排提供了许多帮助，在此表示感谢。作者在撰写本书的过程中参阅了大量参考文献，在此也对参考文献的作者表示感谢。本书的出版得到了国家自然科学基金 (项目编号：11972092, 12002049, 12172056, 12372349) 的资助和支持。

　　由于作者水平有限，书中难免有疏漏和不妥之处，恳请读者予以批评并指正。

作　者

2024 年 11 月

目　　录

第 1 章　绪　　论

1.1　微点阵材料的概念

随着科技和工业的迅速发展，寻求具有高性能而质量小的结构功能一体化材料成为必然趋势，多孔材料因其独特的多功能性受到广泛关注。多孔材料是一种由相互贯通或封闭的孔洞构成网格结构的材料，普遍存在于自然界中，并发挥着重要的生物功能。自然界中许多物质均表现为多孔结构，如木材、竹子、菌类、动物骨骼、珊瑚和蜂窝等[1]。这些天然物质具有独特的微孔洞结构，不仅可以长期承受很大的准静态载荷以及周期载荷，还可以帮助输送流体、储存水分和养分等[2]。人类对于天然多孔材料的使用可以追溯到几千年前，在古埃及金字塔中发现了大量的木材制品，古罗马时代已经开始将木材用作酒瓶的瓶塞，而在五六千年前的新石器时代，我国人民就开始了对竹子的使用。因此，天然多孔材料始终贯穿在人类的发展史中。

按材料内部的孔洞排列特性，多孔材料可分为随机多孔材料和有序多孔材料两类。随机多孔材料是指材料内部由随机分布的三维多面体形状的孔洞构成，孔洞尺寸大小不一，最常见的包括各类泡沫材料 (包含开孔及闭孔) 和金属纤维多孔材料等；有序多孔材料内部的孔洞均按一定的规律周期性排列，并且胞元的尺寸较为均匀，主要指点阵 (或格栅) 材料 (图 1.1)。其中，点阵 (或格栅) 材料为由结点和连接结点的杆/梁单元组成的周期性结构材料，因其结构形式与原子点阵构型类似而得名[3-5]。和随机多孔材料相比，有序点阵材料具有更易控制的结构特性、更好的承载能力以及更高的表面密度，因而成为国内外学者的研究热点。根据微结构构造形式的不同，点阵材料可分为二维点阵材料和三维点阵材料。二维点阵材料指由多边形进行二维排列、在第三方向拉伸成棱柱而构成的蜂窝材料，三维点阵材料则是由梁、杆、板等微元件按照一定规则重复排列构成的空间桁架结构。与二维点阵材料相比，三维点阵材料具有更大的设计空间，其结构形式更为多样。

点阵材料的物理力学性能与胞元尺寸密切相关。顾名思义，微点阵材料的胞元大小和特征尺寸介于传统宏观点阵材料和纳米点阵材料之间。一般而言，微点阵材料的特征尺寸 (壁厚) 为 100~2000μm，胞元尺寸为 1~5mm(采用电镀法制备的中空微点阵材料壁厚可小于 1μm)[6]。目前微点阵材料的制备工艺以 3D 打印技术为主。传统宏观点阵材料的特征尺寸大于 1mm、胞元尺寸大于 5mm，采用常规制造方法即可完成制备。纳米点阵材料的特征尺寸小于 100nm、胞元尺寸小于 10μm，需要采用更高精度的成型工艺制备，目前仍处于探索阶段[6]。在本书中我们主要侧重于介绍三维微点阵材料的 3D 打印制备与力学性能，关于宏观点阵材料方面的介绍可参考方岱宁等[4] 的著作。

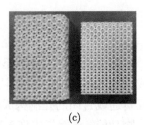

(a)   (b)   (c)

图 1.1   不同类型的多孔材料：(a) 泡沫材料；(b) 二维点阵 (蜂窝) 材料；(c) 三维点阵材料

1.2   微点阵材料的应用

金属微点阵材料是美国波音公司的休斯研究实验室 (HRL) 于 2007 年提出的一种新型超轻金属材料，其具有高孔隙率 (大于 80%)、高比刚/强度、耐冲击 (塑性变形阶段的应力几乎恒定不变) 等特点，在军用领域具有巨大的应用潜力[7-9]。比如利用其超轻质和高比强度，可提高装备结构的承载效率，改善武器装备的灵活性和稳定性，降低飞机、舰船的能耗，增加其续航能力，提升武器装备的作战效能；利用其耐冲击性能，可用于军事装甲车、坦克、舰船、战机等军事装备防护装甲结构，起到缓冲吸能作用。2011 年，HRL 首次成功在实验室环境下制备出微点阵镍样件 (图 1.2)，密度 0.9mg/cm³，仅为泡沫塑料的 1%，比当时世界最轻的固体硅气凝胶还轻 10%，压缩变形超过 50% 后仍能完全恢复，具备超强的能量吸收特性[7]。鉴于金属微点阵材料优异的物理力学性能，美国航空航天局 (NASA) 和海军研究署分别于 2014 年和 2018 年开始资助 HRL 实验室，用于推动超轻质金属微点阵材料在装备结构中的实际应用。

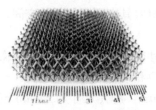

图 1.2   三维超轻质微点阵材料[7]

1) 轻质高强

微点阵材料是一种典型的多孔材料，其密度远低于传统的固体材料。和宏观点阵材料以及常用的蜂窝/泡沫材料相比，微点阵材料的胞元尺寸更小，赋予了其更为优异的力学性能，被认为是新一代最具前景的轻质超强韧材料。基于其超轻质高强特性，微点阵材料在航空航天领域具有广泛的应用前景。如将微点阵材料用作飞行器承力筒体 [图 1.3(a)]，可以有效降低整体装备的质量，同时满足结构强度的需求。我国某型卫星采用三维微点阵结构 [图 1.3(b)]，大幅降低了卫星的重量。

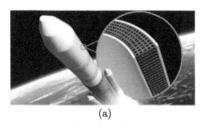 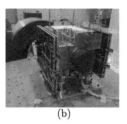

(a)　　　　　　　　　　(b)

图 1.3　(a) 轻量化点阵夹芯火箭筒体；(b) 三维点阵卫星结构

2) 冲击吸能

作为一种多孔材料，微点阵材料在冲击载荷作用下一般能经历较大的塑性变形，将大部分冲击能量转化为内能，从而为关键部件提供有效的冲击防护。利用这一特性，可将微点阵材料用于爆炸/弹道/碰撞冲击防护部件的核心材料，能够在保证强度和较低重量的情况下，有效提高结构对冲击载荷的防护。比如，将微点阵材料应用于军车底部防爆装甲结构，可以防护地雷以及简易爆炸装置对车辆带来的冲击；在航天探测器的着陆缓冲系统中采用微点阵材料 (图 1.4)，可以大幅吸收探测器着陆过程中的冲击能，保证探测器着陆后可以正常运行；在航天员头盔内衬层中采用微点阵材料，可以有效防止振动/冲击载荷对航天员头部的伤害。

 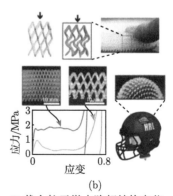

(a)　　　　　　　　　　　　　　　　(b)

图 1.4　(a) 天问一号着陆缓冲与结构减重；(b) Space-X 载人航天微点阵超结构夹芯航天员头盔

3) 隔声吸波

研究表明，多孔材料具有良好的吸声效果，且当孔径在 0.1~0.5mm 之间时其吸声效果达到最优。噪声在微点阵胞元结构以及点阵内部孔隙中传播的过程中会消耗部分能量，进一步对微点阵细观结构进行设计，能够形成不同的频率禁带，实现对特定频率声传播的遏制。近年来，微点阵结构结合声学超材料以及声学拓扑绝缘体的研究实现了对声场及其能量的定向传播和利用。因此，微点阵材料与结构的声学特性能够满足航空与交通等领域关键部件的降噪需求。

4) 电磁波隐身

弹性波在多孔材料的孔隙界面处会发生反射和散射，因此其具有一定的电磁屏蔽隐身的能力。进一步，对于微点阵夹层结构，在点阵材料的空隙和孔穴中填充其他吸波材料，并进行微点阵拓扑构型和微结构尺寸的优化设计，能在保持微点阵结构承载性能的同时实现期望的电磁波隐身。利用这一特性，可将微点阵材料用于潜艇结构上，不仅可以为潜艇提供高强度和高刚度，同时还可通过对声音进行衰减以及电磁屏蔽进而提高舰体的隐身性能。

5) 散热隔热

轻质微点阵材料在强迫对流下是良好的传热介质，可以作为承受高密度热流的结构，通过合理设计可以实现传热和承载双重功能。此外，通过微点阵材料与隔热材料 (如气凝胶等) 混杂设计，可以起到隔热的作用。因此，在航空航天结构关键部件采用微点阵结构 (如发动机叶片、发动机喷管等，如图 1.5)，可以起到防热/隔热等多重功用。

(a)   (b)

图 1.5   (a) 微点阵夹芯发动机喷管；(b) 微点阵夹芯发动机叶片

6) 变形可定制

由于微点阵材料细观结构极强的可设计性，能够通过对其胞元结构进行精心的设计，使其表现出不同于实体材料的特殊变形能力，如负泊松比、拉扭耦合、多稳态等特性。如进一步对微结构采用逆向组元设计，则可实现点阵材料与结构的可编程化，进而实现特定变形能力以及力学性能的精准定制 (图 1.6)。对于航空航天领域中柔性蒙皮、变形机翼等部件，能够实现特定变形特性的点阵材料与结构可满足其承载和传动制动等需求。

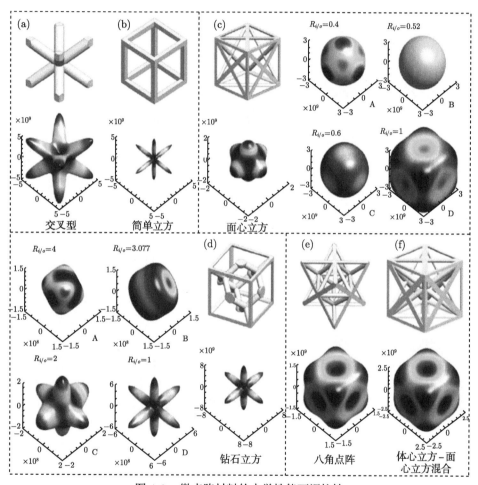

图 1.6　微点阵材料的力学性能可调控性

1.3　微点阵材料力学性能及研究现状

1.3.1　微点阵力学性能参数

微点阵材料在空间中的最小拓扑单元称为微点阵胞元，通常为了便于进行力学分析，可将一个胞元取为代表性体积单元 (representative volume element, RVE)。图 1.7 展示了三维体心立方和面心立方微点阵的胞元示意图。

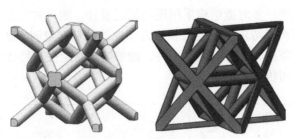

图 1.7   典型三维微点阵胞元

相对密度，或称体积分数，是微点阵材料最重要的物理特征之一，其定义为微点阵材料的密度与组成其的母体材料密度之比，即

$$\overline{\rho} = \frac{\rho^*}{\rho_s} \tag{1.1}$$

其中，$\overline{\rho}$ 为相对密度；ρ^* 为点阵材料或多孔材料的密度；ρ_s 为组成微点阵材料的母体材料的密度。从相对密度的定义可知，对于单一母体材料构成的微点阵材料，相对密度即为母体材料所占的体积与点阵材料的总体积之比。

1. 弹性力学特性

微点阵材料的弹性力学性能反映其抵抗可恢复变形的能力，是作为承力结构时的重要力学特性之一，更优异的弹性性能意味着能通过更小的质量满足更强的结构变形约束，是反映材料与结构轻量化特性的重要指标。

微点阵材料作为一种多孔材料，可以视为由母体材料和空气构成的两相复合材料。因此可采用复合材料细观力学的一系列分析方法对微点阵材料的宏观力学性能进行分析。由于微点阵材料的细观结构具有空间周期性，可对其进行均匀化处理，将微点阵材料等效为均匀的连续介质来分析和计算其宏观等效力学性能。对于完全各向异性的微点阵材料，其宏观弹性张量包含 21 个独立的弹性系数。考虑到三维微点阵材料的细观结构往往具有一定对称性，大部分的微点阵结构具有两个对称面，通常可以将其视为正交各向异性材料，其宏观等效本构张量为

$$C = \begin{bmatrix} C_{11} & C_{12} & C_{13} & & & \\ C_{12} & C_{22} & C_{23} & & & \\ C_{13} & C_{23} & C_{33} & & & \\ & & & C_{44} & & \\ & & & & C_{55} & \\ & & & & & C_{66} \end{bmatrix} \tag{1.2}$$

其中包含 9 个独立的弹性系数。工程和研究中更常用的是柔度张量的形式，其宏观等效柔度张量为

$$
S = \begin{bmatrix}
\dfrac{1}{E_1} & -\dfrac{\nu_{21}}{E_1} & -\dfrac{\nu_{31}}{E_1} & & & \\
-\dfrac{\nu_{12}}{E_2} & \dfrac{1}{E_2} & -\dfrac{\nu_{32}}{E_2} & & & \\
-\dfrac{\nu_{13}}{E_3} & -\dfrac{\nu_{23}}{E_3} & \dfrac{1}{E_3} & & & \\
& & & G_{12} & & \\
& & & & G_{13} & \\
& & & & & G_{23}
\end{bmatrix}
\tag{1.3}
$$

其中，E_1、E_2 和 E_3 为沿坐标轴三个方向的弹性模量；$\nu_{21}(\nu_{12})$、$\nu_{31}(\nu_{13})$ 和 $\nu_{23}(\nu_{32})$ 为三个方向的泊松比；G_{12}、G_{13} 和 G_{23} 为三个方向的剪切模量。

许多三维微点阵材料的微结构具有立方对称性，因此其独立弹性系数减少为 3 个，其宏观等效柔度张量可以给作：

$$
S = \begin{bmatrix}
\dfrac{1}{E} & -\dfrac{\nu}{E} & -\dfrac{\nu}{E} & & & \\
-\dfrac{\nu}{E} & \dfrac{1}{E} & -\dfrac{\nu}{E} & & & \\
-\dfrac{\nu}{E} & -\dfrac{\nu}{E} & \dfrac{1}{E} & & & \\
& & & G & & \\
& & & & G & \\
& & & & & G
\end{bmatrix}
\tag{1.4}
$$

其中，E 为弹性模量；ν 为泊松比；G 为剪切模量。对于微点阵材料的宏观等效弹性力学特性，等效弹性张量包含了所有信息。沿不同空间方向的弹性模量、体积模量、剪切模量、泊松比和各向异性指数等力学特性均可从弹性张量中获得。

2. 初始失效特性

微点阵材料的初始失效特性反映其能稳定承受的载荷的大小，更优异的初始失效强度意味着能通过更轻的质量满足更高的承载需求，是反映材料与结构安全性的重要指标。初始失效强度往往依赖于初始失效模式。对于微点阵材料，初始失效模式通常可分为初始弹性屈曲或者初始塑性屈服。对于包含细长梁的三维微点阵材料，承受压缩载荷时随着载荷的增大，其中微结构会由于失稳产生弹性屈曲，造成初始失效。对于包含短粗梁的三维微点阵材料，在受到较大载荷时会由

于母体材料发生塑性屈服造成整体初始失效。产生弹性屈曲时的应力称为弹性屈曲强度 σ_b，产生塑性屈服时的应力称为塑性屈服强度 σ_y。对于相对密度较低的微点阵材料，在产生初始失效之后由于杆件弯曲，会表现出应变软化效应，应力应变曲线会在达到峰值过后随着应变的增大而下降，下降前的最高应力往往称为峰值应力 σ_p，有时也会作为衡量其初始失效的指标之一。

3. 大变形力学特性

微点阵在大变形下能够通过内部结构的塑性变形吸收大量的能量，因此被广泛地用作防护材料与结构以抵抗冲击或撞击。微点阵材料在压缩载荷下的应力应变曲线大致可以分为三个阶段 (图 1.8)，首先发生弹性变形，应力应变曲线线性上升，产生初始屈服后，应力应变曲线不再线性上升，而是维持在一定的应力范围内发生波动，并且保持较长的压缩应变范围，形成一个平台区，正是这个较长的应力平台使其能够在保持一定载荷的情况下吸收大量能量，最后由于微点阵材料的密实化，应力应变曲线快速上升，标志着微点阵材料失去能量吸收能力和防护能力。

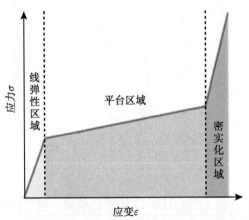

图 1.8   微点阵材料应力应变曲线示意图

为了更方便和深入地研究微点阵材料的能量吸收能力，确定合适的性能评价指标十分关键。其中较为关键并被广泛应用的是下面三个指标：

1) 总吸能

总吸能 (energy absorption, EA) 反映了微点阵材料从初始变形到当前状态下所吸收的冲击能量的总和，定义为直到当前压缩位移时载荷位移曲线下的面积，也即

$$\mathrm{EA}\left(\delta_c\right) = \int_0^{\delta_c} F\left(\delta\right) \mathrm{d}\delta \tag{1.5}$$

其中，δ_c 为当前压缩位移。

2) 比吸能

为了衡量单位体积的微点阵材料所吸收的能量，可以通过计算其压缩应力应变曲线下的面积来表征，也即

$$U_V\left(\varepsilon_c\right) = \int_0^{\varepsilon_c} \sigma\left(\varepsilon\right) \mathrm{d}\varepsilon \tag{1.6}$$

其中，$U_V\left(\varepsilon_c\right)$ 代表压缩应变为 ε_c 时单位体积的微点阵材料吸收的能量。对于吸能材料来说，质量是很重要的影响因素，因此比吸能 (specific energy absorption, SEA) 是衡量微点阵材料单位质量下能量吸收能力的最重要的指标，其定义为

$$\mathrm{SEA} = U_V\left(\varepsilon_c\right)/\rho^* = \int_0^{\varepsilon_c} \sigma\left(\varepsilon\right) \mathrm{d}\varepsilon/\rho^* \tag{1.7}$$

SEA 反映了压缩应变为 ε_c 时单位质量的微点阵材料所吸收的能量。同样的压缩应变下，比吸能越大，代表点阵材料的能量吸收能力越强。

3) 压缩力效率

压缩力效率 (crash load efficiency，CLE) 又称吸能效率，反映了微点阵材料受到压缩时载荷位移曲线或应力应变曲线的均匀程度，定义为平台载荷 (或平台应力) 与初始峰值载荷 (或初始峰值应力) 的比值，也即

$$\mathrm{CLE} = \frac{F_\mathrm{m}}{F_\mathrm{p}} \times 100\% = \frac{\sigma_\mathrm{m}}{\sigma_\mathrm{p}} \times 100\% \tag{1.8}$$

其中，F_m 和 σ_m 为平台载荷和平台应力；F_p 和 σ_p 为初始峰值载荷和初始峰值应力。压缩力效率越高，意味着微点阵材料在承受相同水平的初始载荷之后，具备更强的能量吸收能力。

1.3.2 微点阵材料力学行为的基本研究方法

1. 理论分析法

对于几何构型明确，结构形式较为简单的微点阵材料，可以引入适当的假设与简化，基于基础力学理论框架对其宏观力学性能进行分析和预测，以及求解胞元结构参数与力学性能之间的映射关系。以基于杆件的微点阵材料为例，可以将胞元中的杆件简化为梁模型，对胞元的变形和受力进行分析，进而预测其刚度或者强度特性。Deshpande 等 [10] 对八角点阵结构 (octet-truss lattice structure) 在准静态载荷作用下的有效力学性能进行了理论分析，并指出当微点阵杆件的半径与长度的比值较小时，杆件的弯曲变形相比于杆件的轴向变形对于宏观刚度的贡献较小，可忽

略杆件的弯曲变形，认为微点阵结构的节点处只能传递轴向力而不能传递弯矩，因此杆件被简化为二力杆。Tancogne-Dejean 等 [11] 采用相同的简化方法，将微点阵结构的杆件简化为二力杆，分别对由体心立方 (body-centered cubic, BCC)、面心立方 (face-centered cubic, FCC) 和简单立方 (simple cubic，SC) 组合形成的混杂微点阵进行了理论分析，获得了微点阵结构的弹性张量。Ushijima 等 [12] 基于经典梁理论对体心立方微点阵结构的一根杆件在正应力载荷下的力学行为进行了分析，得到了微点阵结构的等效力学性质，同时提出了预测微点阵结构在单轴和双轴应力状态下屈服行为的计算方法。Zhang 等 [13] 采用经典梁理论对两种弯曲主导型微点阵结构，即 Z 向增强杆件的体心立方 (body-centered cubic with a strut in Z direction, BCCZ) 和菱形十二面体 (rhombic dodecahedron，RD) 微点阵结构，在单轴载荷作用下的有效弹性特性进行了受力分析，分别获得了微点阵结构的杨氏模量和剪切模量。Gümrük 等 [14] 基于 Timoshenko 梁理论，推导了体心立方微点阵的弹性模量和屈服强度。Tancogne-Dejean 等 [15] 基于板壳理论推导了体心立方、简单立方和面心立方混杂平板微点阵的弹性张量，并分析了实现弹性各向同性时各组分的体积分数比例。

对于上述胞元几何特征具有中心对称性的微点阵材料，通过柯西连续介质理论对其进行均匀化和宏观等效力学性能的分析与真实情况误差较小，但是对于胞元几何具有中心不对称性的三维手性结构等微点阵材料，柯西理论并不适用，无法反映其拉扭耦合和尺寸效应等力学特性。对于此类三维手性微点阵，还需要发展基于高阶连续介质理论的本构模型以及适用的均匀化方法，实现对其独特力学性能的理论分析和预测。

2. 数值模拟法

理论分析方法通常仅针对几何形式比较简单的微点阵结构进行分析，在具体分析时需要引入一定的假设从而简化微点阵结构的杆件几何维度。同时，还要利用微点阵结构的几何对称特性简化需要分析的问题，甚至最终仅对少量杆件进行受力分析。对于几何形式比较复杂的微点阵结构，无法对微点阵结构的基本构成元素进行几何简化时 (如将杆件简化为二力杆或梁)，研究人员通常会诉诸数值模拟方法。与理论分析类似的是，在进行数值模拟时同样可以对微点阵结构的几何构型进行一定程度的简化，从而实现在满足计算精度的前提下，同时减少计算资源的占用，如将杆件简化为 Timoshenko 梁单元。与理论分析方法不同的是：对于无法进行几何简化的模型，可以使用实体单元对微点阵结构进行离散求解；数值模拟不仅可以获得微点阵结构的弹性性质和初始屈服等宏观力学响应，还能对微点阵结构直到密实阶段的大变形力学行为进行有效预测；揭示微点阵结构内部的应力应变分布场、大变形下的塑性应变分布等信息，加深对构型与性能间映射关系的理解，为更精细的力学设计提供支撑。由于增材制造微点阵材料的细观结构越来越复杂，数值模拟方法已成为一种不可或缺的研究微点阵材料力学性能的手段。主要的数值模拟方法归类如下：

(1) 全尺寸数值模拟方法。此处的全尺寸强调在数值模拟中需要提供微点阵材料的真实几何信息。该方法需要通过几何模型表现微点阵材料的真实几何特征，然后使用实体单元对几何模型进行离散并进行有限元计算。该方法操作简单，求解精度高，通常被用于获取具有简单细观结构微点阵材料的应力分布特征[16-18]。一旦微点阵材料的细观结构比较复杂或者杆件的长细比较大，往往需要对几何模型划分大量的实体网格来反映微点阵材料的几何信息，导致需要消耗大量的计算资源，计算代价过大。

(2) 简化模型数值模拟方法。当采用全尺寸数值模拟方法的计算代价过大时，可以考虑使用该方法进行数值模拟。该方法允许对微点阵结构的几何特征进行一定程度的简化，如使用 Timoshenko 梁单元对细长杆件进行离散，使用壳单元和板单元对曲面型和平板型微点阵材料进行离散[19-21]。但上述简化由于忽略了胞元内杆件的直径和板壳的厚度，因此在杆件的节点处以及平板交界处的力学响应会与真实响应存在一定的误差，一般对于较细的杆件或者较薄的板壳，误差在可接受范围之内。

(3) 代表性单元数值模拟方法。如果期望获得微点阵材料的宏观等效弹性张量，可将一个胞元 (或 RVE) 取作分析对象，对其进行几何建模和网格划分后，施加周期性边界条件 (periodic boundary condition, PBC)，并结合数值均匀化方法，即可获得该微点阵材料对应的宏观等效弹性张量。基于 RVE 的数值均匀化方法由于能够反映微点阵胞元内完整几何细节信息，是获得微点阵材料弹性性能最简单有效的方法，在各类微点阵材料的数值分析以及拓扑优化中有着十分广泛的应用。除此之外，该方法同样能够对点阵材料的准静态大变形力学性能进行数值分析，以表征其强度和能量吸收能特性。

3. 实验研究法

实验研究是表征微点阵材料与结构真实力学性能最可靠的手段。实验结果不仅能用来分析微点阵材料的力学性能，还能用于验证理论分析模型和数值模拟模型的正确与否。国内外科研人员对微点阵材料在不同应变率的静动态载荷作用下的力学行为进行了广泛而深入的研究。微点阵材料在准静态载荷 (低应变率) 作用下的力学性能可以通过压缩、拉伸、剪切、弯曲和扭转等实验来表征。其中，压缩实验的实现最为简单方便，该实验只需将待测试微点阵试样放置于电子试验机的加载装置之间，根据名义应变率设定相应的加载速度进行实验即可。微点阵材料实际服役的环境可能十分复杂，如在医疗健康领域，由于人的股骨既可能承受压缩载荷也可能承受拉伸载荷，作为植入体的微点阵材料在拉伸载荷的作用下更容易发生断裂，一旦发生断裂将会对周围的组织器官造成损伤。测试微点阵材料在拉伸载荷作用下的力学响应时，需要在制造微点阵试样时直接在其两端制造密实的夹持端用于试验机施加载荷。微点阵材料在动态载荷 (高应变率) 作用下的力学性能表征可通过落锤[22]、分离式霍普金森压杆 (split Hopkinson pressure bar, SHPB)[23-25]、直接撞击式霍普金森杆 (direct impact Hopkinson bar, DIHB)[26]等加载装置来实现。此外，在进行实验时，通常可结合先进的检测技术对高应变率的变形信息进行表征，如数字图像相关技术 (digital image correlation, DIC)等[27]。近年来，随着先进检测技术的发展，基于电子计算机断层扫描 (CT) 与同步辐射的原位实验技术也不断发展，因其能够获得载荷作用过程中结构的完整变形形貌以及内部细节特征，也受到了较多关注[28-30]。

近年来，国内外学者针对 3D 打印金属微点阵材料的力学性能开展了大量的实验测试研究。Cansizoglu 等[31]通过电子束快速熔融 (EBM) 技术制备了单胞为六边形的 Ti-6Al-4V 微点阵材料，发现孔壁结构的尺寸和成型质量与成型角度有关 (图 1.9)，当角度增加时，孔壁的厚度明显增加，角度较小时，孔壁的成型质量很差；同时，他们还对材料开展了常温下的压缩和弯曲实验，发现材料表现出明显的脆性破坏和各向异性。在另外一篇文章中，Cansizoglu 等[32]深入研究了成型角度对 Ti-6Al-4V 微点阵材料制备的影响，他们发现，当成型角度较小时，所制备梁结构每一层间的截面尺寸都有细微变化 (图 1.10)，会对相应多孔材料的刚度产生影响。Murr 等[33-35]采用 EBM 技术制备了 Ti-6Al-4V 泡沫和微点阵材料，发现多孔材料和块体材料的冷却速率不同，在孔壁结构内部，除了细化针状的 α 马氏体相，还形成了 α' 马氏体相或颗粒状 β 相，这一细观组织的变化提高了材料的微硬度和残余强度。Yang[36]设计并制备了四种不同的内凹六边形 Ti-6Al-4V 微点阵材料，研究了其压缩性能和失效机理。Meisel 等[37]比较了 EBM 和传统铸造对轻质多孔金属制备的区别，指出相比于传统工艺，3D 打印技术精度欠佳，所制备材料表面会存在微缺陷，对材料性能产生一定影响。Hernández-Nava 等[38]详细分析了 EBM 产生的缺陷对 Ti-6Al-4V 微点阵材料力学性能的影响。沈阳金属所的李述军课题组对 EBM 制备的 Ti-6Al-4V 微点阵材料开展了系列测试，分析了胞元结构对材料力学特性和变形模式的影响[39-41]。

在选择性激光熔化 (SLM) 金属微点阵材料方面，Tsopanos 等[42]研究了不同的 SLM 工艺参数下不锈钢多孔材料的力学性能，发现激光功率和曝光时间对孔壁直径以及材料性能有一定影响。Challis 等[43]采用 SLM 方法制备了一批单胞为脚手架形状的 Ti-6Al-4V 微点阵材料，并通过压缩实验证明了该种材料具有较优异的力学性能。Sallica-Leva 等[44]通过改变输入能量研究了 SLM 制备钛合金微点阵材料的性能，发现能量越高，制备出来的试件孔隙率分布越均匀。Yan 等[45]

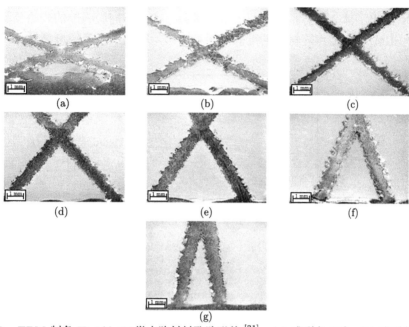

图 1.9 EBM 制备 Ti-6Al-4V 微点阵材料孔壁形貌[31]：(a) 成型角 20°；(b) 成型角 30°；
(c) 成型角 40°；(d) 成型角 50°；(e) 成型角 60°；(f) 成型角 70°；(g) 成型角 80°

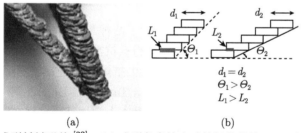

图 1.10 EBM 成型材料形貌[32]：(a) 成型角度较小时的杆件结构；(b) 小成型角度对杆件
结构的影响

利用 SLM 技术制备了螺旋二十四面体胞元的不锈钢微点阵材料，发现材料的抗拉强度和弹性模量随胞元尺寸减小而增大。Mines[46] 指出，采用 SLM 制备的金属微点阵材料，可能比传统点阵材料具有更高的比强度和比刚度。Hasan[47] 通过实验和数值模拟研究了体心立方 (BCC) 胞元结构钛合金微点阵材料的准静态压缩性能与失效机理，并分析了工艺参数以及后续热处理对材料性能的影响，通过和其他多孔材料对比发现，SLM 制备的 Ti-6Al-4V 微点阵材料具有较高的坍塌强度，如图 1.11 所示。孙健峰[48] 通过实验研究了 Ti-6Al-4V 多孔材料的承载和变形特征，并给出了材料的 SLM 优化工艺参数。吴彦霖[49] 基于杆件的受力变形分析，给出了体心四方型点阵材料的等效弹性参数与屈服强度的理论预测模型，并结合 SLM 钛合金点阵材料的准静态压缩实验，验证了模型的可靠性。

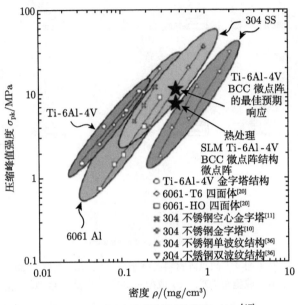

图 1.11   不同点阵材料压缩强度对比 [47]

在动态测试方面，Mckown 等[50] 设计了两种八面体单胞结构，通过爆炸加载的方式测试了 SLM 制备的不锈钢微点阵材料抗冲击性能，分析了材料的动态失效行为。Smith 等[51] 对相同结构点阵材料的抗爆性能进行了更深入的研究，并定量分析了爆炸脉冲与材料损伤之间的联系。Tancogne-Dejean 等[52] 通过 SHPB 加载技术，研究了不锈钢八角点阵材料的动态力学性能，发现在动态载荷作用下，由于不锈钢材料本身的应变率效应，点阵材料的屈服强度有明显的提高。

1.4   研究目的及简介

本书的论述是围绕 3D 打印微点阵材料的力学性能与结构设计展开的，内容涵盖了制备工艺与材料、静态力学性能、动态力学性能、宏细观数值模拟方法以及力学设计等各个方面。近年来，作者在 3D 打印微点阵材料力学设计方面开展了较为深入的研究，涉及微点阵材料的制备、微点阵材料屈服行为、微点阵材料的高温弹塑性变形、含缺陷数值模型以及微点阵材料细观优化设计等方面。因此，书中在概述他人的研究工作之余，着重介绍了作者近年来在 3D 打印微点阵材料力学特性方面的研究成果。

本书各章节及其内容安排如下：第 1 章为绪论，第 2 章介绍金属微点阵的 3D 打印制备方法以及典型 3D 打印微点阵基体材料的力学性能。第 3、4 章分别详细介绍 3D 打印微点阵材料在准静态和动态加载下的力学特性，涉及微点阵材料的等效弹性模量、细观屈服准则和屈曲分析、高温屈服准则、动态屈服强度、失效模式等方面。第 5 章介绍了 3D 打印微点阵材料的数值模拟分析方法，讨论了含几何缺陷微点阵材料的建模方法，并揭示了制备工艺产生的几何缺陷对材料静动态力学响应的影响。第 6~8 章进一步介绍了微点阵材料的力学性能优化设计方法，包括基于经验的设计方法、拓扑优化设计方法和数据驱动设计方法三个方面。

参 考 文 献

[1] Gibson L J, Ashby M F. Cellular Solids: Structure and Properties[M]. Cambridge University Press, 1999.

[2] 敬霖. 强动载荷作用下泡沫金属夹芯壳结构的动力学行为及其失效机理研究 [D]. 太原: 太原理工大学, 2012.

[3] 范华林, 金丰年, 方岱宁. 格栅结构力学性能研究进展 [J]. 力学进展, 2008, 38(1): 35-52.

[4] 方岱宁, 张一慧, 崔晓东. 轻质点阵材料力学与多功能设计 [M]. 北京: 科学出版社, 2009.

[5] Wadley H N G. Multifunctional periodic cellular metals[J]. Philosophical Transactions of the Royal Society of London A: Mathematical, Physical and Engineering Sciences, 2006, 364(1838): 31-68.

[6] Mines R. Metallic Microlattice Structures[M]. Springer International Publishing, 2019.

[7] Schaedler T A, Carter W B. Ultralight metallic microlattices[J]. Science, 2011, 334(6058): 962-965.

[8] Zheng X, Lee H, Weisgraber T H, et al. Ultralight, ultrastiff mechanical metamaterials[J]. Science, 2014, 344(6190): 1373-1377.

[9] Xiong J, Mines R, Ghosh R, et al. Advanced micro-lattice materials[J]. Advanced Engineering Materials, 2015, 17(9): 1253-1264.

[10] Deshpande V S, Fleck N A, Ashby M F. Effective properties of the octet-truss lattice material[J]. Journal of the Mechanics and Physics of Solids, 2001, 49(8): 1747-1769.

[11] Tancogne-Dejean T, Mohr D. Elastically-isotropic truss lattice materials of reduced plastic anisotropy[J]. International Journal of Solids and Structures, 2018, 138: 24-39.

[12] Ushijima K, Cantwell W, Chen D. Prediction of the mechanical properties ofmicro-lattice structures subjected to multi-axial loading[J]. International Journal of Mechanical Sciences, 2013, 68: 47-55.

[13] Zhang M, Yang Z, Lu Z, et al. Effective elastic properties and initial yield surfaces of two 3D lattice structures[J]. International Journal of Mechanical Sciences, 2018, 138: 146-158.

[14] Gümrük R, Mines R A W. Compressive behaviour of stainless steel micro-lattice structures[J]. International Journal of Mechanical Sciences, 2013, 68: 125-139.

[15] Tancogne-Dejean T, Diamantopoulou M, Gorji M B, et al. 3D Plate-lattices: An emerging class of low-density metamaterial exhibiting optimal isotropic stiffness[J]. Advanced Materials, 2018, 30(45): 1803334.

[16] Smith M, Guan Z, Cantwell W. Finite element modelling of the compressive response of lattice structures manufactured using the selective laser melting technique[J]. International Journal of Me- chanical Sciences, 2013, 67: 28-41.

[17] Guo H, Takezawa A, Honda M, et al. Finite element simulation of the compressive response of additively manufactured lattice structures with large diameters[J]. Computational Materials Science, 2020, 175: 109610.

[18] Bai L, Xu Y, Chen X, et al. Improved mechanical properties and energy absorption of Ti6Al4V laser powder bed fusion lattice structures using curving lattice struts[J]. Materials & Design, 2021, 211: 110140.

[19] Lei H, Li C, Zhang X, et al. Deformation behavior of heterogeneous multi-morphology lattice core hybrid structures[J]. Additive Manufacturing, 2021, 37: 101674.

[20] Wang P, Yang F, Lu G, et al. Anisotropic compression behaviors of bio-inspired modified body-centered cubic lattices validated by additive manufacturing[J]. Composites Part B: Engineering, 2022, 234: 109724.

[21] Geng X, Ma L, Liu C, et al. A FEM study on mechanical behavior of cellular lattice materials based on combined elements[J]. Materials Science and Engineering: A, 2018, 712: 188-198.

[22] Li X, Xiao L, Song W. Deformation and failure modes of Ti-6Al-4V lattice-walled tubes under uniaxial compression[J]. International Journal of Impact Engineering, 2019, 130: 27-40.

[23] Barnes B, Babamiri B B, Demeneghi G, et al. Quasi-static and dynamic behavior of additively manufactured lattice structures with hybrid topologies[J]. Additive Manufacturing, 2021, 48: 102466.

[24] Tancogne-Dejean T, Mohr D. Stiffness and specific energy absorption of additively-manufactured metallic BCC metamaterials composed of tapered beams[J]. International Journal of Mechanical Sciences, 2018, 141: 101-116.

[25] Jin N, Wang F, Wang Y, et al. Failure and energy absorption characteristics of four lattice structures under dynamic loading[J]. Materials & Design, 2019, 169: 107655.

[26] Fíla T, Koudelka P, Falta J, et al. Dynamic impact testing of cellular solids and lattice structures: Application of two-sided direct impact Hopkinson bar[J]. International Journal of Impact Engineering, 2021, 148: 103767.

[27] Xiao L, Song W. Additively-manufactured functionally graded Ti-6Al-4V lattice structures with high strength under static and dynamic loading: Experiments[J]. International Journal of Impact Engineering, 2018, 111: 255-272.

[28] Yang H, Wang W, Li C, et al. Deep learning-based X-ray computed tomography image reconstruction and prediction of compression behavior of 3D printed lattice structures[J]. Additive Manufacturing, 2022: 102774.

[29] Lei H, Li C, Meng J, et al. Evaluation of compressive properties of SLM-fabricated multi-layer lattice structures by experimental test and μ-CT-based finite element analysis[J]. Materials & Design, 2019, 169: 107685.

[30] Li X, Xiao L, Song W. Compressive behavior of selective laser melting printed Gyroid structures under dynamic loading[J]. Additive Manufacturing, 2021, 46: 102054.

[31] Cansizoglu O, Harrysson O, Cormier D, et al. Properties of Ti-6Al-4V non-stochastic lattice structures fabricated via electron beam melting[J]. Materials Science and Engineering: A, 2008, 492(1): 468-474.

[32] Cansizoglu O, Harrysson O L A, Ii H A W, et al. Applications of structural optimization in direct metal fabrication[J]. Rapid Prototyping Journal, 2008, 14(2): 114-122.

[33] Murr L E, Gaytan S M, Medina F, et al. Next-generation biomedical implants using additive manufacturing of complex, cellular and functional mesh arrays[J]. Philosophical Transactions, 2010, 368(1917): 1999.

[34] Murr L E, Gaytan S M, Medina F, et al. Characterization of Ti-6Al-4V open cellular foams fabricated by additive manufacturing using electron beam melting[J]. Materials Science & Engineering A, 2010, 527(7–8): 1861-1868.

[35] Murr L E, Amato K N, Li S J, et al. Microstructure and mechanical properties of open-cellular biomaterials prototypes for total knee replacement implants fabricated by electron beam melting[J]. Journal of the Mechanical Behavior of Biomedical Materials, 2011, 4(7): 1396-1411.

[36] Yang L, Harrysson O, West H, et al. Compressive properties of Ti-6Al-4V auxetic mesh structures made by electron beam melting[J]. Acta Materialia, 2012, 60(8): 3370-3379.

[37] Meisel N, Williams C, Druschitz A. Lightweight metal cellular structure via indirect 3D printing and casting[C]. 24th International Solid Freeform Fabrication Symposium, 2013.

[38] Hernández-Nava E, Smith C J, Derguti F, et al. The effect of defects on the mechanical response of Ti-6Al-4V cubic lattice structures fabricated by electron beam melting[J]. Acta Materialia, 2016, 108: 279-292.

[39] Li S J, Xu Q S, Wang Z, et al. Influence of cell shape on mechanical properties of Ti-6Al-4V meshes fabricated by electron beam melting method[J]. Acta Biomaterialia, 2014, 10: 4537-4547.

[40] Cheng X Y, Li S J, Murr L E, et al. Compression deformation behavior of Ti-6Al-4V alloy with cellular structures fabricated by electron beam melting[J]. Journal of the Mechanical Behavior of Biomedical Materials, 2012, 16: 153-162.

[41] Li S J, Murr L E, Cheng X Y, et al. Compression fatigue behavior of Ti-6Al-4V mesh arrays fabricated by electron beam melting[J]. Acta Materialia, 2012, 60(3): 793-802.

[42] Tsopanos S, Mines R A W, McKown S, et al. The influence of processing parameters on the mechanical properties of selectively laser melted stainless steel microlattice structures[J]. Journal of Manufacturing Science and Engineering, 2010, 132(4): 041011.

[43] Challis V J, Xu X, Zhang C L, et al. High specific strength and stiffness structures

produced using selective laser melting[J]. Materials & Design, 2014, 63: 783-788.

[44] Sallica-Leva E, Jardini A L, Fogagnolo J B. Microstructure and mechanical behavior of porous Ti-6Al-4V parts obtained by selective laser melting[J]. Journal of the Mechanical Behavior of Biomedical Materials, 2013, 26: 98-108.

[45] Yan C, Hao L, Hussein A, et al. Evaluations of cellular lattice structures manufactured using selective laser melting[J]. International Journal of Machine Tools and Manufacture, 2012, 62: 32-38.

[46] Mines R A W. On the Characterisation of foam and micro-lattice materials used in sandwich construction[J]. Strain, 2008, 44(1): 71-83.

[47] Hasan R. Progressive collapse of titanium alloy micro-lattice structures manufactured using selective laser melting[D]. University of Liverpool, 2013.

[48] 孙健峰. 激光选区熔化 Ti-6Al-4V 可控多孔结构制备及机理研究 [D]. 广州: 华南理工大学, 2013.

[49] 吴彦霖. 基于 SLM 制备的钛合金三维点阵结构的力学性能研究 [D]. 重庆: 重庆大学, 2016.

[50] Mckown S, Shen Y, Brookes W K, et al. The quasi-static and blast loading response of lattice structures[J]. International Journal of Impact Engineering, 2008, 35(8): 795-810.

[51] Smith M, Cantwell W J, Guan Z, et al. The quasi-static and blast response of steel lattice structures[J]. Journal of Sandwich Structures & Materials, 2011, 13(4): 479-501.

[52] Tancogne-Dejean T, Spierings A B, Mohr D. Additively-manufactured metallic micro-lattice materials for high specific energy absorption under static and dynamic loading[J]. Acta Materialia, 2016, 116: 14-28.

第 2 章　常见的金属 3D 打印工艺和材料

2.1　引　　言

3D 打印技术也被称为增材制造技术，其本质原理是离散与堆积，即在计算机的辅助下，通过对实体模型进行切片处理，把三维实体的制造转换成二维层面的堆积和沿成型方向上的不断叠加，最终实现三维实体的制造。相比于传统制造方法，3D 打印具有制造周期短、成型不受零件复杂程度限制，以及节材、节能等优势[1]。因此，无论是国内还是国外，3D 打印技术都备受推崇，甚至有人认为它将引领新一轮工业革命的到来。随着计算机技术的进步，也提出了多种基于不同成型原理和成型材料的打印方式，但本质来讲，3D 打印技术始终以数字分层制造为其基本原理。根据 3D 打印所用材料的状态及成型方法，3D 打印技术可分为熔融沉积成型 (FDM)、立体光固化成型 (SLA)、数字光处理成型 (DLP)、分层实体制造 (LOM)、电子束快速熔融技术 (EBM)、选区激光快速熔融技术 (SLM)、选区激光烧结技术 (SLS)、电子束熔丝沉积成型 (EBF)、石膏 3D 打印 (PP) 等多种方法。金属 3D 打印技术是近年来发展起来的一种新型多孔材料制造方法，其以 CAD 模型为基础，运用粉末状金属等可黏合材料，利用材料逐渐累加的原理构造物体。该制备方法对结构的复杂程度不敏感，越是复杂结构越能显示方法优越性。和传统制备方法相比，3D 打印技术无需模具，可以大大降低成本，缩短研制周期，为复杂三维微点阵材料的制备提供了较好的解决方案。国外对金属 3D 打印工艺研究相对较早，国内关于这方面的研究仍处于起步阶段。对于金属 3D 打印技术，较为常用的主要为选区激光快速熔融技术 (SLM)、电子束快速熔融技术 (EBM) 和选区激光烧结技术 (SLS)。

2.2　金属微点阵材料 3D 打印工艺

2.2.1　选区激光快速熔融技术

选区激光快速熔融技术 (SLM) 是以原型制造技术为基本原理发展起来的一种先进的激光增材制造技术。通过专用软件对零件三维数模进行切片分层，获得各截面的轮廓数据后，利用高能量激光束根据轮廓数据逐层选择性地熔化金属粉末，通过逐层铺粉、逐层熔化凝固堆积的方式，制造三维实体零件 (图 2.1)。其工作原理与 EBM 技术类似，主要区别在于能量源的选取不同。SLM 选用激光作为热源，对金属粉末进行逐层熔化 (图 2.2)。和电子束熔化成型技术相比，激光选区熔化所使用的粉末尺寸更小，因此具有更高的尺寸精度和表面质量；制备过程中充入惰性气体保护，无须抽真空，加工成本更低。

图 2.1　SLM 3D 打印设备

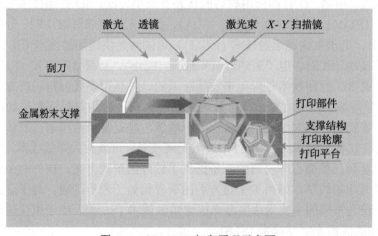

图 2.2　SLM 3D 打印原理示意图

国内典型厂商及设备有西安铂力特的 BLT 系列、北京易加三维的 EP 系列、江苏永年的 YLM 系列、广州瑞通激光的 D280、珠海西通的 Riverbase 500 等，相比国外成熟的设备机型，国内设备在成型精度和过程控制上有较大差距。德国在 SLM 设备研发上具有国际领先地位。德国 EOS GmbH 公司最新研发的 SLM 设备可将成型金属零件的表面精度提高到传统铣削水平，光纤激光器功率为 400 W，扫描速度可达 7 m/s，成型精度达 6μm，具有较高的成型效率。德国 Concept Laser 公司最近推出的 Concept X line 2000R 金属快速成型机设备，成型尺寸为 800 mm×400 mm×500 mm，使用 1 kW 的光纤激光器，扫描速度为 7 m/s。德国 SLM Solutions GmbH 公司的 SLM 500 HL 设备，成型尺寸为 500 mm×280 mm×325 mm。其他国家的 SLM 设备厂商主要有英国 Renishaw 公司，还有美国 3D Systems 公司、日本 Sodick 公司等。

选区激光快速熔融技术在金属 3D 打印领域有着极其重要的地位，通过精细聚焦光斑快速熔化预置的金属粉末材料并通过逐层铺粉的方式进行零件打印，几乎可以直接获得任意形状以及具有完全冶金结合的功能零件。打印制备得到的零件致密度可达到近乎 100%，尺寸精度达 20~50μm，表面粗糙度达 20~30μm，是一种极具发展前景的快速成型技术，而且其应用范围已拓展到航空航天、医疗、汽车、模具等领域。SLM 3D 打印技术具有以下技术特点：

(1) 直接形成终端金属产品，不需要考虑中间的繁杂步骤，省掉中间过渡环节；

(2) 可以得到冶金结合的金属样品，样品实际密度基本上能够接近 100%；

(3) 打印得到的试样具有较高的抗拉强度，整体均匀性较好，试样能够具有较低的粗糙度 (Rz30~50mm)，试样尺寸精度较高 (<0.1mm)；

(4) 能够适应各种复杂形状的工件的制造，如内部有复杂异形结构 (如空腔)、用传统方法难以加工制造的复杂工件等；

(5) 适合单件和小批量模具以及工件快速成型 (图 2.3)。

图 2.3　SLM 3D 打印试样批量生产

SLM 打印技术中常用材料多为单一组分金属粉末，包括奥氏体不锈钢、镍基合金、钛基合金、钴-铬合金和贵重金属等。在基于 SLM 技术的试样制备过程中，金属粉末会瞬间熔化与凝固 (冷却速率约 10000K/s)，温度梯度很大，产生极大的残余应力，如果基板刚性不足则会导致基板变形。因此基板必须有足够的刚性抵抗残余应力的影响。去应力退火能消除大部分的残余应力，以免工件由于残余应力过大，基板刚性不足导致的基板变形。因此，SLM 成型过程中的主要缺陷有球化、翘曲变形。而且存在孔隙，力学性能不如 CNC 加工的金属件。为了减少在打印过程中出现的一些缺陷, 在打印时可以添加支撑结构, 其主要作用是: ① 避免上一层未成型粉末发生塌陷, 防止激光扫描到过厚的金属粉末层; ② 由于成型过程中粉末受热熔化冷却后, 内部存在收缩应力, 导致零件发生翘曲等, 支撑结构连接已成型部分与未成型部分, 可有效抑制这种收缩, 能使成型件保持应力平衡。

SLM 3D 打印技术应用领域如下。

1) 航空航天领域

传统的航空航天组件加工需要耗费很长的时间, 在铣削的过程中需要移除高达 95%(体积分数) 的昂贵材料。采用 SLM 方法成型航空金属零件, 可以极大节约成本并提高生产效率。西北工业大学和中国航天科工集团北京动力机械研究所于 2016 年联合实现了 SLM 技术在航天发动机涡轮泵上的应用, 在国内首次实现了 3D 打印技术在转子类零件上的应用。

2) 生物医学领域

随着医疗行业精准化、个性化的需求增长, SLM 技术在医疗行业的应用也越来越广泛, 逐渐用于制造骨科植入物、定制化假体和假肢、个性化定制口腔正畸托槽和口腔修复体等。

3) 汽车及模具生产领域

在汽车行业中, 汽车制造大致可分为三个环节: 研发、生产以及使用。目前, SLM 技术在汽车制造领域中的应用主要包括两个方面: 汽车发动机及关键零部件直接成型制造和发动机复杂铸型件成型制造。SLM 技术在模具行业中的应用主要包括成型冲压模、锻模、铸模、挤压模、拉丝模和粉末冶金模等。

4) 结构轻量化设计

传统加工工艺中制造的轻量化结构往往需要预先设计好模具再进行铸造和后续减材加工, 耗费了很多时间, 经济成本较高, 但采用 SLM 方法可以直接成型出更复杂、自由度更高的轻量化结构件。目前, SLM 技术在轻量化结构设计上的应用还有很多问题需要解决, 通过改进设备和工艺参数可以提高 SLM 成型零件的力学性能, SLM 制造的轻量化结构在工业中的应用将会更加广泛。

2.2.2　电子束快速熔融技术

电子束快速熔融技术 (EBM) 是由瑞典 ARCAM 公司最先提出的一种金属 3D 打印技术, 他们将其所开发的技术称为电子束熔化成型技术 (electron beam melting)。ARCAM 公司也是世界上第一家将电子束快速制造商业化的公司, 并于 2003 年推出第一代设备, 此后美国麻省理工学院、美国航空航天局、北京航空制造工程研究所和我国清华大学均开发出了各自的基于电子束的快速制造系统。该技术是近年来一种新兴的先进金属快速成型制造技术, 经过密集的深度研发, 现已广泛应用于快速原型制作、快速制造、工装和生物医学工程等领域[2]。

电子束熔化成型技术的原理是将通过三维建模软件所建立的零件三维实体模型导入 EBM 3D 打印设备，EBM 设备会在工作舱内平铺一层微细金属粉末薄层，高能电子束在经偏转聚焦后会在焦点处产生高密度的能量使被扫描到的金属粉末层在局部微小区域产生高温从而导致金属微粒熔融，电子束连续扫描将使一个个微小的金属熔池相互融合并凝固，连接形成线状和面状金属层。EBM 设备能够根据模型文件的切片路径进行自动识别，将模型所在区域粉末微粒进行熔融，最终通过逐层铺粉的方式完成模型整体的实现。图 2.4 给出了 EBM 系统的示意图，电子束枪位于系统上部的真空腔内部，电子束的生成主要依赖于电子束枪，同时电子束可以通过受控进行转向，进而使电子束达到整个加工区域。电子束中的电子是从一个丝极发射出来，当该丝极加热到一定温度时，就会放射电子。电子首先会在一个电场中被加速到光速的一半，然后通过两个磁场对电子束进行控制。第一个磁场类似于一个电磁透镜，能够将电子进行聚集并将电子束聚焦到期望的直径。第二个磁场将已聚焦的电子束转向到工作台上所需的工作点，实现电子束在工作平台上的区域控制。

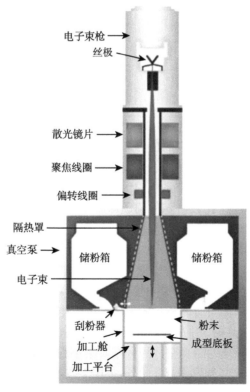

图 2.4　EBM 系统示意图

因具有直接加工复杂几何形状的能力，EBM 工艺非常适于小批量复杂零件的直接量产 (图 2.5)。该工艺使零件定制化成为可能，而且为 CAD to metal 工艺优化的零件，可以获得用其他制造技术无法形成的几何形状。相对于传统的铸造工艺，EBM 技术有着自己独特的特点和优势：

(1) 无需模具，节省了大量用于模具设计和制造的消耗；

(2) 不受模型外形设计和复杂腔体等几何形状的限制，利用模型的 3D 模型数据直接生成金属零件，自由成型任何复杂零件，能够充分发挥设计人员的想象力；

(3) 设备工作区域为真空环境，能够防止外界一些化学元素对材料可能产生的污染和侵害；

(4) 打印设备在工作过程中能够保证适当的时效温度，能够保证零件具有良好的形状稳定性和低残余应力特性，保证其优秀的力学性能；

(5) 零件成型过程中金属粉末能够重复利用，最大限度减少能源消耗；

(6) 成型效率高，与铸造工艺相比过程更加简单，显著缩短生产周期；

(7) 能够熔炼难熔金属，且能够将不同的金属进行融合。

图 2.5　EBM 3D 打印试样

虽然这种打印方法有着巨大的优势，但是由于成型设备需要另外配备抽真空系统，且需要定期进行维护，增加了一定的成本。真空室在抽气过程中由于气流原因粉末容易被带走，导致真空系统的污染；由于电子束具有较大的动能，在零件打印过程中还存在一个比较特殊的问题即粉末溃散现象，当高速轰击金属原子使之加热、升温时，电子的部分动能也直接转化为粉末微粒的动能，粉末颗粒会被电子束推开形成溃散现象。为了防止粉末溃散就要提高粉床的稳定性，克服电子束的推力，主要有四项措施：① 降低粉末的流动性；② 对粉末进行预热；③ 对成型底板进行预热；④ 优化电子束扫描方式。针对粉末在电子束作用下容易溃散的现象，提出不同粉末体系所能承受的电子束域值电流 (溃散电流) 和电子束扫描域值速度 (溃散速度) 判据，并在此基础上研究出混合粉末；为保证设备正常工作，EBM 技术成型室中必须为高真空，还因在真空下粉末容易扬起而造成系统污染，这使得 EBM 技术整机复杂度提高。此外，EBM 技术需要将系统预热到 800℃ 以上，使粉末在成型室内预先烧结固化在一起，系统的整体结构需要能够保证在较高预热温度下整体的正常运行，同时加工结束后零件需要在真空成型室中冷却相当长一段时间，这些要求在一定程度上降低了零件的生产效率。另外，电子束难以像激光束一样聚焦出细微的光斑，因此对于成型精度要求较高的零件很难达到较高的尺寸精度。同时对于精密或有细微结构的功能件，电子束选区熔化成型技术是难以直接制造出来的。EBM 系统采用磁偏转线圈产生磁场使电子偏转，因此会产生一定的电子束偏转误差。由于偏转的非线性以及磁场的非均匀性，电子束在大范围扫描时会出现枕形失真。EBM 系统采用聚焦线圈使电子束聚焦，若聚焦线圈中的电流恒定，电子束的聚焦面为球面，而电子束在平面上扫描。因此，电子束在不偏转时聚焦，而在大角度偏转时会出现散焦。

2.2.3 选区激光烧结技术

选区激光烧结技术 (SLS) 由美国得克萨斯大学奥斯汀分校的 Dechard 于 1989 年研制成功。选择性激光烧结成型是应用分层制造方法，以固体粉末材料直接成型三维实体零件，不受材料种类的限制、不受零件形状复杂程度的限制。其工艺是首先在计算机上完成符合需要的三维 CAD 模型，再用分层软件对模型进行分层，得到每层的截面，采用自动控制技术，使激光有选择地烧结出与计算机内零件截面相对应部分的粉末，使粉末经烧结熔化、冷却、凝固、成型，完成一层烧结后再进行下一层烧结，且两层之间烧结相连 (图 2.6)。

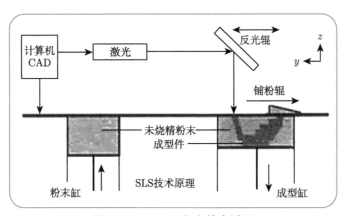

图 2.6 SLS 3D 打印技术原理

SLS 工艺的成型材料有很多，且去支撑容易，包括多种不同机械性能的粉末材料和多种尼龙混合材料。如适用于模具的铝粉与尼龙的混合材料、重量极轻和机械性能强的碳纤维与尼龙的混合材料、多种塑料混合材料和陶瓷材料等。从理论上讲，任何可熔的粉末都可以用来制造产品或模型，因此可以选择粉末材料是 SLS 技术的主要优点之一。SLS 3D 打印技术的主要特点在于：

(1) SLS 可打印多种材料，包括高分子、金属、陶瓷、石膏、尼龙等多种粉末，但是目前对于金属材料的打印主要采用 SLM 和 EBM 技术，由于市场上现在 SLS 技术用的材料 90% 是尼龙材料，所以通常会默认为 SLS 是打印尼龙材料；

(2) 目前 SLS 技术的打印精度可以做到公差在 0.1mm 左右；

(3) 在打印过程中无须添加支撑，叠层过程出现的悬空层可直接由未烧结的粉末来支撑，大大简化了打印过程，提高了打印效率；

(4) 由于不需要支撑，无须添加底座，因此材料利用率较高。

由于该类成型方法有着制造工艺简单、柔性度高、材料选择范围广、材料价格便宜、成本低、材料利用率高、成型速度快等特点，SLS 工艺主要应用于铸造业，并且可以用来直接制作快速模具。但是在实际的应用过程中该技术同样存在一些缺点：

(1) 由于原材料的特点和特性，材料粉层在经过加热熔化实现逐层粘接的过程中，原型表面严格讲是粉粒状的，因而表面质量不高；

(2) 由于 SLS 工艺中粉层需要激光使其加热达到熔化状态，高分子材料或者粉粒在激光烧结时会挥发异味气体；

(3) 由于 SLS 技术原理特点，在进行打印时需要预热和冷却，整体耗时较长；

(4) 设备成本较高，同时需要较多辅助保护工艺，制造和维护成本较高。

2.3　3D 打印基体材料力学性能及微观结构

2.3.1　Ti-6Al-4V 合金

Ti-6Al-4V 合金是 1954 年美国研发的军用钛合金，因其高的比强度以及优异的可加工性、耐腐蚀性和生物相容性，在航空航天和生物医疗领域中得到了广泛应用。据统计，Ti-6Al-4V 合金在这两个领域中的使用量占据了全部钛合金用量的 50% 以上。随着 3D 打印技术的不断发展和广泛应用，极大地推动了钛合金在国防、航空、航天、医疗等方面的应用。由于 3D 打印技术的原理和成型特点，在生成的结构/试样表面会产生一定的缺陷从而会对试样整体的力学性能产生一定的影响，3D 打印的粉末性质会对打印效果产生较大的影响。对成型粉末来说，粉末除需要具备良好的可塑性外，还需满足粒径细小、粒径分布较窄、球形度高、流动性好等要求。

由于增材制造材料的冷却速度非常快，其微观结构演变与传统方法加工的材料不同。图 2.7(a) 和 (b) 为垂直于打印方向的 EBM 打印 Ti-6Al-4V 合金光学微观结构。可以观察到，该结构呈现出典型的网篮组织，由 α 片层 (浅色部分) 和 β 基体相 (深色部分) 组成。图中还给出了样品内不同位置的不同晶粒排列：在样品边缘附近观察到块状相 [图 2.7(b) 中红色曲线所示]，而在样品中心则不存在块状组织。这种块状组织的形成与 EBM 的低冷却速率有关，导致了块状相变。垂直于构建方向的 SLM 打印 Ti-6Al-4V 合金光学微观结构如图 2.7(c) 和 (d) 所示。金相图表明，SLM 样品的组织结构与 EBM 样品的组织结构相似。正是由于冷却速度快，SLM 得到的 Ti-6Al-4V 的典型组织是 α' 马氏体相。由于加工后的热处理，α' 马氏体相分解为 $\alpha+\beta$ 相，使其组织与 EBM 样品更接近。同时，SLM 样件中没有观察到块状相，即在不同部位的微观组织相当均匀。图 2.7(e) 表明，EBM 打印样品的 β 晶粒在打印方向上被拉长，由于双重热处理的影响，在 SLM 样品中没有明显观察到这种现象 [3]。

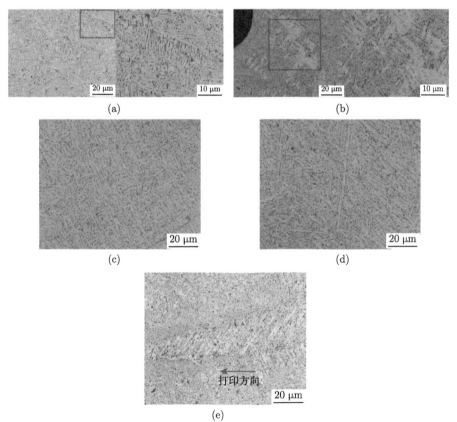

图 2.7　增材制造 Ti-6Al-4V 光学显微图：(a) 和 (b) 分别为垂直于打印方向的 EBM 试样中心和边缘；(c) 和 (d) 分别为垂直于打印方向的 SLM 试样中心和边缘；(e) 沿打印方向的 EBM 试样 (浅色相 = α，深色相 = β)

　　图 2.8 给出了利用电子背散射衍射 (EBSD) 分析得到的增材制造 Ti-6Al-4V 合金的晶粒分布和取向，其中 [0001]HCP 晶面取向的代表性图像明显反映了高度非均质多晶结构。从图 2.8(c) 和 (d) 对应的极图可以看出，两种打印工艺制备的

样品存在显著差异。在 EBM 构件中可以识别出明显的织构，这也表明材料具有明显的各向异性，主要与扫描策略有关，因为晶粒会优先沿着粉末堆积的方向生长。SLM 样品的晶粒分布与 EBM 试样相似。然而，再结晶退火处理会影响钛合金的织构，导致织构相对不明显。

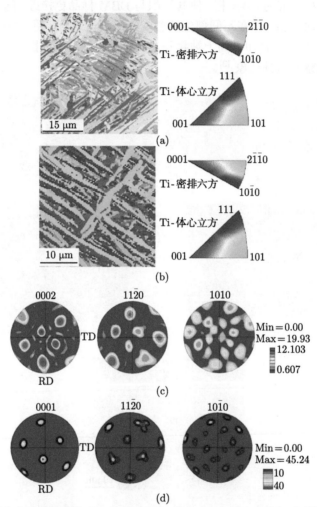

图 2.8　沿打印方向的增材制造 Ti-6Al-4V 合金 (Φ4mm×4mm) EBSD 分析结果：(a) EBM 样品的晶粒取向图；(b) SLM 样品的晶粒取向图；(c) EBM 样品的极图；(d) SLM 样本的极图 (所有数据在样品截面的中心测量)

图 2.9 给出了增材制造 Ti-6Al-4V 合金的平均 α 片层尺寸。统计数据表明，Φ4mm×4mm SLM 打印样品片层尺寸较小，平均尺寸为 1.3μm，大部分片层尺寸在 0.5~2.0μm 之间 (约占 87%)。对于相同尺寸的 EBM 打印试样，大于 2μm

的晶粒比例约为 45%，平均尺寸约为 2.5μm。从图 2.9(a) 和 (c) 也可以看出，EBM 试样的 α 片层尺寸表现出明显的尺寸效应。当试样尺寸从 Φ4mm×4mm 变为 Φ2mm×2mm 时，平均晶粒尺寸从 2.50μm 减小到 2.36μm，这是由于在尺寸偏小的试样中冷却速度更快。对于 SLM 试样，由于后期热处理，晶粒尺寸受试样尺寸的影响较小 (从 1.3μm 变化到 1.33μm)。

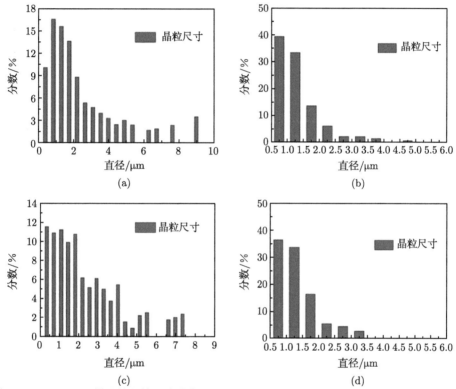

图 2.9 Ti-6Al-4V 样品的晶粒尺寸分布：(a) EBM 打印的 Φ4mm×4mm 样品；(b) SLM 打印的 Φ4mm×4mm 样品；(c) EBM 打印的 Φ2mm×2mm 样品；(d) SLM 打印的 Φ2mm×2mm 样品 (所有数据均在截面中心测量)

图 2.10 给出了中等尺寸 Ti-6Al-4V 合金试样 (Φ4mm×4mm) 的静动态真实应力-应变曲线图。可以观察到，两种打印工艺的材料都表现出应变率敏感性。EBM 打印的 Ti-6Al-4V 合金在 0.2% 塑性应变下的准静态屈服强度约为 863MPa，应变率为 1500/s 和 3000/s 时，准静态屈服强度分别提高到 1080MPa 和 1156MPa。SLM 打印试样在应变率为 0.001/s、1300/s 和 3000/s 时的屈服强度分别为 935MPa、1134MPa 和 1453MPa。结果表明，SLM 打印的材料比 EBM 打印的材料具有更高的强度。此外，当应变率从 0.001/s 提高到 3000/s 时，SLM 试样对应变率也

更为敏感。结果还表明，在准静态压缩下，EBM 试样在应变区间 [0.05,0.15] 内的硬化模量为 1346MPa，在应变率为 1500/s 时硬化模量为 86MPa。当应变率提高到 3000/s 时，由于热效应和材料的破坏，EBM 样品完全软化。值得注意的是，即使是相同的合金，SLM 样品也表现出明显的硬化行为。当压缩应变率为 0.001/s 至 1300/s 时，相关硬化模量基本保持不变 (1699MPa 和 1492MPa)，当应变率为 3000/s 时，相关硬化模量降至 700MPa。

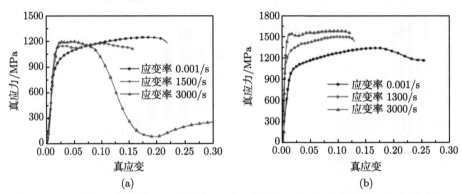

图 2.10　增材制造 Ti-6Al-4V 合金的应力-应变曲线：(a) EBM 打印；(b) SLM 打印

　　图 2.11 总结了不同尺寸和应变率下 3D 打印 Ti-6Al-4V 合金的屈服强度。结果表明，在不同试样尺寸下，SLM 打印试样的强度均优于 EBM 打印样品。对于 EBM 试样，当试件尺寸小于 4mm 时，强度下降明显，说明 EBM 试样的压缩行为存在试样尺寸敏感性。对于 SLM 样品，尺寸对材料强度的影响相对较小。结果还表明，两种方法加工的材料均表现出明显的应变率敏感性，但存在一些差异。对于 EBM 试样，当应变率低于 1000/s 时，强度提高不显著；当应变率从 0.001/s 提高到 800/s 时，EBM 试样的强度提高约 5%；当应变率高于 1000/s 时，材料的强度急剧增加。相比之下，SLM 试样对应变率更敏感。

　　晶体材料的微观结构与其力学性能密切相关。如图 2.9 所示，EBM 打印试样和 SLM 打印试样的晶粒尺寸分布有很大的不同。EBM 打印材料的晶粒尺寸对试样尺寸敏感，而 SLM 打印材料则不敏感。根据霍尔-佩奇 (Hall-Petch) 关系，晶体金属材料的强度可通过晶粒尺寸进行估计。对于同一种材料，屈服强度会受到晶粒尺寸的显著影响。根据近似的 Hall-Petch 关系，层状 Ti-6Al-4V 的力学性能随着片层间距的减小而提高。图 2.12 给出了屈服强度与 Ti-6Al-4V 片层间距平方根成反比的数据。从图中可以看出，大部分数据均满足 Hall-Petch 关系。因此，与采用 SLM 工艺制备的样品相比，较粗的晶粒导致 EBM 试样强度较低。同时，在片层间距相同的情况下，随着试样尺寸的减小，SLM 打印材料的屈服强度基本保持不变。

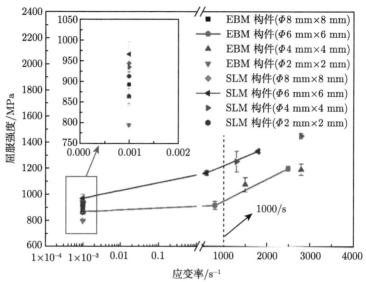

图 2.11 尺寸范围为 Φ2mm×2mm～Φ8mm×8mm 的 3D 打印试样在不同应变率下的屈服强度

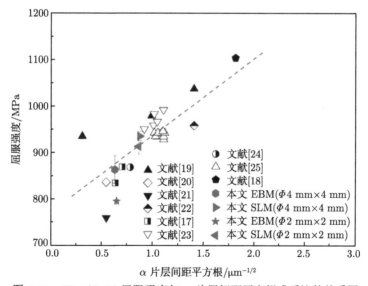

图 2.12 Ti-6Al-4V 屈服强度与 α 片层间距平方根成反比的关系图

虽然当试样尺寸为 Φ4mm×4mm 时，SLM 打印试样与 EBM 打印试样的屈服强度与 Hall-Petch 关系相似，但需要注意的是，当试样小于 Φ4mm×4mm 时，EBM 零件的强度显著降低。如图 2.9 所示，EBM 试样从 Φ4mm×4mm 减小到 Φ2mm×2mm 时，α 相的平均片层间距从 2.50μm 减小到 2.36μm，根据 Hall-Petch

关系，将导致屈服强度的提高。这种实验数据与理论预测之间的矛盾被认为是由几何不规则性造成的。随着 EBM 打印试样直径的减小，其横截面形状趋于不规则，容易在表面产生缺陷，降低材料性能。相比于 EBM 试样，SLM 试样具有更好的成型质量 (图 2.13)，因而受几何缺陷的影响较小。

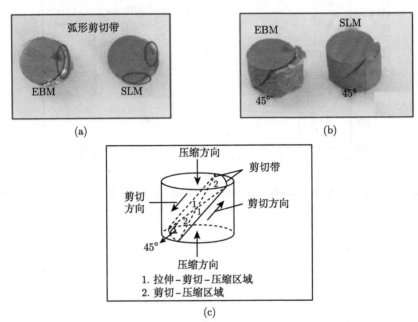

图 2.13　(a) 增材制造变形试样俯视图；(b) 变形试样侧视图；(c) Ti-6Al-4V 合金在压缩作用下的断裂特征及剪切带取向示意图

　　从图 2.13 还可以看出，变形后 SLM 和 EBM 打印试样的顶部都存在弧形剪切带 [图 2.13(a)]。图 2.13(b) 表明，试样中的断裂在沿与压缩轴呈 45° 的倾斜平面内发生。在准静态和动态压缩变形过程中都可以观察到这种破坏模式。如图 2.13(c) 所示，单轴加载时，在与最大剪应力方向对应的压缩轴 45° 平面上出现局部剪切带。同时，当试件上存在凸起时，在柱面赤道面处产生环向应力，导致试样处于拉伸加载状态。上述应力状态导致断裂面同时存在拉剪压缩区 (记为 1) 和剪压缩区 (记为 2)。此外，由于边界效应 (样品表面与加工实验的压板之间的摩擦)，断裂开始于与刚性压板接触的表面，这可以通过调整试样的尺寸来避免 (试样的高度应是其直径的 1.5~2 倍)。

　　图 2.14 为不同打印合金断口的形貌图。可以看出，EBM 制备的 Ti-6Al-4V 合金在 $\Phi4\text{mm}\times4\text{mm}$ 和 $\Phi2\text{mm}\times2\text{mm}$ 两种尺寸下都可以观察到沿剪切方向拉长的抛物线状韧窝，表明试样经历了较大的塑性变形。如图 2.14(b) 和 (d) 所示，

Φ4mm×4mm 尺寸的试样中韧窝的尺寸和深度都大于 Φ2mm×2mm 的试样,说明 EBM 试样的延性随着试样尺寸的增大而增大。SLM 试样的韧窝较 EBM 试样浅,表明其塑性有待提高。

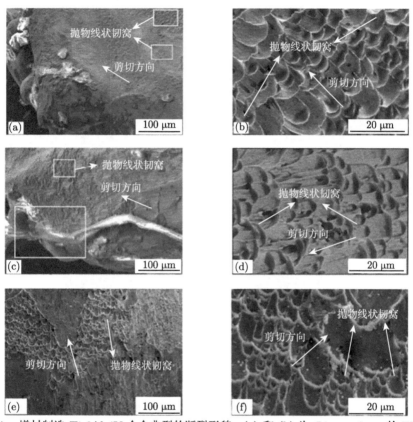

图 2.14　增材制造 Ti-6Al-4V 合金典型的断裂形貌:(a) 和 (b) 为 Φ4mm×4mm 的 EBM 试样;(c) 和 (d) 为 Φ2mm×2mm 的 EBM 试样;(e) 和 (f) 为 SLM 试样

图 2.15 给出了压缩载荷下变形样品的 TEM 观察结果。图像显示,在 EBM 和 SLM 打印材料中都出现了大量的位错。然而,在 EBM 打印的试样中还观察到了变形孪晶,这在 SLM 试样中是不存在的。因此,较低的孪晶激活应力导致 EBM 试样的屈服强度较低。通常,孪晶的出现将成为位错运动的障碍,从而导致材料的屈服后硬化行为。但由于孪晶密度相对较低,对 EBM 打印材料的硬化影响有限。此外,孪晶的出现也可能对材料的延展性有所贡献。对于密排六方晶体,滑移系很少,使得滑移变得困难。孪晶可以协调晶粒变形,使先前不利的滑移系转移到有利的位置,从而使得滑移变形继续进行以获得更高的延展性。

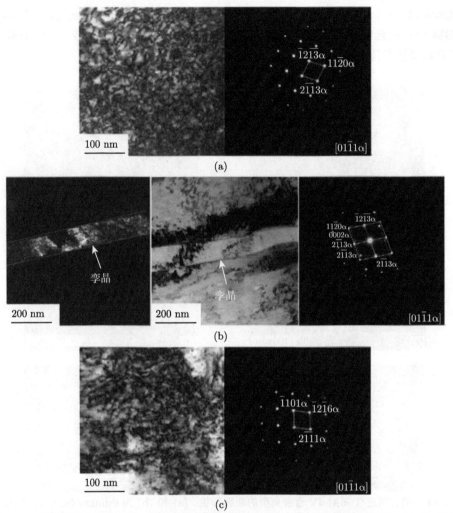

图 2.15　增材制造 Ti-6Al-4V 合金的微观变形机理：(a) 和 (b) 为 EBM 试样；(c) 为 SLM 试样

2.3.2　316L 不锈钢

3D 打印 316L 不锈钢是由细金属粉末制成的，该金属粉末主要由铁 (66%～70%)、铬 (16%～18%)、镍 (11%～14%) 和钼 (2%～3%) 组成。该材料具有很强的抗腐蚀能力，并且具有高延展性。这些功能使其非常适合在多个行业中应用，例如手术辅助、内窥镜手术或骨科医疗领域；在航空航天工业中用于生产机械零件；在汽车工业中用于生产耐腐蚀零件；而且还用于制造手表和珠宝。316L 不锈钢的打印非常精确，这是因为它具有出色的涂层分辨率 (30～40μm) 和激光的准确性。

由于 316L 不锈钢的熔点较低，SLM 成为最常用于 316L 不锈钢材料的增材制造方法。研究表明，L-PBF 制备的不锈钢在微观上以胞状晶和柱状晶为主，且为完全奥氏体结构，没有发现明显的固态相变。受打印过程中高温度梯度的影响，L-PBF 制备的不锈钢基本上不会出现等轴晶。和传统工艺制备的不锈钢相比，L-PBF 制备的不锈钢晶粒尺寸更小，材料强度也更高。尽管如此，L-PBF 制备的不锈钢在韧性方面相较传统不锈钢并没有明显的下降。Wang 等将增材制造不锈钢的高强韧性归因于其多层级的微观组织特性 (图 2.16)，包括凝固态胞状晶、高低角度晶界、位错和氧化物夹杂。这种层次结构在长度尺度上跨越了六个数量级，是增材制造工艺所独有的。但是，文中也提到进一步消除 L-PBF 金属中的打印缺陷仍然是当前的挑战，且试样中出现的元素偏析现象可能不利于结构的抗腐蚀性 [4]。

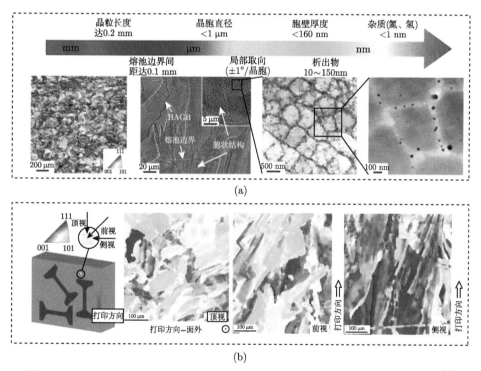

图 2.16　L-PBF 制备不锈钢的微观组织结构：(a) 多层级特征；(b) 织构方向性 [4]

图 2.17 给出了不同应变率下 SLM 打印 316L 不锈钢的单轴拉伸真应力-真应变曲线。Lankford 比由板宽方向塑性应变与板厚方向塑性应变之比的斜率决定 (假设塑性不可压缩，从轴向和宽度应变测量计算)。图 2.17(a) 显示了在三个方向 (相对于打印方向 0°、45° 和 90°) 上准静态拉伸获得的三次重复的真应力-真应变曲线。可以得到沿打印方向的平均屈服强度为 $\sigma_{y,0} = 475\text{MPa}$ (20MPa)，45° 方

向为 $\sigma_{y,45} = 508\text{MPa (8MPa)}$，90° 方向为 $\sigma_{y,90} = 493\text{MPa (2MPa)}$，其中括号内为标准差。SLM 打印 316L 不锈钢在极限强度前表现出较低的硬化响应，且各向异性显著 $[\sigma_{\text{UTS},0} = 563\text{MPa (5MPa)}，\sigma_{\text{UTS},45} = 613\text{MPa (15MPa)}，\sigma_{\text{UTS},90} = 623.5\text{MPa (2MPa)}]$。最大极限应力出现在 45° 方向，而最大屈服应力出现在 90° 方向。实验结果总体上呈现良好的重复性，其中 45° 方向显示出最大的分散性，这在三个实验的 Lankford 比在 45° 方向上的分散中也得以反映 [图 2.17(b) 灰点]。然而，Lankford 比的平均值 [图 2.17(b) 空心三角形] 与方向无关，仅在 0.8~0.9 的范围内显示出较小的各向异性，而单个值的范围为 0.6~1.0。

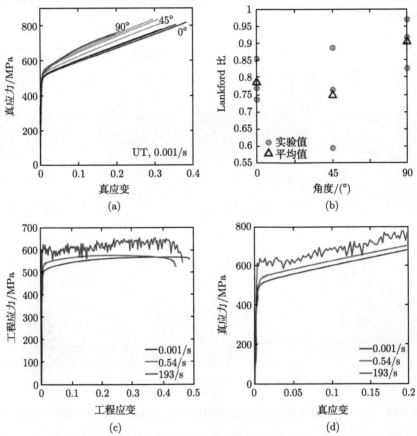

图 2.17　(a) SLM 打印 316L 不锈钢单轴拉伸真应力-真应变曲线：相对于打印方向 0°(黑色实线)、45°(橙色实线) 和 90°(绿色实线)；(b) 沿三个方向的 Lankford 比散点分布 (灰色实心点) 和平均值 (空心三角形)；(c) 低应变率 (黑色实线)、中应变率 (红色实线) 和高应变率 (蓝色实线) 沿打印方向的单轴拉伸工程应力-应变曲线；(d) 低、中、高应变率单轴拉伸实验对应的真应力-真应变曲线 [5]

同时，从图中可以发现 SLM 打印 316L 不锈钢材料表现出中等的正应变率敏感性。当单轴拉伸实验沿 0° 方向将应变率提高 2~4 个数量级时，观察到 0.2% 偏置屈服应力分别增加 7% 至 $\sigma_{y,0.54/s} = 489\text{MPa}$ (3MPa) 和 26% 至 $\sigma_{y,193/s} = 576\text{MPa}$ (16MPa)[图 2.17(c)、(d)]。值得注意的是，无论应变率如何变化，材料在极限应力之前都表现出平坦的应变硬化响应。随后，在最终变形局部化和断裂发生之前，应力会出现平缓且几乎不明显的下降 [图 2.17(d)]。

图 2.18 给出了低、高加载速度下单轴拉伸试样的代表性断口形貌。可以发现，在较低和较高加载速度下，断裂的起裂都先于微孔洞的形成。高速实验断口表面的韧窝密度也略高，这与快速实验中观察到较低的断口伸长率一致。

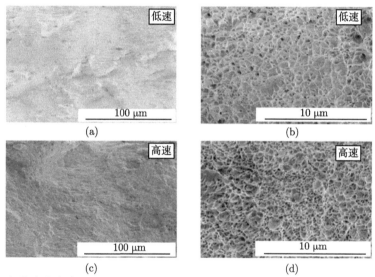

图 2.18　加载应变率为 (a) 0.001/s 和 (c) 193/s 时，沿打印方向单轴拉伸试样的断裂形貌；(b) 和 (d) 为相应放大的断裂面形貌图

2.3.3 铝合金

铝合金是工业中应用最广泛的一类有色金属结构材料，是以铝为基础，添加硅、铁、铜、锰、镁、铬、锌、钛等金属铸造而成的合金材料。铝合金密度低，但强度比较高，接近或超过优质钢，塑性好，可加工成各种型材，具有优良的导电性、导热性和抗蚀性，在汽车工业和航空航天等领域已有广泛的应用 [6]。有研究表明，使用 SLM 方法制备的铝合金材料的力学性能超过传统的铸造材料甚至到达塑性成型铝合金的水平。

铝合金因其可焊性差、熔点低、流动性好，在增材制造方面受到了一定的限制，成型样品容易产生裂纹等缺陷。目前最常用于增材制造微点阵结构设计的铝合金为 AlSi10Mg 合金。AlSi10Mg 铝合金铸造性能良好，具有高强度、高硬度和良好的动态特性，被广泛应用于复杂零件、航空航天零部件等。纯度 90%、平均粒径 30μm 的 AlSi10Mg 合金粉末，其微观形貌见图 2.19，由粒径大小不同的球状颗粒组成，局部有团聚现象发生 [7]。

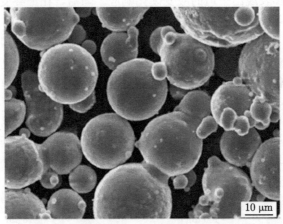

图 2.19　　AlSi10Mg 合金粉末的微观形貌 [7]

通过对三种不同打印参数 (不同打印功率及扫描速度) 得到的铝合金微观组织进行分析发现，当激光功率过高或扫描速度过低时，粉末层上部的金属颗粒熔化程度增加，但冷却凝固速度大于熔体流动速度，金属液体在流入到间隙之前已经全部凝固，此时粉层下部的颗粒仍没有完全熔化，则在上部已熔化与下部未熔化的颗粒间就会形成密闭不规则的孔隙缺陷，如图 2.20 所示。

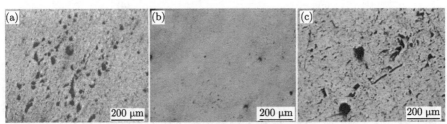

图 2.20　　AlSi10Mg 合金内部的孔隙缺陷 [7]

研究表明，SLM 打印的 AlSi10Mg 合金因其内部的细晶组织，较传统的铸造材料具有更优异的抗空蚀性能。同时，这种细晶组织的演化也使得 SLM 打印的 AlSi10Mg 合金在静动态载荷下均具有较高的强度和韧性。Zaretsky 等 [8] 对比了 SLM 成型和砂型铸造 AlSi10Mg 合金的一维平面层裂强度，发现 SLM 成型材料的动态屈服强度和拉伸 (剥落) 强度比铸态合金高 2 倍和 4 倍。此外，随着拉伸应变率的增加, SLM 成型材料的断裂模式发生了明显的变化。当应变率低于 $5 \times 10^3/s$ 时, 主要断裂模式为塑性断裂, 一旦超过该值, 则变成脆性断裂。同时, 在极高应变率载荷作用下, 其抗压强化机制转变为声子黏性阻力 (phonon viscous drag) 控制的位错越障滑移 (dislocation over-barrier glide)。

部分研究指出, SLM 打印的 AlSi10Mg 合金在垂直和水平方向具有不同的微观组织特征, 分别为柱状和等轴状晶粒, 但是两个方向上的动态压缩性能相差不大 [9]。TEM 图像显示, 变形后两个方向的位错密度显著增大, 由小尺寸的位错线逐步演化成致密的位错网格, 如图 2.21 所示。同时, 部分位错通过动态再结晶和动态回复转变为小角晶界, 这是增材制造铝合金强化的关键。然而, 另有一些研究指出垂直打印的 AlSi10Mg 合金试样比水平打印试样具有更高的动态强度, 但当应变率高于 8000/s 以后, 这种各向异性会随之减弱。其原因可能是在极高速度冲击下材料内部产生较高的绝热温升, 甚至超过材料的熔点 (断面的熔化形貌可以证明绝热温升超过熔点), 进而发生剧烈的动态再结晶和相变, 材料的塑性流动能力提高, 从而克服了不同方向上微观形貌带来的差异。

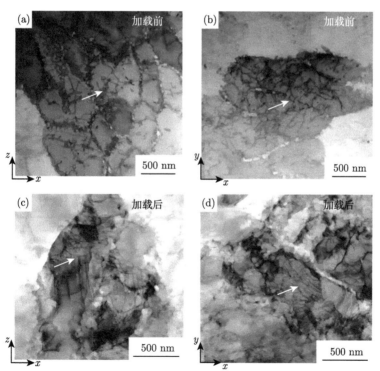

图 2.21   水平和垂直方向的增材制造 AlSi10Mg 合金的微观组织: (a) 和 (b) 为原始铝合金; (c) 和 (d) 为冲击加载后的铝合金 [9]

　　SLM 打印的 AlSi10Mg 合金除了具有细化晶粒外,材料中存在的 Si 析出物和共晶 Si 网格会阻碍位错运动,而过快的冷却速率在材料内也形成了纠缠位错网络。因此,增材制造铝合金的动态强化机制主要包括奥罗万 (Orowan)、Hall-Petch 和位错硬化等。长期以来,人们认为铝及其合金等高层错能金属在热塑性变形过程中主要发生动态回复,极少发生动态再结晶,也难以通过金相显微镜观察到细小的亚晶结构。但是,对比钛合金的应力-应变曲线发现,在冲击载荷作用下,增材制造铝合金的塑性段容易产生双峰现象,说明在塑性变形阶段应变硬化和动态软化存在激烈的竞争。其深层原因是增材制造铝合金的晶粒主要是等轴晶,由于大变形,晶粒剪切滑移产生塑性变形,等轴晶粒在剪切应力下沿剪切方向拉长变形并产生大量小角晶界 (即亚晶,如图 2.21 所示),随着塑性变形进一步发展而发展成大角晶界,并形成再结晶晶粒。此外,增材制造铝合金的晶界会形成析出物,这些析出相成为动态再结晶的核心,促进了动态再结晶的发生 [10−13]。

2.3.4　高熵合金

　　高熵合金 (HEAs) 是金属材料领域的前沿。它们被用作生产高温涡轮叶片、高温模具、刀具硬质涂层甚至第四代核反应堆部件的替代材料。通过筛选高熵合金适合的组成元素组合并调节其比例,可以使其在高温下表现出显著的力学性能,并在低温下表现出优异的强度、延展性和断裂韧性。同时,用于高熵合金的 3D 打印技术也在迅速发展,为制造具有良好性能的几何复杂的高熵合金产品提供了巨大的潜力。选择性激光熔化技术和电子束熔融技术被验证可适用于打印各种高质量的高熵合金产品 [14]。

　　激光选区熔化法所用原料是将高纯高熵合金单质 (≥99.9%) 通过气雾化技术制备的预合金粉末。图 2.22(a) 和 (b) 分别展示了 CoCrFeMnNi 高熵合金粉末粒子的扫描电镜 (SEM) 图和粒径分布图。

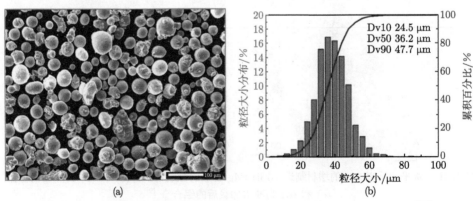

图 2.22　(a) 预合金 CoCrFeMnNi 粉末 SEM 形貌图;(b) 粒径分布图 [15]

  SLM 打印的 CoCrFeMnNi 高熵合金 XRD 物相分析 (图 2.23) 表明合金为单相 FCC 结构。该块体高熵合金打印成型过程有三个方向,分别是扫描方向 SD、建造方向 BD 和横向 TD,其中 SD 和 TD 方向实质上具有类似的微结构。SLM 打印 CoCrFeMnNi 高熵合金的晶粒分布图和晶粒尺寸柱状图见图 2.24(a)~(c)。从晶粒分布图可以看出,BD 方向晶粒呈柱状晶晶粒度 89μm,而 SD 方向晶粒形貌则接近等轴晶晶粒度 38μm,这和打印方向有直接关系 [15]。

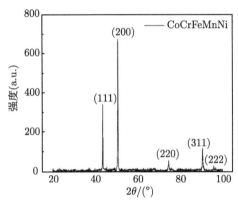

图 2.23 SLM 打印的 CoCrFeMnNi 高熵合金原始样品 X 射线衍射图谱 [15]

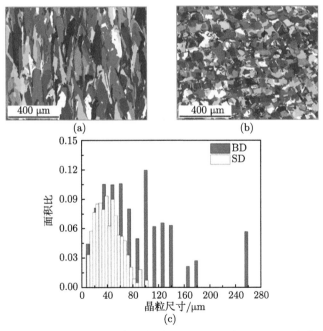

图 2.24 SLM 打印 CoCrFeMnNi 晶粒分布图: (a) BD 方向; (b) SD 方向; (c) BD 和 SD
晶粒尺寸柱状图

图 2.25 给出了 SLM 打印 CoCrFeMnNi 高熵合金三个方向 BD、SD 和 TD 的准静态压缩真应力-应变曲线和真塑性应力-应变曲线。实验结果表明，SD 和 TD 方向样品应力-应变曲线几乎重叠，说明 SLM 打印 CoCrFeMnNi 高熵合金在 SD 和 TD 方向力学性能一致 [图 2.25(a)]，而由图 2.25(b) 得出的 BD 方向样品屈服强度 (=517MPa) 略低于 SD 和 TD 方向样品屈服强度 (=545MPa)。这是因为 BD 方向样品的晶粒尺寸高于 SD 方向样品的晶粒尺寸，根据 Hall-Petch 定律可知，SD 方向样品的强度会略高于 BD 方向样品。但是，BD 方向样品的塑性段加工硬化能力要略强于 SD 和 TD 方向。图 2.25 中还对比了铸造 CoCrFeMnNi 高熵合金的力学性能。铸造 CoCrFeMnNi 高熵合金原始锭为 2.5kg 浇铸，并经过 1393K 下均匀化退火 4h。由测试结果可得出铸造 CoCrFeMnNi 高熵合金屈服强度为 201MPa，远低于 SLM 打印 CoCrFeMnNi 高熵合金。三个方向样品受压缩变形后曲线没有突然卸载说明均未失效，尤其 TD 方向样品在经过近 80％压缩塑性变形后依然没有发生明显破坏，表现出良好的塑性变形能力。

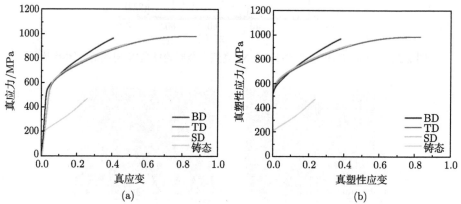

图 2.25　SLM 打印 CoCrFeMnNi 高熵合金三个方向准静态压缩应力-应变曲线：
(a) 真应力-应变曲线；(b) 真塑性应力-应变曲线

图 2.26 对比了热处理前后 SLM 打印 CoCrFeMnNi 高熵合金和铸造 CoCrFeMnNi 高熵合金的真应力-应变曲线。SLM 打印样品经均匀化热处理后压缩屈服强度降低为 406MPa，但是依然明显高于铸造样品屈服强度 201MPa。铸造样品均匀化热处理后屈服强度提升到 222MPa。SLM 打印样品经均匀化热处理后屈服强度有所下降，加工硬化能力具有一定程度提升。SLM 打印样品和铸造样品均未发生失效破坏，具有较好的塑性。总体来说，SLM 打印 CoCrFeMnNi 高熵合金的准静态力学性能明显优于铸造 CoCrFeMnNi 高熵合金。

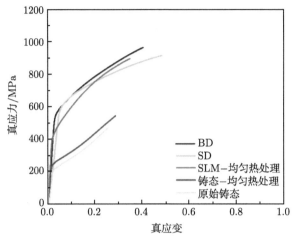

图 2.26　SLM 打印 CoCrFeMnNi 高熵合金 (热处理前后) 和铸造 CoCrFeMnNi 高熵合金 (热处理前后) 的准静态压缩真应力–应变曲线对比

　　图 2.27 为 SLM 打印 CoCrFeMnNi 高熵合金 BD 方向和 SD 方向样品在室温和低温 (77K) 下动态压缩加载后的真应力-应变曲线。准静态和动态加载下 BD 和 SD 方向样品的屈服强度随应变率变化见图 2.28。可以发现, BD 和 SD 方向样品动态屈服强度相比准静态屈服强度均有明显提升。BD 方向样品从准静态 517MPa 增加到动态加载下的 723MPa(1800/s 和 3500/s) 以及 727MPa(4500/s), SD 方向从准静态 545MPa 增加到动态加载下的 667MPa(1400/s 和 3200/s) 以及 668MPa(4500/s)。SLM 打印 CoCrFeMnNi 高熵合金 BD 方向样品室温准静态压缩屈服强度低于 SD 样品, 但是在室温动态加载工况下 BD 样品的动态压缩屈服强度高于 SD 样品。低温 77K 动态加载下, BD 和 SD 样品屈服强度分别明显进一步提升到 1070MPa 和 1012MPa(1400/s), 以及 1081MPa 和 1020MPa(2800/s)。室温和低温 77K 动态加载下, 无论 BD 还是 SD 样品, 其动态屈服强度随应变率变化并不明显 (图 2.28)。BD 和 SD 方向准静态和动态流动应力随应变率的变化曲线见图 2.29, 可以看到 BD 和 SD 方向流动应力均随塑性应变的增加有明显提升。在室温动态加载应变率范围内, BD 方向样品流动应力升高幅度高于 SD 样品。低温动态加载屈服强度和流动应力均明显高于室温动态加载工况, 且所有加载工况 (1400/s～4500/s, 77～293K) 下样品均未发生失效破坏。另外, 在低温 77K 动态加载下, SLM 打印 CoCrFeMnNi 高熵合金出现了明显的上下屈服点现象。虽然低温 77K 动态加载应变率 1400/s 低于室温动态加载应变率 4500/s, 但是低温下动态屈服强度 (1000～1100MPa) 明显高于室温动态屈服强度 (727MPa), 表明低温 77K 下 SLM 打印 CoCrFeMnNi 高熵合金动态力学性能能够大幅提升。

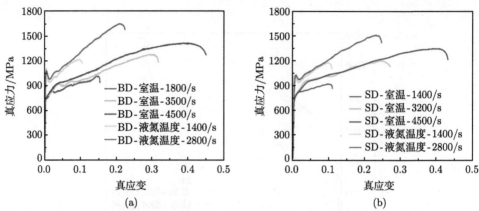

图 2.27　SLM 打印 CoCrFeMnNi 高熵合金室温和液氮温度动态力学性能：(a) BD 方向真应力-应变曲线；(b) SD 方向真应力-应变曲线

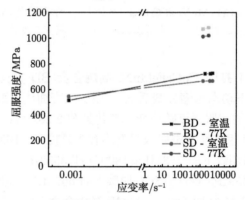

图 2.28　BD 和 SD 样品在室温和低温 (77K) 下屈服强度随应变率变化

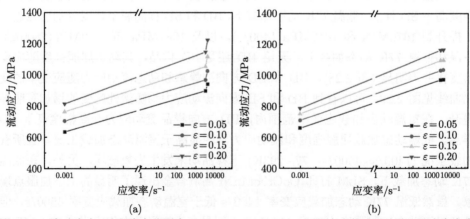

图 2.29　流动应力 (选取应变分别为 0.05、0.10、0.15、0.20 四个点的流动应力) 随应变率变化曲线图：(a) BD 打印方向；(b) SD 打印方向

图 2.30 给出了室温准静态 0.001/s、室温动态 4500/s 和低温 77K 动态 2800/s 三种典型加载工况下，BD 和 SD 方向样品的加工硬化率随塑性应变变化的曲线，其中加工硬化率由真塑性应力和应变的微分计算所得 (dσ/dε)。从图中可知，BD 和 SD 方向样品在室温动态和低温 77K 动态加载下加工硬化率高于室温准静态加载。在低温 77K 动态加载下，样品的加工硬化率又明显高于室温动态加载。总体来说，SLM 打印 CoCrFeMnNi 高熵合金在 BD 和 SD 两个方向样品的加工硬化率均随着应变率的提升和温度的降低而增强。图 2.30(a) 和 (b) 中室温准静态和室温动态加工硬化率在塑性变形初期迅速降低，这是由于材料在压缩变形过程中存在弹塑性转变阶段，而低温动态变形下材料加工硬化率曲线在塑性变形初始时期的陡升趋势归因于材料出现的上下屈服点现象。加工硬化率曲线最后阶段的下降并不反映材料的变形，而是加载脉宽所限。材料在不同加载工况下的加工硬化率的不同往往由不同的微观变形规律导致。

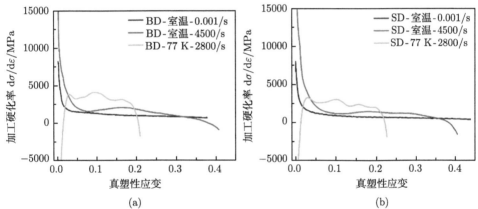

图 2.30   样品在室温准静态、室温动态和低温 77K 动态下的加工硬化率 (dσ/dε) 随塑性应变变化曲线：(a) BD 方向；(b) SD 方向

图 2.31 给出了 BD 方向样品在室温准静态 0.001/s 加载下的 TEM 形貌分析图。从图中可看到，室温准静态压缩后材料出现变形孪晶，位错在孪晶界堆积。一般而言，CoCrFeMnNi 高熵合金在变形过程中的孪晶临界应力为 720±30MPa，可基于此判断出 SLM 打印 CoCrFeMnNi 高熵合金在室温准静态压缩过程中塑性应变达到约 10% 时产生变形孪晶，材料在 <10% 时以位错滑移为主要变形模式，在 >10% 时变形机制由位错滑移过渡到变形孪晶主导，而 SLM 打印 CoCrFeMnNi 高熵合金变形孪晶形成的临界应变比铸造 CoCrFeMnNi 高熵合金 (约 25%) 提前了约 15%。变形孪晶的形成会产生很多孪晶界，孪晶会减少位错自由程，位错在孪晶界上塞积，进一步提升材料加工硬化能力。图 2.32 为 BD 方向样品在室温

动态 3500/s 压缩塑性变形约 29% 后的 TEM 形貌以及孪晶的选区电子衍射。图 2.32(a) 中孪晶片层厚度 (~9nm) 相比准静态压缩下孪晶片层厚度 (~15nm) 进一步减少，且图 2.32(b) 中可以看到在高应变率下出现了较明显的位错胞，尺寸大概在数十个纳米或者百纳米级别，位错胞周围还存在高密度位错。室温动态加载下材料屈服强度为 723MPa，该屈服强度已经直接达到临界孪晶应力水平，这会使得 BD 方向样品在变形初期就会混合位错滑移以及变形孪晶共同作用的变形机制，促进材料加工硬化。图 2.32(c) 和 (d) 中可见孪晶界上的位错塞积已经导致孪晶界变得粗糙。此外，形貌图中还能够看到一些层错，层错的出现可以进一步和位错相互作用进而促进加工硬化。图 2.32(e) 能够清楚地看到变形孪晶沿着晶界而形成。图 2.32(f) 表征了位错胞在形成过程中遇到孪晶界的阻碍，孪晶界能够增加位错存储，片层较细的纳米孪晶中位错较少，片层较厚的孪晶中则产生较高密度的位错。

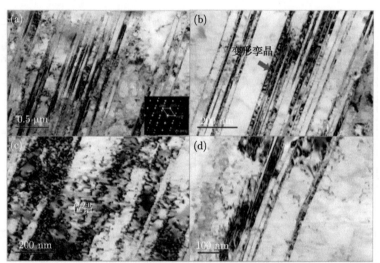

图 2.31　SLM 打印 CoCrFeMnNi 高熵合金 BD 方向室温准静态 0.001/s 压缩后的 TEM 图：(a) 变形孪晶和选区电子衍射；(b) 高密度变形孪晶；(c) 位错在孪晶界堆积；(d) 放大的高密度变形孪晶

当进行低温 77K 动态 2800/s 加载时，低温会进一步降低材料的层错能。图 2.33(a) 和 (e) 中统计孪晶片层平均厚度 (~7nm) 相比室温动态压缩下孪晶片层厚度略有降低，但区别不大。图 2.33(b)~(d) 中除大量纳米变形孪晶外，还有很多层错出现。图 2.33(c) 和 (f) 可以看到较为明显的一级和二级孪晶的相互作用，较粗的一级孪晶被后形成的二级孪晶切断，一、二级孪晶交叉分布，这样可以为位错的运动提供更多的障碍，同时丰富位错的滑移路径。低温动态加载下多级孪晶的出现显著提升了材料强度和应变硬化能力。需要注意的是，图 2.30(a) 中低

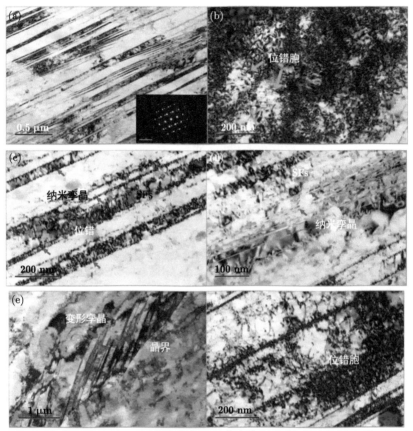

图 2.32   SLM 打印 CoCrFeMnNi 高熵合金 BD 方向室温动态 3500/s 压缩后 TEM 形貌图：
(a) 变形孪晶和选区电子衍射；(b) 高密度位错和位错胞；(c) 和 (d) 纳米孪晶和位错以及层
错；(e) 变形孪晶与晶界；(f) 孪晶内的位错和位错胞以及位错在孪晶界堆积

温动态加载下获取的加工硬化率曲线并非自始至终的应变硬化增强，在约 10% 塑
性应变后加工硬化出现了下降，随后又表现出略微的增加，在此判断有可能是多
级孪晶出现导致的应变硬化出现波动。综合来看，变形孪晶在准静态和动态、室
温和低温下均有出现，在变形过程中均发挥出动态 Hall-Petch 效应，使材料表现
出优异的强塑性。SLM 打印 CoCrFeMnNi 高熵合金变形机制为准静态加载下应
变增加使得平面滑移主导转变为变形孪晶主导，室温高应变率下出现位错胞、变
形孪晶、层错；低温高应变率下在室温高应变率基础上进一步出现多级变形孪晶。
随着应变率升高，温度降低，SLM 打印 CoCrFeMnNi 高熵合金的屈服强度和流
动应力增加，加工硬化能力提升。

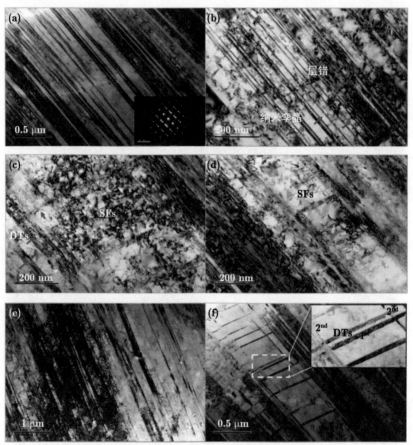

图 2.33　SLM 打印 CoCrFeMnNi 高熵合金 BD 方向低温 77K 动态 2800/s 压缩后 TEM 形貌图：(a) 变形孪晶以及对应的选区电子衍射；(b) 纳米孪晶以及明显的层错；(c) 和 (d) 多级孪晶以及层错；(e) 高密度变形孪晶；(f) 多级孪晶及其相互作用

2.3.5　高温合金

高温合金，又称为超合金，在航天航空和能源领域的一些核心部件与关键位置中有着广泛应用。高温合金通常是以镍/钴/铁为基体，并在基体材料中添加多种元素进行强化，从而使其具有优异的高温力学性能和组织稳定性，高温合金通常的工作温度超过 540℃，在高温下的强度、延性、抗蠕变性能以及抗腐蚀能力很强，保证其可以在极端工作条件下的长时间服役。不过，高温合金的制造工艺窗口很窄，通常在冗长且代价高昂的繁复工序后，再通过机加工才能得到最终的部件。

由于镍基高温合金在高温下具有优异的机械性能，因此它们是制造结构部件的首选材料，在飞机发动机和陆地天然气涡轮高温部分的单晶 (SX) 涡轮叶片的制备方面具有巨大的应用潜力。高温合金是由高体积分数 (>0.6) 亚微米尺寸的立方型析出相 γ′(Ni3(Al,Ti)，L12) 组成，这些析出相与固溶强化基体相一致。然而，许多性能最好的镍基高温合金被发现是不可焊的，这是由于凝固后不久的凝固相 γ′ 快速沉淀，增强了附近凝固的材料，阻碍了热应力的松弛，导致应变时效开裂。对于高温合金零部件，金属 3D 打印技术能够大大缩短生产时间、降低生产成本，还能优先考虑功能设计。在飞机环控部件、航空发动机及燃气轮机中喷嘴、叶片、燃烧室等热端部件以及航天飞行器、火箭发动机等复杂零部件的制备和生产方面具有得天独厚的优势 (图 2.34)。

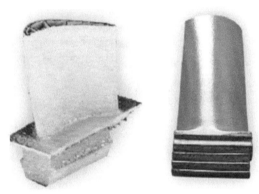

图 2.34　基于 3D 打印技术得到的高温合金部件

通过 SLM 和 EBM 两种制造途径加工的 CoNi-基高温合金，尽管存在高体积分数的理想 "熔化" 相 γ′，但仍可产生无裂纹的部件。在凝固过程中，较低的溶质偏析降低了裂纹敏感性，而一旦凝固完成，降低的液相 γ′-"溶解" 温度减轻了开裂 (图 2.35)[16]。

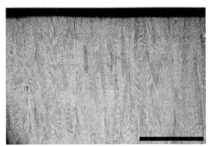

图 2.35　EBM 和 SLM 两种打印方式下高温合金微观组织

在给定温度下，通过改变合金成分，控制液相成分和组分，可以影响裂纹敏感性。高性能工程合金的开裂敏感性，包括高容积率 γ′ 镍基高温合金、高强度铝合金和耐火合金，成为了这些合金用于增材制造的主要障碍。对于在较低温度下工作的合金，如高强度铝合金，通过对粉末表面功能化来控制熔池中的晶粒形核可以减轻裂纹问题。Murray 等通过对室温下 3D 打印高温合金的拉伸实验发现（图 2.36），与目前的其他高温合金相比，CoNi-基高温合金在延性和强度方面具有优良的性能和优势。

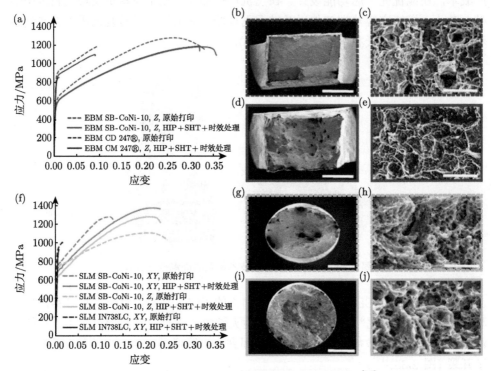

图 2.36　两种不同打印技术高温合金力学性能 [16]

参 考 文 献

[1] 李继文, 谢敬佩, 杨涤心. 现代冶金新技术 [M]. 北京: 科学出版社, 2010.

[2] 汤慧萍. 粉末床电子束 3D 打印 Ti-6Al-4V 合金的工程应用技术研究进展 [J]. 中国材料进展, 2020, 39(7): 8.

[3] Xiao L, Song W, Hu M, et al. Compressive properties and micro-structural characteristics of Ti-6Al-4V fabricated by electron beam melting and selective laser melting[J]. Materials Science and Engineering: A, 2019, 764: 138204.

[4] Wang Y M, Voisin T, McKeown J T, et al. Additively manufactured hierarchical stainless steels with high strength and ductility[J]. Nature Materials, 2018, 17(1): 63-71.

[5] Li X, Roth C C, Tancogne-Dejean T, et al. Rate-and temperature-dependent plasticity of additively manufactured stainless steel 316L: Characterization, modeling and

application to crushing of shell-lattices[J]. International Journal of Impact Engineering, 2020, 145: 103671.

[6] Aboulkhair N T, Simonelli M, Parry L, et al. 3D printing of aluminium alloys: Additive manufacturing of aluminium alloys using selective laser melting. Progress in Materials Science, 2019, 106: 100578.

[7] 刘佩玲, 陈康敏, 赵振华. 激光 3D 打印 AlSi10Mg 铝合金点阵结构材料的组织和力学性能 [J]. 金属热处理, 2020, 45(9): 8.

[8] Zaretsky E, Stern A, Frage N. Dynamic response of AlSi10Mg alloy fabricated by selective laser melting[J]. Materials Science and Engineering: A, 2017, 688: 364-370.

[9] Hadadzadeh A, Amirkhiz B S, Odeshi A, et al. Dynamic loading of direct metal laser sintered AlSi10Mg alloy: Strengthening behavior in different building directions[J]. Materials & Design, 2018, 159: 201-211.

[10] Nurel B, Nahmany M, Frage N, et al. Split Hopkinson pressure bar tests for investigating dynamic properties of additively manufactured AlSi10Mg alloy by selective laser melting[J]. Additive Manufacturing, 2018, 22: 823-833.

[11] Wu J, Wang X Q, Wang W, et al. Microstructure and strength of selectively laser melted AlSi10Mg[J]. Acta Materialia, 2016, 117: 311-320.

[12] Hadadzadeh A, Baxter C, Amirkhiz B S, et al. Strengthening mechanisms in direct metal laser sintered AlSi10Mg: Comparison between virgin and recycled powders[J]. Additive Manufacturing, 2018, 23: 108-120.

[13] Hadadzadeh A, Amirkhiz B S, Mohammadi M. Contribution of Mg_2Si precipitates to the strength of direct metal laser sintered AlSi10Mg[J]. Materials Science and Engineering: A, 2019, 739: 295-300.

[14] Han C, Fang Q, Shi Y, et al. Recent advances on high-entropy alloys for 3D printing[J]. Advanced Materials, 2020: 1903855.

[15] 胡孟磊. 典型高熵合金的动态力学特性与变形机理研究 [D], 北京: 北京理工大学, 2022.

[16] Murray S P, Pusch K M, Polonsky A T, et al. A defect-resistant Co-Ni superalloy for 3D printing[J]. Nature Communications, 2020, 11.

[17] Murr L E, Quinones S A, Gaytan S M, et al. Microstructure and mechanical behavior of Ti-6Al-4V produced by rapid-layer manufacturing, for biomedical applications[J]. Journal of the Mechanical Behavior of Biomedical Materials, 2009, 2(1): 20-32.

[18] Xu W , Brandt M , Sun S , et al. Additive manufacturing of strong and ductile Ti-6Al-4V by selective laser melting via in situ martensite decomposition[J]. Acta Materialia, 2015, 85: 74-84.

[19] Baufeld B, Van der Biest O, Dillien S. Texture and crystal orientation in Ti-6Al-4V builds fabricated by shaped metal deposition[J]. Metallurgical and Materials Transactions A, 2010, 41(8): 1917-1927.

[20] Vilaro T, Colin C, Bartout J D. As-fabricated and heat-treated microstructures of the Ti-6Al-4V alloy processed by selective laser melting[J]. Metallurgical and Materials Transactions A, 2011, 42 (10): 3190-3199.

[21] Murr L E. Gaytan S M. Martinez E, et al. Next generation orthopaedic implants by additive manufacturing using electron beam melting[J]. International Journal of Biomaterials, 2012, 2012(1): 245727.

[22] ASM Handbook Committee, ASM International. Handbook Committee. Metals Handbook: Heat Treating[M]. American Society for Metals, 1991.

[23] Blackburn M J , Williams J C. A comparison of phase transformations in three commercial titanium alloys(Phase transformations in commercial titanium alloys compared for mechanical properties, emphasizing decomposition of metastable beta phases on quenching, aging or deformation)[J]. ASM Transactions Quarterly, 1967, 60: 373-383.

[24] Fopiano P J, Bever M B, Averbach B L. Phase transformations during the heat treatment of the Alloy Ti-6Al-4V[J]. Trans. of ASM, 1969, 62: 324.

[25] Valiev R Z, Alexandrov I V, Zhu Y T, et al. Paradox of strength and ductility in metals processed bysevere plastic deformation[J]. Journal of Materials Research, 2002. 17(1): 5-8.

第 3 章　3D 打印微点阵材料准静态力学性能

3.1　引　　言

三维微点阵材料因其高的比强度、比刚度以及耐冲击等优异性能，引起了国内外研究者的广泛关注。由于制备工艺的限制，传统的点阵材料胞元尺寸较大 $(10^{-2}\mathrm{m})$，而且其胞壁以承受拉压变形为主 [1,2]。3D 打印技术的快速发展，为尺度更小、结构更复杂的多孔材料制备提供了有利条件。

微点阵材料的力学性能主要与其细观构型几何参数相关。根据细观胞元的不同，可将其区分为拉伸主导型结构 (传统点阵结构以此为主) 和弯曲主导型结构。由于有序多孔材料在细观尺度上表现为多个胞元结构的周期性排列，近年来，国内外学者基于细观力学与材料力学相结合的分析方法，对不同结构有序多孔材料的宏观等效力学性能进行了分析 [3,4]。采用这种方法，可以直接建立细观结构几何参数与材料宏观性能的关系，结合 3D 打印技术，可以为三维微点阵材料的设计和制备提供指导。

与此同时，材料在服役之前，需要开展大量的力学实验，充分了解其在不同服役环境下的力学性能及失效机理，才能使其充分发挥自身的性能。因此，本章在微点阵材料细观力学分析的基础上，介绍不同温度下微点阵材料的准静态力学性能测试方法，并对一些实验结果进行讨论和分析。

3.2　弹塑性力学性能分析

本节将基于细观力学分析，以弯曲主导型菱形十二面体胞元的微点阵结构为例 (图 3.1)，通过讨论外力作用下胞元内部典型杆件的受力情况，推导多孔材料的等效弹性参数以及塑性屈服强度。

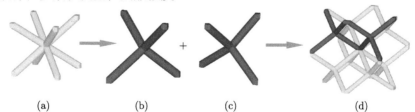

(a)　　　　　(b)　　　　　(c)　　　　　(d)

图 3.1　正菱形十二面体胞元结构：(a) 为 BCC 结构；(b) 和 (c) 为最小重复单元；(d) 为正菱形十二面体结构

从图 3.1(d) 可以看出，正菱形十二面体结构为中心对称结构，在晶体学的三个方向 <100>、<010>、<001> 上的力学性能完全一致。图 3.1(b)[或者 (c)] 为正菱形十二面体结构中的最小重复单元，记结构中每根杆件的长度为 l，直径为 d，则其相对密度可计算为

$$\rho^* = \frac{\rho}{\rho_s} = \frac{4 \times \dfrac{\pi d^2}{4} l}{\left(\dfrac{2}{\sqrt{3}} l\right)^3} = \frac{3\sqrt{3}\pi d^2}{8l^2} \tag{3.1}$$

其中，ρ 为最小重复单元对应部分的密度；ρ_s 为其所对应的实体材料密度。需要注意的是上式仅适用于密度较低的多孔材料，此时栅格连接处的重复部分可以忽略。当多孔材料密度较高时，上式应改为 [5]

$$\rho^* = \frac{3\sqrt{3}\pi d^2}{8l^2} - \frac{9\sqrt{2}}{8}\left(\frac{d}{l}\right)^3 \tag{3.2}$$

上式第二项即为连接处的重复区域体积。图 3.2 给出了式 (3.1) 和式 (3.2) 预测结果与利用 Solidworks 测量几何模型所得结果的对比。从图中不难看出，当 $l/d < 6$ 时，几何模型测量结果与式 (3.2) 更为吻合；当 $l/d > 6$ 时，式 (3.1) 和式 (3.2) 预测结果之间的差别几乎可以忽略。

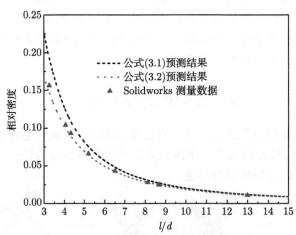

图 3.2   预测相对密度与几何模型测量结果对比

3.2.1   弹性性能分析

从图 3.1 可知，菱形十二面体结构最小重复单元可以看作体心立方 (BCC) 结构的分解，根据结构的对称性，选取其中一根梁柱 OA 进行研究。在如图 3.3 所

示的坐标系中，假定 OA 与三根坐标轴的夹角分别记为 γ_x、γ_y 和 γ_z，与坐标轴垂直面上的对角线与相应边的夹角分别记为 θ_x、θ_y 和 θ_z，则最小重复单元外接正方体的长 l_x、宽 l_y、高 l_z 可分别表示为

$$l_x = 2l\cos\gamma_x, \quad l_y = 2l\cos\gamma_y, \quad l_z = 2l\cos\gamma_z \tag{3.3}$$

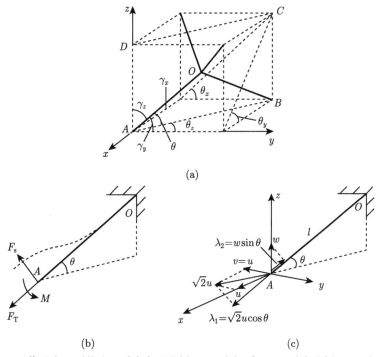

(a)

(b)   (c)

图 3.3   正菱形十二面体胞元受力变形分析：(a) 坐标系；(b) 受力分析；(c) 变形分析

对于正菱形十二面体，上述参数满足：

$$\gamma_x = \gamma_y = \gamma_z = \arcsin\frac{\sqrt{2}}{\sqrt{3}}, \quad \theta_x = \theta_y = \theta_z = 45°, \quad l_x = l_y = l_z \tag{3.4}$$

考虑单轴应力 σ_z 作用，梁 OA 在图 3.3(a) 中 $ABCD$ 平面内变形。将梁 OA 视为悬臂梁，其受力情况如图 3.3(b) 所示，其中弯矩 $M = F_s l/2$。在 x-y-z 坐标系中，将节点 A 相对节点 O 的位移记为 (u, v, w)，其中 $v = u$，如图 3.3(c) 所示。记梁 OA 和 AB 的夹角为 θ 且满足 $\theta = \arcsin 1/\sqrt{3}$，则梁 OA 的伸长量 λ 可以表示为

$$\lambda = \lambda_1 - \lambda_2 = \sqrt{2}u\cos\theta - w\sin\theta = \frac{\sqrt{3}}{3}(2u - w) \tag{3.5}$$

根据材料力学知识可知，λ 可以用轴力 F_T 表示为

$$\lambda = \frac{F_T l}{E_s A} \tag{3.6}$$

联立上述两式，则有

$$F_T = \frac{\sqrt{3} E_s A}{3l} \left(2u - w\right) \tag{3.7}$$

其中，E_s 和 A 分别为基体材料的弹性模量以及梁 OA 的横截面积，$A = \pi d^2/4$。

梁 OA 的弯曲挠度 δ 可以表示为

$$\delta = \sqrt{2} u \sin\theta + w \cos\theta = \frac{\sqrt{6}}{3} \left(u + w\right) \tag{3.8}$$

同理，δ 与剪力 F_s 以及弯矩 M 之间满足

$$\delta = \frac{F_s l^3}{3 E_s I} - \frac{M l^2}{2 E_s I} = \frac{F_s l^3}{12 E_s I} \tag{3.9}$$

其中，$I = \pi d^4/64$ 为梁的惯性矩，则 F_s 和 M 可用位移表示为

$$F_s = \frac{4\sqrt{6} E I}{l^3} \left(u + w\right), \quad M = \frac{2\sqrt{6} E I}{l^2} \left(u + w\right) \tag{3.10}$$

考虑结构在 z 方向受力平衡，则有

$$\begin{aligned}
F_s \cos\theta - F_T \sin\theta &= \frac{\sqrt{3}}{3} \left(\sqrt{2} F_s - F_T\right) \\
&= \frac{\sqrt{3}}{3} \left[\frac{8\sqrt{3} E_s I}{l^3} \left(u + w\right) - \frac{\sqrt{3} E_s A}{3l} \left(2u - w\right)\right] \\
&= \frac{\sigma_z l_x l_y}{2} = \frac{2\sigma_z l^2}{3}
\end{aligned} \tag{3.11}$$

梁 OA 的弹性变形能为

$$\begin{aligned}
U_{OA} &= \frac{1}{2} \frac{F_T F_T l}{E_s A} + \frac{1}{2 E_s I} \int_0^l \left(M - F_s s\right)^2 \mathrm{d}s \\
&= \frac{4 E_s I}{l^3} \left(u + w\right)^2 + \frac{E_s A}{6l} \left(2u - w\right)^2
\end{aligned} \tag{3.12}$$

其中第一项为拉伸变形能，第二项为弯曲变形能，则菱形十二面体单胞的变形能为

$$U_{\mathrm{RD}} = 4 U_{OA} = \frac{16 E_s I}{l^3} \left(u + w\right)^2 + \frac{2 E_s A}{3l} \left(2u - w\right)^2 \tag{3.13}$$

令外力做功和单胞的变形能相等，即

$$U_{\text{RD}} = \sigma_z l_x l_y w = \frac{4}{3}\sigma_z l^2 w = \frac{16E_s I}{l^3}(u+w)^2 + \frac{2E_s A}{3l}(2u-w)^2 \tag{3.14}$$

联立式 (3.11) 和式 (3.14)，可得到位移 u 和 w 为

$$\begin{cases} u = -\dfrac{8\sigma_z}{27\pi E_s}\dfrac{l^3(3d^2-4l^2)}{d^4} \\[3mm] w = \dfrac{8\sigma_z}{27\pi E_s}\dfrac{l^3(3d^2+8l^2)}{d^4} \end{cases} \tag{3.15}$$

单胞 z 方向的应变即为

$$\varepsilon_z = \frac{2w}{l_z} = \frac{8\sqrt{3}l^2(3d^2+8l^2)}{27\pi E_s d^4}\sigma_z \tag{3.16}$$

结合上面各式，可得到正菱形十二面体多孔材料在 z 方向的初始弹性模量为

$$E_z = \frac{\sigma_z}{\varepsilon_z} = \frac{27\pi E_s d^4}{8\sqrt{3}l^2(3d^2+8l^2)} = \frac{9\sqrt{3}\pi E_s}{8}\frac{(d/l)^2}{3+8(l/d)^2} \tag{3.17}$$

同理，x 和 y 方向的初始弹性模量为

$$E_x = E_y = E_z = \frac{9\sqrt{3}\pi E_s}{8}\frac{(d/l)^2}{3+8(l/d)^2} \tag{3.18}$$

值得注意的是，由于多孔材料的相对密度 $\rho^* < 1$，由式 (3.1) 可知胞壁长径比应满足 $l/d > 1.43$，此时上式中分母第二项要远大于第一项，即上式可简化为

$$E_x = E_y = E_z = \frac{9\sqrt{3}\pi E_s}{64}\left(\frac{d}{l}\right)^4 \tag{3.19}$$

为了验证理论分析模型的准确性，采用有限元计算对模型预测结果进行了验证。图 3.4 给出了单轴加载时数值模拟所得相对弹性模量 E_z/E_s 与理论预测结果之间的对比。从图中可以看出，当 $l/d > 5$ 时，有限元模拟结果与理论预测结果十分吻合；当 $l/d < 5$ 时，随着胞壁杆件长径比减小，两者之间的误差逐渐增加。造成这种差异的主要原因，与理论模型中忽略了剪切变形的影响以及节点附近的约束有关。因此，当材料的孔隙率较高时，式 (3.18) 和式 (3.19) 可有效预测材料的初始弹性模量。此外，通过对比发现，轴力和弯矩的耦合对材料的等效弹性模量几乎没有影响，即材料的等效弹性模量取决于杆件的弯曲变形。

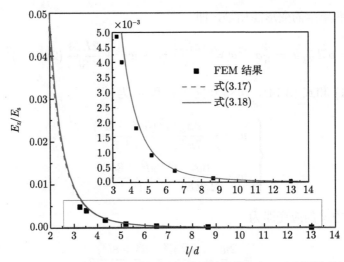

图 3.4　正菱形十二面体多孔材料弹性模量数值模拟与理论预测结果对比

3.2.2　屈服行为分析

1. 单轴加载屈服行为

当材料的密度较低，即孔壁的长径比较大时，由于结构为弯曲主导型，此时轴力的作用可以忽略，只考虑弯曲作用的影响。在加载时节点 O 处弯矩最大，即

$$M_{\max} = F_{\text{s}}l - M = \frac{F_{\text{s}}l}{2} \tag{3.20}$$

其中，F_{s} 可以用外加应力 σ_z 表示为

$$F_{\text{s}} = \frac{1}{2}\sigma_z l_x l_y \cos\theta = \frac{2\sqrt{6}}{9}\sigma_z l^2 \tag{3.21}$$

当最大弯矩达到塑性矩 $M_{\text{p}} = \sigma_{ys}d^3/6$ 时，材料开始屈服，对应的应力即为沿 z 向加载时正菱形十二面体多孔材料的屈服强度 $\sigma_{ys,z}^*$，即

$$\frac{\sqrt{6}}{9}\sigma_{ys,z}^* l^3 = \frac{\sigma_{ys}d^3}{6} \Rightarrow \sigma_{ys,z}^* = \frac{\sqrt{6}}{4}\sigma_{ys}\left(\frac{d}{l}\right)^3 \tag{3.22}$$

根据结构的对称性可得

$$\sigma_{ys,x}^* = \sigma_{ys,y}^* = \frac{\sqrt{6}}{4}\sigma_{ys}\left(\frac{d}{l}\right)^3 \tag{3.23}$$

结合式 (3.1)，上式还可改写为

$$\sigma_{ys,x}^* = \sigma_{ys,y}^* = \sigma_{ys,z}^* = \frac{8\sqrt[4]{3}}{9\pi^{3/2}}\sigma_{ys}\left(\rho^*\right)^{3/2} = 0.21\sigma_{ys}\left(\rho^*\right)^{3/2} \tag{3.24}$$

式 (3.24) 表明，当材料孔隙率较高时，单胞为正菱形十二面体的多孔材料屈服强度与基体材料强度的比值，只与多孔材料相对密度的 1.5 次方有关，和 Gibson 等 [6] 的结论一致。

当材料密度较高，即孔壁的长径比较小时，必须考虑轴力的影响。当梁结构受到弯矩和轴力耦合作用时，截面的中性面会发生变化，如图 3.5 所示 (图中 h 为变化后中性面到原中性面的距离)。假设孔壁为理想弹塑性材料，在弹性变形阶段，截面上的应力线性分布 [图 3.5(c)]；随着载荷增加，孔壁进入塑性变形，截面上的应力全部达到基体材料的屈服强度 σ_{ys}，从而形成塑性铰 [图 3.5(d)]。此时，截面可等效为轴力 F_T 和弯矩 M 的联合作用，F_T 和 M 满足：

$$F_T = \sigma_{ys}\left(S_2 + S_3 - S_1\right) \tag{3.25}$$

$$M = \sigma_{ys}\left(S_1\left|y_1\right| + S_3\left|y_3\right| - S_2\left|y_2\right|\right) \tag{3.26}$$

其中，S_1、S_2、S_3 分别为图中 1、2、3 区域的面积；y_1、y_2、y_3 分别为相应区域的形心坐标，可通过计算得出为

$$\begin{cases} S_1 = r^2 \arccos\dfrac{h}{r} - h\sqrt{r^2 - h^2} \\[2mm] S_2 = r^2 \arcsin\dfrac{h}{r} + h\sqrt{r^2 - h^2} \\[2mm] S_3 = \dfrac{\pi r^2}{2} \end{cases} \tag{3.27}$$

$$\begin{cases} y_1 = \dfrac{2\left(r^2 - h^2\right)^{3/2}}{3S_1} \\[3mm] y_2 = \dfrac{2r^3 - 2\left(r^2 - h^2\right)^{3/2}}{3S_2} \\[3mm] y_3 = -\dfrac{4r}{3\pi} \end{cases} \tag{3.28}$$

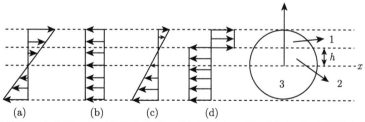

图 3.5　梁截面应力分布：(a) 纯弯曲作用；(b) 纯轴力作用；(c) 轴力-弯矩联合作用弹性阶段；(d) 塑性变形阶段

将式 (3.27) 和式 (3.28) 代回式 (3.25) 和式 (3.26)，可得

$$F_{\mathrm{T}} = 2\sigma_{ys}\left(r^2 \arcsin\frac{h}{r} + h\sqrt{r^2 - h^2}\right) \tag{3.29}$$

$$M = \frac{4\sigma_{ys}}{3}\left(r^2 - h^2\right)^{\frac{3}{2}} \tag{3.30}$$

不考虑轴力和弯曲的耦合作用，当孔壁材料屈服时，$F_{\mathrm{T}0}$ 和 M_0 分别满足：

$$F_{\mathrm{T}0} = \pi r^2 \sigma_{ys} = \frac{\pi d^2}{4}\sigma_{ys} \tag{3.31}$$

$$M_0 = M_{\mathrm{p}} = \frac{\sigma_{ys} d^3}{6} \tag{3.32}$$

因此，式 (3.29) 和式 (3.30) 可以改写为

$$F_{\mathrm{T}} = \frac{2F_{\mathrm{T}0}}{\pi}\left(\arcsin\frac{h}{r} + \frac{h}{r}\sqrt{1 - \frac{h^2}{r^2}}\right) \tag{3.33}$$

$$M = M_{\mathrm{p}}\left(1 - \frac{h^2}{r^2}\right)^{\frac{3}{2}} \tag{3.34}$$

霍奇 (Hodge)[7] 对弯-压联合作用下矩形截面梁的屈服条件进行了修正，即

$$\frac{M}{M_{\mathrm{p}}} + \left(\frac{\sigma_{\mathrm{a}}}{\sigma_{ys}}\right)^2 = 1 \tag{3.35}$$

其中，σ_{a} 为梁截面上的正应力。类似地，可根据式 (3.34) 将弯-压联合作用下圆形截面梁的屈服条件改写为

$$\frac{F_{\mathrm{T}}}{F_{\mathrm{T}0}} = \frac{2}{\pi}\left[\arcsin\left(\sqrt{1 - \left(\frac{M}{M_{\mathrm{p}}}\right)^{2/3}}\right) + \left(\frac{M}{M_{\mathrm{p}}}\right)^{1/3}\sqrt{1 - \left(\frac{M}{M_{\mathrm{p}}}\right)^{2/3}}\right] \tag{3.36}$$

其中，$F_{\mathrm{T}} = F_{\mathrm{s}}\tan\theta = \frac{2\sqrt{3}}{9}\sigma_z l^2$，$M$ 由式 (3.20) 和式 (3.21) 确定为 $M = F_{\mathrm{s}} l/2 = \frac{\sqrt{6}\sigma_z}{9} l^3$。

2. 双轴加载屈服行为

由式 (3.20) 和式 (3.21) 可知, 在单轴应力 σ_z 作用时, 对应的最大弯矩 $M_{\max,z} = \sqrt{6}\sigma_z l^3/9$, 其可沿如图 3.6 所示的 x'-y'-z' 坐标轴分解为

$$
\begin{pmatrix} M_{x'} \\ M_{y'} \\ M_{z'} \end{pmatrix} = \begin{pmatrix} -\sqrt{2}M_{\max,z}/2 \\ \sqrt{2}M_{\max,z}/2 \\ 0 \end{pmatrix} = \begin{pmatrix} -\sqrt{3}\sigma_z l^3/9 \\ \sqrt{3}\sigma_z l^3/9 \\ 0 \end{pmatrix} \tag{3.37}
$$

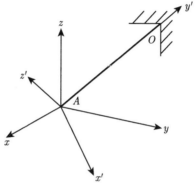

图 3.6 x-y-z 总体坐标系与 x'-y'-z' 局部坐标系

同理, 在 σ_x 和 σ_y 单独作用时, $M_{\max,x}$ 和 $M_{\max,y}$ 可分解为

$$
\begin{pmatrix} M_{x'} \\ M_{y'} \\ M_{z'} \end{pmatrix} = \begin{pmatrix} 0 \\ -\sqrt{2}M_{\max,x}/2 \\ \sqrt{2}M_{\max,x}/2 \end{pmatrix} = \begin{pmatrix} 0 \\ -\sqrt{3}\sigma_x l^3/9 \\ \sqrt{3}\sigma_x l^3/9 \end{pmatrix} \tag{3.38}
$$

$$
\begin{pmatrix} M_{x'} \\ M_{y'} \\ M_{z'} \end{pmatrix} = \begin{pmatrix} \sqrt{2}M_{\max,y}/2 \\ 0 \\ -\sqrt{2}M_{\max,y}/2 \end{pmatrix} = \begin{pmatrix} \sqrt{3}\sigma_y l^3/9 \\ 0 \\ -\sqrt{3}\sigma_y l^3/9 \end{pmatrix} \tag{3.39}
$$

考虑 σ_x 和 σ_z 联合作用, 则此时 x'-y'-z' 坐标系中的弯矩为

$$
\begin{pmatrix} M_{x'} \\ M_{y'} \\ M_{z'} \end{pmatrix} = \begin{pmatrix} -\sqrt{2}M_{\max,z}/2 \\ \sqrt{2}M_{\max,z}/2 - \sqrt{2}M_{\max,x}/2 \\ \sqrt{2}M_{\max,x}/2 \end{pmatrix} = \begin{pmatrix} -\sqrt{3}\sigma_z l^3/9 \\ \sqrt{3}\sigma_z l^3/9 - \sqrt{3}\sigma_x l^3/9 \\ \sqrt{3}\sigma_x l^3/9 \end{pmatrix}
$$

$$
\tag{3.40}
$$

此时，最大合力矩 M_{m} 即为

$$
\begin{aligned}
M_{\mathrm{m}} &= \sqrt{M_{\max,x}^2 + M_{\max,z}^2 - M_{\max,x}M_{\max,z}} \\
&= \sqrt{\left(\sqrt{6}\sigma_x l^3/9\right)^2 + \left(\sqrt{6}\sigma_z l^3/9\right)^2 - \left(\sqrt{6}\sigma_x l^3/9\right)\left(\sqrt{6}\sigma_z l^3/9\right)}
\end{aligned}
\tag{3.41}
$$

仅考虑弯矩作用时，令 $M_{\mathrm{m}} = M_{\mathrm{p}} = \sigma_{ys}d^3/6$，则有

$$
\sigma_x^2 + \sigma_z^2 - \sigma_x\sigma_z = \frac{3\sigma_{ys}^2}{8}\left(\frac{d}{l}\right)^6
\tag{3.42}
$$

同理可得，在 yOz 平面和 xOy 平面的屈服面方程为

$$
\sigma_y^2 + \sigma_z^2 - \sigma_y\sigma_z = \frac{3\sigma_{ys}^2}{8}\left(\frac{d}{l}\right)^6
\tag{3.43}
$$

$$
\sigma_x^2 + \sigma_y^2 - \sigma_x\sigma_y = \frac{3\sigma_{ys}^2}{8}\left(\frac{d}{l}\right)^6
\tag{3.44}
$$

当轴力的影响不可忽略时，将 $F_{\mathrm{T}} = \dfrac{2\sqrt{3}\,(\sigma_x + \sigma_z)}{9}l^2$ 以及式 (3.41) 代入式 (3.36) 中，即可得到 σ_x 和 σ_z 联合加载时的屈服面方程。

图 3.7 给出了不同胞壁长径比时，多孔材料的塑性屈服强度理论模型预测结果。从图中可以看出，随着长径比增加，材料的孔隙率升高，导致材料的强度随之降低。图中还分别给出了只考虑弯矩和只考虑轴力作用的预测结果。对比可知，轴力和弯矩的耦合作用会导致材料强度明显降低。当胞壁杆件长径比 $l/d > 5$ 时，轴力的影响可以忽略不计。由于菱形十二面体结构为弯曲主导型胞元，因此只考虑轴力作用的预测结果偏差较大。此外，图 3.7 还给出了不同胞壁杆件长径比对应多孔材料屈服强度的数值模拟结果，和模型预测结果十分吻合。当杆件长径比较大时，可以只考虑弯矩对杆件的影响，从而对模型进行简化。

图 3.8 给出了双轴应力状态下正菱形十二面体多孔材料屈服面的模型预测结果，并且考虑了胞壁长径比对材料力学性能的影响。从图中可以看出，随着胞壁长径比增加，材料的屈服面逐渐内缩。当胞壁杆件长径比 $l/d > 5$ 时，轴力对屈服面的影响可以忽略不计；当胞壁杆件长径比 $l/d < 5$ 时，轴力和弯矩的耦合作用导致屈服面变小，胞壁杆件长径比越小，轴力的影响越明显。此外还可以发现，轴力对屈服面的影响仅限于双轴应力状态相同的范围内 (同拉或者同压)。造成这一现象的主要原因为当孔壁受到双轴拉伸或者双轴压缩时，孔壁所受轴力较大，杆

件的轴向变形较大，不可忽略；当孔壁受到拉压联合加载时，由于结构的对称性，杆件所受轴力减小，弯矩对杆件的作用增强，此时杆件以弯曲变形为主。图 3.9 给出了两种相对密度多孔材料双轴力学性能数值模拟结果，与模型预测屈服面吻合较好。

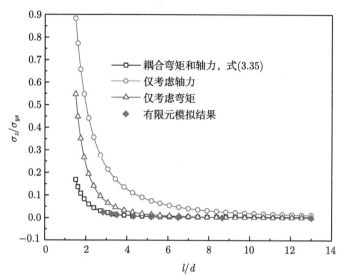

图 3.7　正菱形十二面体多孔材料塑性屈服强度数值模拟与理论预测结果对比

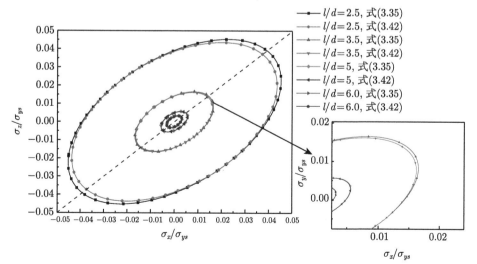

图 3.8　σ_x-σ_z 平面内正菱形十二面体多孔材料屈服面的模型预测结果

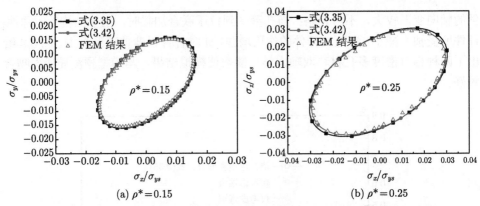

图 3.9　双轴加载下不同相对密度材料屈服面数值模拟与模型预测结果对比

3.2.3　屈曲行为分析

当孔壁受到轴力作用时，可能会发生弹性屈曲，此时需要判定弹性屈曲和塑性屈服产生的先后顺序。根据欧拉 (Euler) 公式，孔壁产生屈曲时对应的临界力为 [8]

$$F_{\mathrm{cr}} = \frac{n^2 \pi^3 E_{\mathrm{s}} d^4}{64 l^2} \tag{3.45}$$

其中，n 取决于杆件两端的约束，在此处 $n = 2$。在单轴应力 σ_z 作用时，对应的屈曲临界应力满足

$$\frac{2\sqrt{3}\sigma_{\mathrm{cr},z} l^2}{9} = \frac{4\pi^3 E_{\mathrm{s}} d^4}{64 l^2} \tag{3.46}$$

即

$$\sigma_{\mathrm{cr},z} = \frac{3\sqrt{3}\pi^3 E_{\mathrm{s}}}{32} \left(\frac{d}{l}\right)^4 \tag{3.47}$$

σ_x 和 σ_y 联合作用时，式 (3.46) 改写为

$$\frac{2\sqrt{3}\left(\sigma_x + \sigma_y\right) l^2}{9} = \frac{4\pi^3 E_{\mathrm{s}} d^4}{64 l^2} \tag{3.48}$$

此时发生屈曲的条件即为

$$\sigma_x + \sigma_y = \frac{3\sqrt{3}\pi^3 E_{\mathrm{s}}}{32} \left(\frac{d}{l}\right)^4 \tag{3.49}$$

将式 (3.47) 和式 (3.49) 与式 (3.36) 联立，即可确定材料的失效机制。

图 3.10 给出了单轴加载时不同杆件长径比下材料发生弹性屈曲的临界应力。从图中可以看出，由于正菱形十二面体胞元为弯曲主导型结构，杆件的弹性屈曲失效基本可以忽略。当长径比 $l/d>20$ 时，弹性屈曲才会先于塑性屈服产生。

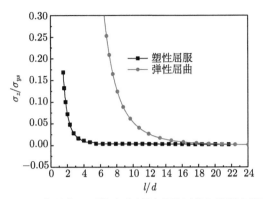

图 3.10　正菱形十二面体多孔材料弹性屈曲与塑性屈服条件

3.3　准静态力学性能实验研究

实验测试是揭示微点阵材料力学性能和失效机理最直接的方法。本章将以电子束快速成型的钛合金微点阵材料为例,对材料室温/高温准静态压缩实验方法及结果分析进行介绍。

实验所用微点阵材料的制备过程为:首先采用 Solidworks 建立所需材料的 CAD 模型 (图 3.11),将模型存为.STL 格式以便导入 EBM 加工系统进行制备,本文所用 EBM 加工系统为 ARCAM A2[9]。加工时,首先将颗粒直径为 30~120μm 的 Ti-6Al-4V 粉末铺设于成型底板上,粉末层厚为 50μm。利用电子束多次地快速扫描粉末层使其预热至 720~730℃,粉末处于烧结状态而不至于被熔化,这一过程能够有效地降低材料内部的残余应力。然后,利用电子束根据导入的几何模型选择性对粉末进行逐层扫描熔化,电子束的加速电压为 60kV,扫描速度为 0.2~10m/s,扫描电流为 2~40mA。最后,当熔化的粉末固化后进行吹粉,去除微点阵材料中多余的粉末,进而得到最终的试件。

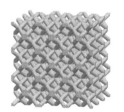 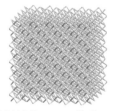

图 3.11　两种胞元尺寸多孔材料的 CAD 模型

本节建立了单胞尺寸分别为 3mm 和 5mm 的微点阵材料模型,模型整体尺寸均为 15mm×15mm×15mm。为探究 EBM 技术对材料微观结构的影响,采用冷场发射电子扫描显微镜 Hitachi S4800 对两种钛合金微点阵材料的微观结构进行了观测。图 3.12 分别给出了完整微点阵材料和材料内单根杆件的扫描电镜 (SEM) 图片。从图中可以看出，材料的微观结构非常复杂。大部分 Ti-6Al-4V 粉末都被彻底熔化，但是每根杆件的直径都不统一，这一现象与 Li 等[10] 的研究结果一致。造成这种现象的原因与制备过程中的多种因素有关，比如球化、切片方法、粉末厚度、电子扫描的精度以及表面粘粉等，因而有必要对 EBM 制备工艺参数开展进一步的优化研究。整体而言，5mm 单胞尺寸的微点阵材料成型质量要优于 3mm 单胞尺寸的材料。

图 3.12 Ti-6Al-4V 微点阵材料的 SEM 图片：(a) 和 (b) 分别是单胞尺寸为 5mm 的微点阵材料以及单根胞壁结构；(c) 和 (d) 分别是单胞尺寸为 3mm 的微点阵材料以及单根胞壁结构

3.3.1 室温准静态实验研究

室温准静态单轴压缩实验在电子万能试验机 WDW-300 上进行，加载速度恒定为 0.9mm/min(对应的应变率为 10^{-3}/s)。试样被夹放在两个刚性压头之间，加载时上压头向下运动压缩试件，下压头保持不动。加载前，在上下压头表面均涂抹凡士林以降低试件和压头界面之间的摩擦。所有的试件均加载至密实，对应的加载力和位移可由上压头处的力以及位移传感器获得，通过计算即可得到材料的名义应力-应变曲线。每组工况均至少重复 3 次，取重复性较好的实验结果平均值作为最终的实验结果。

图 3.13 分别给出了室温下两种单胞尺寸 Ti-6Al-4V 微点阵材料的准静态压缩应力-应变曲线。由图 3.13 可以看出，两种单胞尺寸微点阵材料的应力-应变曲线呈现出相同的模式，均可分为三个阶段：初始线弹性段、应力平台段和应力密实段。在初始弹性区域，微点阵材料胞壁进入弹性变形，材料的应力-应变呈线性关系；随着加载的进行，胞壁开始屈服并逐渐坍塌，应力进入平台段；最后，当

所有的胞壁被压实，应力开始急剧上升进入密实段。值得注意的是，当应力达到第一个峰值时会出现急剧下降，这是由于材料内部胞壁开始失效并发生断裂坍塌。当剩余的完好胞壁结构开始承载时，应力就会重新上升进入平台段。和大多数金属泡沫长而光滑的平台段不同，Ti-6Al-4V 微点阵材料的应力平台段呈现出明显的振荡，主要是由于基体 Ti-6Al-4V 材料的韧性较差导致。

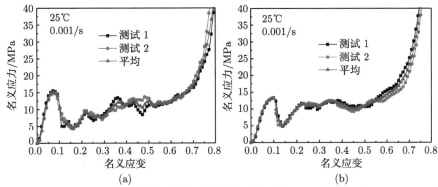

图 3.13　Ti-6Al-4V 微点阵材料准静态压缩应力-应变曲线：(a) 单胞尺寸 5mm；(b) 单胞尺寸 3mm

3.3.2 高温准静态实验研究

为了探究环境温度对钛合金微点阵材料力学性能的影响，在 WDW-300 电子万能试验机上安装了高温箱，高温箱采用电阻丝加热，通过 GW-1200A 控制器对实验温度进行调节。在本文中，选用了 200℃、400℃ 和 600℃ 三组温度开展压缩实验。加载前，每组试件均被加热至目标温度，保温 10min 以保证试样内温度均匀。加载速度与实验结果处理方法均与室温压缩实验相同。通过控制试件的变形，对高温加载下试件的变形模式进行了观测。

图 3.14 和图 3.15 分别给出了两种单胞尺寸 Ti-6Al-4V 微点阵材料在高温加载下的准静态压缩应力-应变曲线图。

从图中可以看出，材料的高温应力-应变曲线与常温应力-应变曲线类似，均可分为三个区域。同时，当压缩应力达到初始峰值时，均会出现明显的下降 (600℃、单胞尺寸 3mm 工况除外)。Wang[11] 定义了一个无量纲化参数——应力下降因子 θ 来量化应力的下降程度，$\theta = \Delta\sigma/\sigma_c$，其中 $\Delta\sigma$ 为初始应力峰值和谷值的差值，σ_c 为初始坍塌应力，即初始应力峰值。图 3.16 给出了不同工况下两种试件相应的应力下降因子，可以明显看出，应力下降因子随着加载温度的升高而降低。此外，从图 3.14(c) 和 3.15(c) 可以发现，Ti-6Al-4V 多孔材料在 600℃ 时与理想塑性泡沫材料相似，应力-应变曲线随着温度升高变得更加平滑。造成以上结果的原因可能是温度升高导致基体材料软化，进而改变了材料的变形模式。

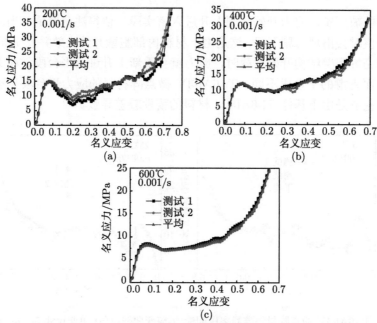

图 3.14　5mm 单胞的 Ti-6Al-4V 微点阵材料高温压缩应力-应变曲线：(a) 200℃; (b)400℃;
(c) 600℃

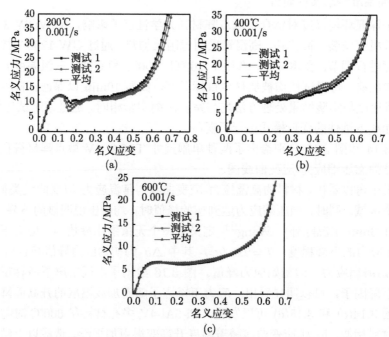

图 3.15　3mm 单胞的 Ti-6Al-4V 微点阵材料高温压缩应力-应变曲线：(a) 200℃; (b)400℃;
(c) 600℃

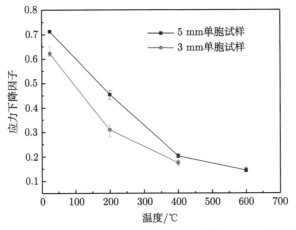

图 3.16 不同工况下多孔 Ti-6Al-4V 材料的应力下降因子

3.3.3 实验结果分析

1. 温度对材料坍塌强度的影响

材料强度表征了材料在外力作用下抵抗破坏的能力，在本文中将初始应力峰值定义为材料的坍塌强度。图 3.17 给出了两种单胞尺寸的 Ti-6Al-4V 多孔材料在不同温度下的坍塌强度。从图中可以看出，随着温度升高，材料的坍塌强度以指数形式逐渐降低。与此同时，本文选取了相同孔隙率下其他多孔材料作为对比，包括不同单胞构型的不锈钢点阵材料[12]、泡沫钛[13]、泡沫铝[11] 等。不难看出，尽管 Ti-6Al-4V 基体材料的强度要高于不锈钢材料，但本章中的 Ti-6Al-4V 多孔材料强度较 BCCZ 单胞结构的不锈钢点阵材料并没有明显的优势。造成这一

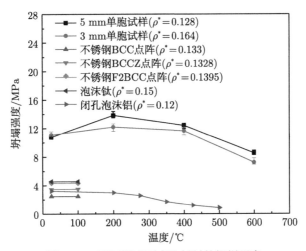

图 3.17 不同温度下多孔材料的坍塌强度

现象的主要原因是二者的细观构型不同：菱形十二面体结构是一种弯曲主导型结构，而 BCCZ 结构是一种拉伸主导型结构[14]。但是和其他弯曲主导型多孔材料 (BCC/F2BCC 单胞点阵材料、泡沫材料) 相比，本文所用的 Ti-6Al-4V 多孔材料强度明显更高。因此，Ti-6Al-4V 多孔材料的力学性能可以通过改变单胞拓扑结构进行进一步优化。此外，和泡沫铝相比，Ti-6Al-4V 多孔材料的耐高温性能更好，主要是因为 Ti-6Al-4V 材料的高温力学性能要优于铝合金材料。

2. 温度对材料平台应力以及密实应变的影响

多孔材料的平台应力和密实应变是表征其吸能能力的两个关键参数。在本书中，密实应变定义为应力开始急剧上升的起点，通过应力平台段和密实段切线的交点确定。这里没有采用最大吸能效率的方法计算密实应变，主要是因为加载过程中应力会出现较大的下降，影响结果的可靠性。平台应力 σ_{pl} 可通过式 (3.50) 计算，即

$$\sigma_{\mathrm{pl}} = \frac{1}{\varepsilon_{\mathrm{D}} - \varepsilon_{\mathrm{cr}}} \int_{\varepsilon_{\mathrm{cr}}}^{\varepsilon_{\mathrm{D}}} \sigma(\varepsilon) \mathrm{d}\varepsilon \tag{3.50}$$

其中，ε_{D} 为密实应变；$\varepsilon_{\mathrm{cr}}$ 为初始坍塌应力对应的应变；$\sigma(\varepsilon)$ 为材料的应力-应变关系。

图 3.18 给出了两种 Ti-6Al-4V 多孔材料在不同温度下的平台应力。从图中可以看出，当温度从室温增加至 200℃ 时，Ti-6Al-4V 多孔材料的平台应力有所增加，这是因为温度增加降低了应力下降因子；当温度继续上升时，Ti-6Al-4V 材料软化严重，导致材料的平台应力开始下降。与此同时，将本文所用材料与泡沫铝和 ZA27-SiC 泡沫材料[15] 进行了对比，不难看出，Ti-6Al-4V 多孔材料的高温平台应力要远高于其他两种泡沫材料，表明这种材料在高温环境中具有广阔的应用前景。

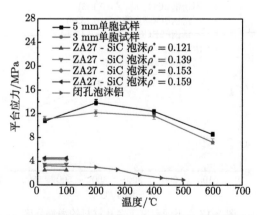

图 3.18　不同温度下两种 Ti-6Al-4V 多孔材料的平台应力

图 3.19 给出了两种 Ti-6Al-4V 多孔材料在不同温度下的密实应变。当单胞尺寸为 5mm 时，材料的密实应变随温度升高而逐渐降低。这是因为在较低温度时，基体 Ti-6Al-4V 材料的韧性较差，胞壁容易断裂，由于孔洞较大，断裂的胞壁不能相互接触；当温度升高时，材料发生软化，可以承受较大变形，胞壁更易相互接触，从而降低密实应变。当单胞尺寸为 3mm、温度从室温增加至 200℃ 时，材料的密实应变同样随温度升高而降低。然而，当温度继续升高时，对应材料的密实应变几乎没有变化。造成这一现象的原因可能是材料单胞尺寸较小，导致加载时孔壁更易接触，从而对密实应变影响较小。

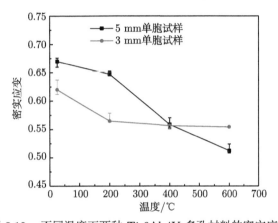

图 3.19　不同温度下两种 Ti-6Al-4V 多孔材料的密实应变

3. 温度对材料变形模式的影响

由于温度对基体 Ti-6Al-4V 材料力学性能的影响较大，其对多孔材料的变形机理也会产生影响，因此有必要对其进行观测。室温加载时，采用数码相机记录了试件变形的全过程，用来确定材料的变形模式。图 3.20 给出了两种 Ti-6Al-4V 多孔材料在室温时的失效演化过程。从图中可以看出，当名义应变为 0.1 时，试件内产生了沿 45℃ 的局部剪切破坏。这种局部变形导致胞壁断裂，对应材料应力-应变曲线上初始峰值后的应力下降。

为确定材料在高温加载下的变形机理，采用控制位移的方法，将试件加载至一定的变形量，然后取出，观察材料的变形模式。图 3.21 给出了名义应变为 0.3 时，对应的 Ti-6Al-4V 多孔材料在不同温度下的变形行为。可以看出，当温度升高时，Ti-6Al-4V 多孔材料的失效机理发生了变化。当温度升高至 200℃ 和 400℃ 时，两种 Ti-6Al-4V 多孔材料试件内部形成了明显的 45℃ 局部剪切带，与材料的室温变形模式一致；当温度升高至 600℃ 时，两种 Ti-6Al-4V 多孔材料试件内无明显的剪切变形，趋向于均匀变形模式。

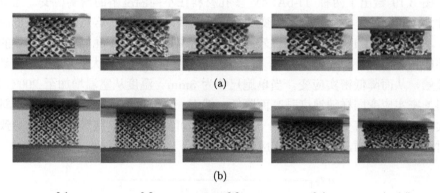

(a)

(b)

$\varepsilon=0.1$　　　　　$\varepsilon=0.2$　　　　　$\varepsilon=0.3$　　　　　$\varepsilon=0.4$　　　　　$\varepsilon=0.5$

图 3.20　两种 Ti-6Al-4V 多孔材料压缩变形演化过程：(a) 单胞尺寸 5mm；(b) 单胞尺寸 3mm

(a) 200℃　　　　　　　　(b) 400℃　　　　　　　　(c) 600℃

(d) 200℃　　　　　　　　(e) 400℃　　　　　　　　(f) 600℃

图 3.21　名义应变为 0.3 时对应的 Ti-6Al-4V 多孔材料的变形：(a)~(c) 单胞尺寸 5mm；(d)~(f) 单胞尺寸 3mm

　　此外，通过实验还可以观察到，在较低温度时，胞壁结构发生了明显的断裂。但是，当温度升高至 600℃ 时，胞壁结构经历了较大变形，没有出现断裂。图 3.22 给出了两种 Ti-6Al-4V 多孔材料试件经历不同温度下加载后的最终形状。图 3.22 (a) 和图 3.22(e) 表明，在室温加载时，材料被完全压溃形成碎渣。随着温度的升高，变形后材料的完整性逐渐提高。Ti-6Al-4V 多孔材料的高温变形机制转变，主要与基体材料的高温软化有关。这种局部剪切—均匀变形的转变模式，也导致了 Ti-6Al-4V 多孔材料应力-应变曲线随温度增加而逐渐平滑。

(a) 室温   (b) 200℃   (c) 400℃   (d) 600℃

(e) 室温   (f) 200℃   (g) 400℃   (h) 600℃

图 3.22　不同温度加载下两种 Ti-6Al-4V 多孔材料的最终变形形态：(a)～(d) 单胞尺寸 5mm; (e)～(h) 单胞尺寸 3mm

4. 温度对材料吸能能力的影响

多孔材料是一种典型的缓冲吸能防护材料，因此本节中考虑了 Ti-6Al-4V 多孔材料在不同温度下的吸能特性。材料的吸能量 W 可根据其应力-应变曲线所包围的面积表示，即

$$W = \int_0^\varepsilon \sigma(\varepsilon)\mathrm{d}\varepsilon \tag{3.51}$$

其中，积分上限 ε 为给定的应变。材料的吸能效率 η 定义为材料实际吸能量与理想吸能量的比值，可表示为

$$\eta = \frac{\int_0^\varepsilon \sigma(\varepsilon)\mathrm{d}\varepsilon}{\sigma_{\max}\varepsilon} \tag{3.52}$$

其中，$\sigma_{\max}$ 为给定应变途径上的最大应力。

图 3.23(a) 和 (b) 分别给出了 Ti-6Al-4V 多孔材料在不同温度加载下的吸能量和吸能效率。从图 3.23(a) 可以看出，当温度从室温加载至 400℃ 时，两种 Ti-6Al-4V 多孔材料的吸能量均有所增加。造成这一现象的原因主要是在室温时，材料的应力出现了急剧的下降。然而，当温度从 200℃ 升至 400℃ 时，材料的吸能量基本没有变化，这是由材料的高温软化与应力下降因子降低的耦合作用导致。在 600℃ 时，基体 Ti-6Al-4V 材料发生了严重的高温软化，导致多孔材料的吸能量急剧下降。同时，将本书所得结果与已有的泡沫钛和泡沫铝实验结果进行了对比。从图中可以得出，在室温加载时，EBM Ti-6Al-4V 多孔材料的吸能量要低于泡沫

钛。这是因为和纯钛材料相比，Ti-6Al-4V 材料中 β 相虽然提高了材料的强度，但是降低了其韧性，导致和泡沫钛相比，Ti-6Al-4V 多孔材料的应力在达到初始峰值后会出现明显的下降，进而降低了其吸能能力。和泡沫铝相比，无论是室温还是高温加载，Ti-6Al-4V 多孔材料的吸能能力明显更好。

图 3.23(b) 中的吸能效率对比显示，EBM Ti-6Al-4V 多孔材料的吸能效率曲线与泡沫钛类似，存在明显的峰值，材料的吸能效率随温度升高而增加。值得注意的是，和泡沫铝相比，尽管 Ti-6Al-4V 多孔材料的吸能量更多，但是不能保证较高的吸能效率，主要和材料较高的应力下降因子有关。

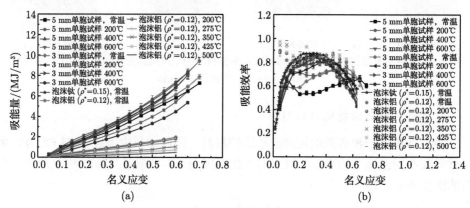

图 3.23　不同温度加载下 EBM Ti-6Al-4V 多孔材料的吸能特性：(a) 吸能量；(b) 吸能效率

3.4　微点阵材料宏观本构模型研究

材料在使用过程中，不可避免地会受到多轴应力的作用。因此，本节在单轴实验结果的基础上，考虑了多孔材料在多轴加载下的屈服行为，主要利用应变能密度理论构建了材料的屈服模型，并通过数值模拟手段验证了模型的可靠性。

3.4.1　应变能密度理论

基于胡克定律，各向同性材料主应力-应变关系可表示为

$$
\begin{cases}
\varepsilon_1 = \dfrac{1}{E}\left[\sigma_1 - \upsilon\left(\sigma_2 + \sigma_3\right)\right] \\[2mm]
\varepsilon_2 = \dfrac{1}{E}\left[\sigma_2 - \upsilon\left(\sigma_1 + \sigma_3\right)\right] \\[2mm]
\varepsilon_3 = \dfrac{1}{E}\left[\sigma_3 - \upsilon\left(\sigma_1 + \sigma_2\right)\right]
\end{cases}
\tag{3.53}
$$

其中，σ_i 为外力引起的主应力；ε_i 为相应的主应变；E 和 υ 分别为材料的弹性模量和泊松比。材料的应变能密度则可表示为

$$U = \frac{1}{2}\left(\sigma_1\varepsilon_1 + \sigma_2\varepsilon_2 + \sigma_3\varepsilon_3\right) \tag{3.54}$$

定义无量纲参数 $\overline{\sigma}_i$ 和 $\overline{\varepsilon}_i$ 分别为

$$\overline{\sigma}_i = \sigma_i/Y, \quad \overline{\varepsilon}_i = \varepsilon_i/e \tag{3.55}$$

其中，Y 表示材料的屈服强度；e 为对应于 Y 的应变，两者间满足 $Y = Ee$。然后，胡克定律和无量纲化应变能密度分别可以表示为

$$\begin{cases} \overline{\varepsilon}_1 = \overline{\sigma}_1 - \upsilon\left(\overline{\sigma}_2 + \overline{\sigma}_3\right) \\ \overline{\varepsilon}_2 = \overline{\sigma}_2 - \upsilon\left(\overline{\sigma}_1 + \overline{\sigma}_3\right) \\ \overline{\varepsilon}_3 = \overline{\sigma}_3 - \upsilon\left(\overline{\sigma}_1 + \overline{\sigma}_2\right) \end{cases} \tag{3.56}$$

$$\begin{aligned} \overline{U} &= \frac{1}{2}\left(\overline{\sigma}_1\overline{\varepsilon}_1 + \overline{\sigma}_2\overline{\varepsilon}_2 + \overline{\sigma}_3\overline{\varepsilon}_3\right) \\ &= \frac{1}{2}\left[\overline{\sigma}_1^2 + \overline{\sigma}_2^2 + \overline{\sigma}_3^2 - 2\upsilon\left(\overline{\sigma}_1\overline{\sigma}_2 + \overline{\sigma}_3\overline{\sigma}_1 + \overline{\sigma}_2\overline{\sigma}_3\right)\right] \end{aligned} \tag{3.57}$$

考虑静水压加载工况，即 $\overline{\sigma}_1 = \overline{\sigma}_2 = \overline{\sigma}_3 = \overline{\sigma}_m$，则相应的静水压应变能密度可写为

$$\begin{aligned} \overline{U}_h &= \frac{1}{2}\left[\overline{\sigma}_m^2 + \overline{\sigma}_m^2 + \overline{\sigma}_m^2 - 2\upsilon\left(\overline{\sigma}_m\overline{\sigma}_m + \overline{\sigma}_m\overline{\sigma}_m + \overline{\sigma}_m\overline{\sigma}_m\right)\right] \\ &= \frac{1}{2}\left(3\overline{\sigma}_m^2 - 2\upsilon \cdot 3\overline{\sigma}_m^2\right) = \frac{3\left(1 - 2\upsilon\right)}{2}\overline{\sigma}_m^2 \\ &= \frac{\left(1 - 2\upsilon\right)}{6}\left(\overline{\sigma}_1 + \overline{\sigma}_2 + \overline{\sigma}_3\right)^2 = \frac{1}{2\overline{K}}\overline{\sigma}_m^2 \end{aligned} \tag{3.58}$$

其中，$\overline{K} = \dfrac{1}{3\left(1 - 2\upsilon\right)}$；$\overline{\sigma}_m$ 为无量纲化平均应力且满足 $\overline{\sigma}_m = \left(\overline{\sigma}_1 + \overline{\sigma}_2 + \overline{\sigma}_3\right)/3$。

将应变能密度分解为静水压应变能密度 $\overline{U}_\text{h}$ 和偏应变能密度 $\overline{U}_\text{d}$ 两部分，即

$$U = \overline{U}_\text{h} + \overline{U}_\text{d} \tag{3.59}$$

则偏应变能密度 $\overline{U}_\text{d}$ 可以推导为

$$\overline{U}_\text{d} = \overline{U} - \overline{U}_\text{h} = \frac{1 + \upsilon}{3}\left(\overline{\sigma}_1^2 + \overline{\sigma}_2^2 + \overline{\sigma}_3^2 - \overline{\sigma}_1\overline{\sigma}_2 - \overline{\sigma}_2\overline{\sigma}_3 - \overline{\sigma}_1\overline{\sigma}_3\right) = \frac{1 + \upsilon}{3}\overline{\sigma}_e^2 = \frac{1}{2\overline{E}}\overline{\sigma}_e^2 \tag{3.60}$$

其中，$\bar{\sigma}_{\mathrm{e}} = \sqrt{\bar{\sigma}_1^2 + \bar{\sigma}_2^2 + \bar{\sigma}_3^2 - \bar{\sigma}_1\bar{\sigma}_2 - \bar{\sigma}_2\bar{\sigma}_3 - \bar{\sigma}_1\bar{\sigma}_3}$ 为无量纲化有效应力；$\overline{E} = \dfrac{3}{2(1+\upsilon)}$。

同理，无量纲化体积应变 $\bar{\varepsilon}_{\mathrm{v}}$ 和有效应变 $\bar{\varepsilon}_{\mathrm{e}}$ 可以表示为

$$\bar{\varepsilon}_{\mathrm{v}} = \bar{\varepsilon}_1 + \bar{\varepsilon}_2 + \bar{\varepsilon}_3 \tag{3.61}$$

$$\bar{\varepsilon}_{\mathrm{e}} = \frac{2}{3}\sqrt{\bar{\varepsilon}_1^2 + \bar{\varepsilon}_2^2 + \bar{\varepsilon}_3^2 - \bar{\varepsilon}_1\bar{\varepsilon}_2 - \bar{\varepsilon}_1\bar{\varepsilon}_3 - \bar{\varepsilon}_2\bar{\varepsilon}_3} \tag{3.62}$$

且无量纲化应力应变满足

$$\bar{\sigma}_{\mathrm{m}} = \overline{K}\bar{\varepsilon}_{\mathrm{v}} \tag{3.63}$$

$$\bar{\sigma}_{\mathrm{e}} = \overline{E}\bar{\varepsilon}_{\mathrm{e}} \tag{3.64}$$

然后，可得到特征应力应变以及应变能密度分别为

$$\begin{cases} \hat{\sigma}_{\mathrm{m}} = \bar{\sigma}_{\mathrm{m}}Y = \dfrac{\sigma_1 + \sigma_2 + \sigma_3}{3} \\[2mm] \hat{\sigma}_{\mathrm{e}} = \bar{\sigma}_{\mathrm{e}}Y = \sqrt{\sigma_1^2 + \sigma_2^2 + \sigma_3^2 - \sigma_1\sigma_2 - \sigma_2\sigma_3 - \sigma_1\sigma_3} \\[2mm] \hat{\varepsilon}_{\mathrm{v}} = \bar{\varepsilon}_{\mathrm{v}}Y = \varepsilon_1 + \varepsilon_2 + \varepsilon_3 \\[2mm] \hat{\varepsilon}_{\mathrm{e}} = \bar{\varepsilon}_{\mathrm{e}}Y = \dfrac{2}{3}\sqrt{\varepsilon_1^2 + \varepsilon_2^2 + \varepsilon_3^2 - \varepsilon_1\varepsilon_2 - \varepsilon_1\varepsilon_3 - \varepsilon_2\varepsilon_3} \end{cases} \tag{3.65}$$

$$\hat{U}_{\mathrm{h}} = \overline{U}_{\mathrm{h}}Ye = \overline{U}_{\mathrm{h}}\frac{Y^2}{E} = \frac{3(1-2\upsilon)}{2E}\bar{\sigma}_{\mathrm{m}}^2Y^2 = \frac{3(1-2\upsilon)}{2E}\hat{\sigma}_{\mathrm{m}}^2 = \frac{E}{6(1-2\upsilon)}\hat{\varepsilon}_{\mathrm{v}}^2 \tag{3.66}$$

$$\hat{U}_{\mathrm{d}} = \overline{U}_{\mathrm{d}}Ye = \overline{U}_{\mathrm{d}}\frac{Y^2}{E} = \frac{1+\upsilon}{3E}\bar{\sigma}_{\mathrm{e}}^2Y^2 = \frac{1+\upsilon}{3E}\hat{\sigma}_{\mathrm{e}}^2 = \frac{3E}{4(1+\upsilon)}\hat{\varepsilon}_{\mathrm{e}}^2 \tag{3.67}$$

$$\hat{U} = \hat{U}_{\mathrm{h}} + \hat{U}_{\mathrm{d}} = \frac{3(1-2\upsilon)}{2E}\hat{\sigma}_{\mathrm{m}}^2 + \frac{1+\upsilon}{3E}\hat{\sigma}_{\mathrm{e}}^2 = \frac{1+\upsilon}{3E}\left[\hat{\sigma}_{\mathrm{e}}^2 + \frac{9(1-2\upsilon)}{2(1+\upsilon)}\hat{\sigma}_{\mathrm{m}}^2\right]$$

$$= \frac{1}{2\hat{E}}\left(\hat{\sigma}_{\mathrm{e}}^2 + \hat{\beta}^2\hat{\sigma}_{\mathrm{m}}^2\right) = \frac{1}{2\hat{E}}\hat{\sigma}^2 \tag{3.68}$$

其中，$\hat{E} = \dfrac{3E}{2(1+\upsilon)}$；$\hat{\beta}^2 = \dfrac{9(1-2\upsilon)}{2(1+\upsilon)}$；$\hat{\sigma}^2 = \hat{\sigma}_{\mathrm{e}}^2 + \hat{\beta}^2\hat{\sigma}_{\mathrm{m}}^2$。式 (3.68) 中的特征应

变能密度还可以通过特征应变表示为

$$\hat{U} = \frac{E}{6(1-2\upsilon)}\hat{\varepsilon}_{\text{v}}^2 + \frac{3E}{4(1+\upsilon)}\hat{\varepsilon}_{\text{e}}^2 = \frac{3E}{4(1+\upsilon)}\left[\hat{\varepsilon}_{\text{e}}^2 + \frac{2(1+\upsilon)}{9(1-2\upsilon)}\hat{\varepsilon}_{\text{v}}^2\right]$$

$$= \frac{\hat{E}}{2}\left(\hat{\varepsilon}_{\text{e}}^2 + \frac{1}{\hat{\beta}^2}\hat{\varepsilon}_{\text{v}}^2\right) = \frac{\hat{E}}{2}\hat{\varepsilon}^2 \tag{3.69}$$

其中，$\hat{\varepsilon}^2 = \hat{\varepsilon}_{\text{e}}^2 + \dfrac{1}{\hat{\beta}^2}\hat{\varepsilon}_{\text{v}}^2$ 且满足 $\hat{\varepsilon} = \hat{\sigma}/\hat{E}$。

假设材料的屈服由总应变能密度决定，在单轴加载 (即 $\sigma_1 = \sigma_1$，$\sigma_2 = 0$，$\sigma_3 = 0$) 时，材料的屈服条件为 $\sigma_1 = Y$。此时，$\hat{\sigma}_{\text{m}} = \dfrac{Y}{3}$，$\hat{\sigma}_{\text{e}} = Y$，对应的特征应变能密度为

$$\hat{U}_0 = \frac{1}{2\hat{E}}\left(Y^2 + \hat{\beta}^2\frac{Y^2}{9}\right) \tag{3.70}$$

根据假设，材料在任意应力状态下的屈服准则可以表示为 $\hat{U} = \hat{U}_0$。联立式 (3.68) 和式 (3.70)，则可将屈服准则改写为

$$\hat{\sigma}_{\text{e}}^2 + \hat{\beta}^2\hat{\sigma}_{\text{m}}^2 = Y^2\left(1 + \frac{\hat{\beta}^2}{9}\right) = k^2 \tag{3.71}$$

由于多孔材料具有拉压不对称性，在屈服准则中必须加以体现。假设材料的拉压不对称性由静水压应变能密度决定 [16−18]，将式 (3.71) 中的 $\hat{\sigma}_{\text{m}}$ 改写为 $(\hat{\sigma}_{\text{m}} - p_0)$，则有

$$\hat{\sigma}_{\text{e}}^2 + \hat{\beta}^2\left(\hat{\sigma}_{\text{m}} - p_0\right)^2 = Y^2 + \hat{\beta}^2\left(\frac{Y}{3} - p_0\right)^2 = k^2 \tag{3.72}$$

其中，p_0 描述了材料拉压强度间的区别，可以用拉伸强度 Y_{T} 和压缩强度 Y_{C} 表示为 $p_0 = 3\left(Y_{\text{T}} + Y_{\text{C}}\right)\left(1 + \hat{\beta}^2/9\right)/\left(2\hat{\beta}^2\right)$。

在高温加载时，材料受到附加的热应力作用，则式 (3.53) 变成

$$\begin{cases} \varepsilon_1 = \dfrac{1}{E}\left[\sigma_1 - \upsilon\left(\sigma_2 + \sigma_3\right)\right] + \alpha\Delta T = \dfrac{1}{E}\left[\sigma_1^* - \upsilon\left(\sigma_2^* + \sigma_3^*\right)\right] \\[2mm] \varepsilon_2 = \dfrac{1}{E}\left[\sigma_2 - \upsilon\left(\sigma_1 + \sigma_3\right)\right] + \alpha\Delta T = \dfrac{1}{E}\left[\sigma_2^* - \upsilon\left(\sigma_1^* + \sigma_3^*\right)\right] \\[2mm] \varepsilon_3 = \dfrac{1}{E}\left[\sigma_3 - \upsilon\left(\sigma_1 + \sigma_2\right)\right] + \alpha\Delta T = \dfrac{1}{E}\left[\sigma_3^* - \upsilon\left(\sigma_2^* + \sigma_1^*\right)\right] \end{cases} \tag{3.73}$$

其中，$\sigma_i^* = \sigma_i + \sigma_{\mathrm{T}}$，热应力 $\sigma_{\mathrm{T}} = E\alpha\Delta T/(1-2\upsilon)$，$\alpha$ 和 ΔT 分别为材料的热膨胀系数和温度变化量。相应地，式 (3.65) 中的前两式可以改写为

$$\hat{\sigma}_{\mathrm{m}}^* = \frac{\sigma_1^* + \sigma_2^* + \sigma_3^*}{3} = \frac{\sigma_1 + \sigma_2 + \sigma_3}{3} + \sigma_{\mathrm{T}} = \hat{\sigma}_{\mathrm{m}} + \sigma_{\mathrm{T}} \tag{3.74}$$

$$\begin{aligned}
\hat{\sigma}_{\mathrm{e}}^{*2} &= \frac{1}{2}\left[(\sigma_1^* - \sigma_2^*)^2 + (\sigma_2^* - \sigma_3^*)^2 + (\sigma_1^* - \sigma_3^*)^2\right] \\
&= \frac{1}{2}\left[(\sigma_1 - \sigma_2)^2 + (\sigma_2 - \sigma_3)^2 + (\sigma_1 - \sigma_3)^2\right] = \hat{\sigma}_{\mathrm{e}}^2
\end{aligned} \tag{3.75}$$

则式 (3.71) 和式 (3.72) 可以分别表示为

$$\hat{\sigma}_{\mathrm{e}}^2 + \hat{\beta}^2\left(\hat{\sigma}_{\mathrm{m}} + \sigma_{\mathrm{T}}\right)^2 = Y^2 + \hat{\beta}^2\left(\frac{Y}{3} + \sigma_{\mathrm{T}}\right)^2 \tag{3.76}$$

$$\hat{\sigma}_{\mathrm{e}}^2 + \hat{\beta}^2\left(\hat{\sigma}_{\mathrm{m}} + \sigma_{\mathrm{T}} - p_0\right)^2 = Y^2 + \hat{\beta}^2\left(\frac{Y}{3} + \sigma_{\mathrm{T}} - p_0\right)^2 \tag{3.77}$$

式 (3.72) 和式 (3.77) 分别为材料在常温和高温加载下的屈服准则。通过上述推导可知，只需确定材料的单轴力学性能，就可以确定其在复杂应力状态下的屈服强度。

3.4.2   有限元模型

为了验证上述屈服模型的可靠性，采用有限元分析的方法对单胞尺寸为 3mm 的 Ti-6Al-4V 多孔材料在双轴加载下的力学性能进行了数值模拟。通过 ANSYS 前处理软件建立了菱形十二面体单胞的 Ti-6Al-4V 多孔材料有限元模型，利用 ANSYS/LSDYNA 中的隐式算法模拟实验加载过程。为了开展热力耦合分析，采用 Solid164 单元对点阵多孔材料胞壁进行建模。考虑到建立完整模型需要太多单元，影响计算效率，在建模时用 2×2×2 个单胞结构模拟整个试件。Smith 等 [19] 指出，利用这种多单胞建模方法适用于弯曲主导型有序多孔材料力学行为的数值模拟。通过网格尺寸敏感性测试，最终确定结构的总单元数为 292608。图 3.24 给出了 2×2×2 个单胞的菱形十二面体多孔材料有限元模型以及单根孔壁的网格划分细节。

(a)   (b)

图 3.24   有限元模型：(a) 2×2×2 个单胞的菱形十二面体多孔材料；(b) 单根孔壁的网格划分

在数值模拟时，通过施加速度边界条件来确定恒定的宏观应变率。单轴准静态实验采用的应变率为 0.001/s，相应的模拟加载速度为 0.006mm/s，通过约束边界节点沿加载方向的平动自由度来模拟单双轴加载实验。如图 3.25 所示，在 CD 和 AC 边界的节点上分别施加沿方向 1 和 2 的速度边界条件，同时约束 BD 和 AB 边界上节点相应的自由度。在模拟双轴加载实验时，在 CD 和 AC 边界上施加不同的加载速度。最大加载应变率维持在 0.01/s 以下以保证准静态加载条件。为了验证本文边界条件的可靠性，考虑了三种边界条件：当前边界条件 (CBC)、施加对称边界条件的多单胞模型 (SBC) 和施加周期性边界条件的单胞模型 (PBC)，分别比较了它们在单轴加载下的模拟结果 (图 3.26)。其中，SBC 边界条件对应包含 4×4×4 个单胞的多孔材料，与实际试件含有的 5×5×5 个单胞最为接近。从图 3.25 可以看出，三种边界条件区别不大，因此为了节省计算时间，选用当前的边界条件进行计算。

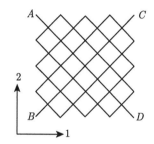

图 3.25 双轴加载边界条件示意图

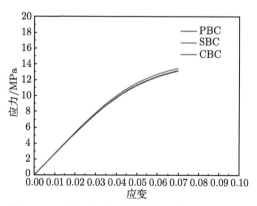

图 3.26 不同边界条件单轴加载模拟结果对比

为了探究不同温度下材料的力学行为，采用 Johnson-Cook(J-C) 材料模型描述 Ti-6Al-4V 材料的弹塑性性能。J-C 本构模型可以表示为 [20]

$$\sigma = \left(A + B\varepsilon_{\mathrm{p}}^{n}\right)\left[1 + C\ln\left(\varepsilon^{p}/\varepsilon_0^{p}\right)\right]\left[1 - \left(\frac{T - T_0}{T_{\mathrm{m}} - T_0}\right)^{m}\right] \tag{3.78}$$

其中，$\sigma = \left[(3/2)\,\sigma'_{ij}\sigma'_{ij}\right]^{1/2}$ 为 Mises 流动应力，σ'_{ij} 为偏应力；累计等效塑性应变 ε_p 定义为 $\varepsilon_p = \left[(2/3)\,\varepsilon^p_{ij}\varepsilon^p_{ij}\right]^{1/2}$；$\varepsilon^p$ 表示塑性应变率；ε^p_0 为参考应变率，单位为 s^{-1}；T_0 和 T_m 分别代表室温和材料的熔化温度。上式中的第一项描述材料的应变硬化效应，第二项和第三项分别考虑了材料的应变率效应和热软化效应。

式 (3.78) 中的未知参数 A、B、C、n 和 m 可以通过实验确定。通过开展常温实验且应变率满足 $\varepsilon_p/\varepsilon^p_0 = 1/s$，可以得到参数 A、B 和 n；参数 C 和 m 可以分别通过开展高应变率和高温实验确定。材料模型参数的选取对模拟结果的准确性有着至关重要的影响。不同的制备工艺能够导致不同的模型参数，与此同时，3D 打印技术会降低材料的表面质量，也会影响材料的力学性能。Mines 等 [21] 对激光快速成型的单根 Ti-6Al-4V 胞壁材料力学响应进行了实验测试，发现其强度和模量都比目前报道的数据要低。但是，单根胞壁材料的力学实验较为复杂，获取其准确的本构模型参数十分困难。由于本文中仅仅考虑材料的初始屈服阶段，因此采用反演的手段，通过对某些参数进行调整，直到模拟结果与实验结果相吻合，最终确定材料的 J-C 模型参数。通过模拟发现，Biswas 和 Ding[22] 给出的 J-C 模型参数可以很好地描述本文中多孔材料的单轴力学行为，详细的模型参数如表 3.1 所示，其中，由于不考虑应变率的影响，在计算中将参数 C 取为 0。图 3.27 和表 3.2 给出了单轴压缩实验与数值模拟结果的对比，其中 σ_{y1} 和 σ_{y2} 分别为实验和数值模拟所得的材料屈服强度 (本文中将其取为残余应变 0.2% 对应的应力)。从图 3.27 和表 3.2 所示的结果可知，本文所用的有限元模拟方法是可靠的。

表 3.1   Ti-6Al-4V 材料的 J-C 本构模型参数

A/MPa	B/MPa	C	m	n
1030	952	0.01	0.8	0.4

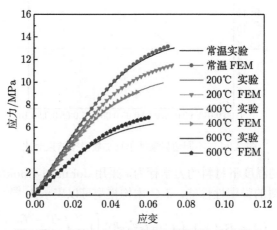

图 3.27   实验应力-应变曲线与数值模拟结果对比

表 3.2 材料压缩实验强度与数值模拟结果对比

	温度/℃			
	25	200	400	600
σ_{y1}/MPa	9.03	7.98	6.87	4.36
σ_{y2}/MPa	9.34	7.92	6.8	4.93
相对误差/%	3.43	0.75	1.02	13.07

3.4.3 结果与分析

1. 温度对屈服面的影响

不同温度下 Ti-6Al-4V 多孔材料的泊松比通过单轴加载数值模拟分析确定，同时选取 Ti-6Al-4V 材料的热膨胀系数用于计算，即在 25~400℃ 时 $\alpha=9.2\times10^{-6}$/℃，600℃ 时 $\alpha=9.3\times10^{-6}$/℃。为了确定环境温度对材料屈服面的影响，图 3.28 和图 3.29 分别给出了基于式 (3.71) 和式 (3.76) 的屈服面预测结果，图中忽略了材料拉压不对称性的影响。通过对比可以看出，温度效应导致了三轴应力空间、双轴应力空间以及平均有效应力空间屈服面的不对称性，这种现象与 Faure 和 Doyoyo[23] 的研

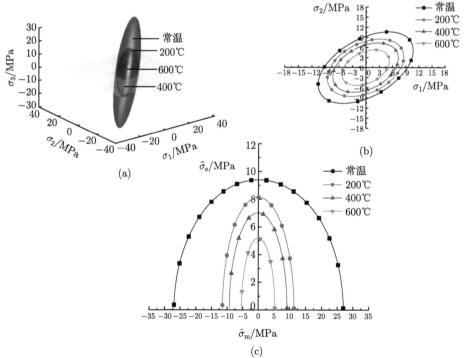

图 3.28 不考虑温度效应的材料屈服面预测：(a) 三轴应力空间；(b) 双轴应力空间；(c) 平均有效应力空间

究结果一致。不同温度下材料屈服面的包络线均为椭圆形，和第 2 章中的结果较为一致。随着温度升高，包络面的面积逐渐减小，这是由于材料的热软化效应导致材料强度降低。

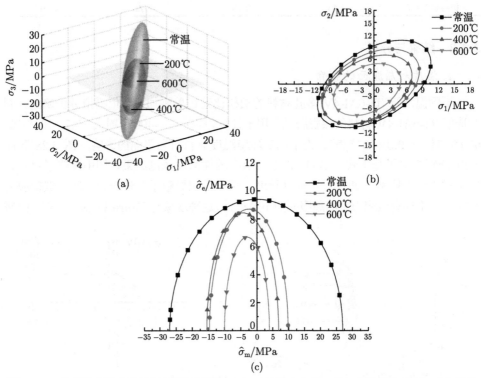

图 3.29　考虑温度效应的材料屈服面预测：(a) 三轴应力空间；(b) 双轴应力空间；(c) 平均有效应力空间

2. 预测结果与数值模拟结果对比

图 3.30 给出了屈服模型预测结果与有限元分析结果的对比。其中，图 3.30(a) 对应式 (3.72)，即忽略温度效应的影响；图 3.30(b) 对应式 (3.77)，即考虑温度效应的影响。从图中可以看出，室温下的有限元分析结果与模型预测结果十分吻合。然而，在高温情况下，当不考虑温度效应时模型预测结果与数值模拟结果有一定的差别。图 3.30(b) 显示，考虑温度效应的屈服模型预测结果与数值模拟结果吻合较好，说明将温度效应以静水压力项的形式添加至屈服模型中是可行的。同时，图中结果也说明，当通过实验确定正菱形十二面体多孔 Ti-6Al-4V 材料在不同温度下的单轴屈服强度后，就可以根据上述屈服模型预测其在复杂应力状态下的屈服行为。

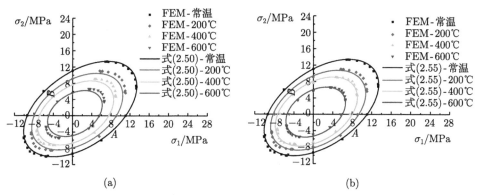

图 3.30 有限元分析结果与模型：(a) 忽略温度效应；(b) 考虑温度效应预测结果对比

参 考 文 献

[1] Moongkhamklang P, Elzey D M, Wadley H N G. Titanium matrix composite lattice structures[J]. Composites Part A Applied Science & Manufacturing, 2008, 39(2): 176-187.

[2] 吴林志, 熊健, 马力. 复合材料点阵结构力学性能表征 [M]. 北京: 科学出版社, 2015.

[3] Zhang Y H, Qiu X M, Fang D N. Mechanical properties of two novel planar lattice structures[J]. International Journal of Solids & Structures, 2008, 45(13): 3751-3768.

[4] Zheng Q, Ju S, Jiang D. Anisotropic mechanical properties of diamond lattice composites structures[J]. Composite Structures, 2014, 109(1): 23-30.

[5] Tancogne-Dejean T, Mohr D. Stiffness and specific energy absorption of additively-manufactured metallic BCC metamaterials composed of tapered beams[J]. International Journal of Mechanical Sciences, 2018, 141: 101-116.

[6] Gibson L J, Ashby M F. Cellular Solids: Structure and Properties[M]. Cambridge University Press, 1999.

[7] Hodge P G J. Plastic Analysis of Structures[M]. McGraw-Hill, 1959.

[8] 孙训方. 材料力学 [M]. 4 版. 北京: 高等教育出版社, 2002.

[9] Parthasarathy J, Starly B, Raman S, et al. Mechanical evaluation of porous titanium (Ti6Al4V) structures with electron beam melting (EBM)[J]. Journal of the Mechanical Behavior of Biomedical Materials, 2010, 3(3): 249-259.

[10] Li S J, Murr L E, Cheng X Y, et al. Compression fatigue behavior of Ti-6Al-4V mesh arrays fabricated by electron beam melting[J]. Acta Materialia, 2012, 60(3): 793-802.

[11] Wang P, Xu S, Li Z, et al. Temperature effects on the mechanical behavior of aluminum foam under dynamic loading[J]. Materials Science & Engineering A, 2014, 599(7): 174-179.

[12] Gümrük R, Mines R A W, Karadeniz S. Static mechanical behaviours of stainless steel micro-lattice structures under different loading conditions[J]. Materials Science & Engineering A, 2013, 586(8): 392-406.

[13]　Smorygo O, Marukovich A, Mikutski V, et al. High-porosity titanium foams by powder coated space holder compaction method[J]. Materials Letters, 2012, 83(12): 17-19.

[14]　Deshpande V S, Ashby M F, Fleck N A. Foam topology: bending versus stretching dominated architectures[J]. Acta Materialia, 2001, 49(6): 1035-1040.

[15]　Sahu S, Goel M D, Mondal D P, et al. High temperature compressive deformation behavior of ZA27–SiC foam[J]. Materials Science & Engineering A, 2014, 607: 162-172.

[16]　Alkhader M, Vural M. An energy-based anisotropic yield criterion for cellular solids and validation by biaxial FE simulations[J]. Journal of the Mechanics & Physics of Solids, 2009, 57(5): 871-890.

[17]　Alkhader M, Vural M. A plasticity model for pressure-dependent anisotropic cellular solids[J]. International Journal of Plasticity, 2010, 26(11): 1591-1605.

[18]　Ayyagari R S, Vural M. Multiaxial yield surface of transversely isotropic foams: Part I—modeling[J]. Journal of the Mechanics & Physics of Solids, 2015, 74: 49-67.

[19]　Smith M, Guan Z, Cantwell W J. Finite element modelling of the compressive response of lattice structures manufactured using the selective laser melting technique[J]. International Journal of Mechanical Sciences, 2013, 67(1): 28-41.

[20]　Johnson G R, Cook W H. Fracture characteristics of three metals subjected to various strains, strain rates, temperatures and pressures[J]. Engineering Fracture Mechanics, 1985, 21(1): 31-48.

[21]　Mines R A W, Tsopanos S, Shen Y, et al. Drop weight impact behaviour of sandwich panels with metallic micro lattice cores[J]. International Journal of Impact Engineering, 2013, 60: 120-132.

[22]　Biswas N, Ding J L. Numerical study of the deformation and fracture behavior of porous Ti6Al4V alloy under static and dynamic loading[J]. International Journal of Impact Engineering, 2014, 82: 89-102.

[23]　Faure N, Doyoyo M. Thermomechanical properties of strut-lattices[J]. Journal of the Mechanics & Physics of Solids, 2007, 55(4): 803-818.

第 4 章　3D 打印微点阵材料动态力学性能

4.1　引　　言

微点阵材料优异的物理力学性能，使其在航空航天、轨道交通以及国防军事装备等领域中得到广泛的应用。以钛合金作为微点阵材料的基体时，其良好的生物相容性使其在生物移植领域也有着广阔的应用前景。上述实际应用领域中涉及大量的动力学行为，开展微点阵材料的动态力学响应研究显得尤为重要。微点阵材料的抗冲击吸能能力成为衡量微点阵材料力学性能的一个重要标准。

本章主要介绍了微点阵材料动态性能的几种实验测试方法，在此基础上，给出了典型三维微点阵材料动态力学响应研究的实验结果，并对基于冲击波理论的多孔介质动态力学响应分析模型进行简单的介绍。

4.2　动态冲击实验方法

4.2.1　落锤

落锤 (drop hammer) 冲击试验机的基本原理是利用自由落体的速度对试件进行撞击加载。如图 4.1 所示为美国 Instron 公司生产的 CEAST 9350 型落锤冲

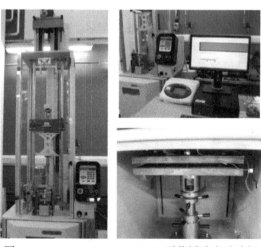

图 4.1　Instron CEAST 9350 型落锤冲击试验机

击试验机。通过调整锤头的释放高度以及锤头的质量，可以达到预期的撞击速度或者撞击能量。除了通过自由落体产生的加速度以外，还可以通过气动辅助装置对落锤实现进一步的加速，以达到更高的加载速度和撞击能量。通常将落锤与高速摄影机、动态力传感器等实验仪器联合使用，结合数字图像相关 (DIC) 分析方法，可以测得微点阵材料在冲击载荷作用下 (应变率范围一般在 $10^{-1} \sim 10^3/\mathrm{s}$) 的力学性能与失效特征。在实验数据处理中，通常假设锤体是一个刚体，不考虑其变形，可以直接应用牛顿第二定律建立加载力与锤头加速度的关系。

4.2.2　分离式霍普金森压杆

分离式霍普金森压杆 (split Hopkinson pressure bar, SHPB) 是一种普遍认可和广为应用的动态力学性能测试技术，其原理示意图如图 4.2 所示。当长度为 l_p 的子弹以速度 v_0 对长度为 l_i 的入射杆施加撞击时，在子弹和入射杆中均产生弹性压缩波，由撞击界面向两边传播。当子弹左侧自由端反射回来的拉伸波返回子弹–入射杆界面时，子弹与入射杆分离。此时，入射杆中形成一个宽度为 $2l_\mathrm{p}$ 的矩形压缩脉冲由左向右传播，脉冲幅值与撞击速度 v_0 成正比。通过改变子弹的长度和初速度，能够调整入射杆中矩形脉冲的宽度和幅值。当该脉冲传到试样中时，即对试样实施了脉冲加载，该脉冲幅值应足以使试样发生塑性变形。当应力波穿过试样进入透射杆时，一部分脉冲反射回入射杆。根据入射杆和透射杆上适当位置处粘贴的应变片，可以测得入射脉冲、反射脉冲和透射脉冲随时间的变化曲线。

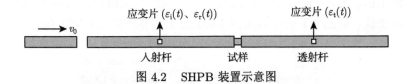

图 4.2　SHPB 装置示意图

根据杆中的一维弹性波假定，试样两端的载荷和速度可计算为

$$
\begin{cases}
F_\mathrm{input} = E_\mathrm{B} A_\mathrm{B} \left(\varepsilon_\mathrm{i}\left(t\right) + \varepsilon_\mathrm{r}\left(t\right) \right), & v_\mathrm{input} = C_0 \left(\varepsilon_\mathrm{i}\left(t\right) - \varepsilon_\mathrm{r}\left(t\right) \right) \\
F_\mathrm{output} = E_\mathrm{B} A_\mathrm{B} \varepsilon_\mathrm{t}\left(t\right), & v_\mathrm{output} = C_0 \varepsilon_\mathrm{t}\left(t\right)
\end{cases}
\tag{4.1}
$$

其中，F_input、F_output 和 v_input、v_output 分别表示试件两端的力和速度；E_B 和 A_B 分别为杆的弹性模量和横截面积；C_0 为杆中的声速；$\varepsilon_\mathrm{i}(t)$、$\varepsilon_\mathrm{r}(t)$ 和 $\varepsilon_\mathrm{t}(t)$ 分别为应变片采集到的入射波、反射波和透射波。然后，试件的长度变化量 Δl 可表示为

$$
\Delta l = \int_0^t \left(v_\mathrm{input}\left(\tau\right) - v_\mathrm{output}\left(\tau\right) \right) \mathrm{d}\tau
\tag{4.2}
$$

根据一维应力波假设和均匀性假设，试件的名义应力、应变和应变率可以通过式 (4.3) 计算为

$$
\begin{cases}
\sigma\left(t\right)=\dfrac{F_{\text{input}}+F_{\text{output}}}{2A_0}=\dfrac{E_{\text{B}}A_{\text{B}}}{2A_0}\left(\varepsilon_{\text{i}}\left(t\right)+\varepsilon_{\text{r}}\left(t\right)+\varepsilon_{\text{t}}\left(t\right)\right) \\[3mm]
\varepsilon\left(t\right)=\dfrac{\Delta l}{l}=\dfrac{C_0}{l}\displaystyle\int_0^t\left(\varepsilon_{\text{i}}\left(\tau\right)-\varepsilon_{\text{r}}\left(\tau\right)-\varepsilon_{\text{t}}\left(\tau\right)\right)\mathrm{d}\tau \\[3mm]
\dfrac{\mathrm{d}\varepsilon\left(t\right)}{\mathrm{d}t}=\dfrac{C_0}{l}\left(\varepsilon_{\text{i}}\left(\tau\right)-\varepsilon_{\text{r}}\left(\tau\right)-\varepsilon_{\text{t}}\left(\tau\right)\right)
\end{cases}
\tag{4.3}
$$

其中，l 和 A_0 分别为试件的原始长度和初始横截面积。

4.2.3 直撞式霍普金森压杆/泰勒–霍普金森压杆

由于微点阵材料的阻抗较低，分离式霍普金森杆的加载速度有限，很难在一个脉冲范围内获得完整的材料应力–应变响应 (试样基本不能被完全压实)。基于此，Ozdemir 等 [1,2] 提出采用直撞式霍普金森压杆 (direct Hopkinson pressure bar, DHPB) 和泰勒–霍普金森压杆 (Taylor-Hopkinson pressure bar) 装置分别对微点阵材料两端的力学响应进行测定，从而获得材料在不同加载速度下完整的力学行为和变形演化过程。两种装置的测试原理如下：

直撞式霍普金森压杆：去掉分离式霍普金森压杆中的入射杆，将试样直接置于透射杆端面，采用高压气体推动子弹直接高速撞击微点阵试样，透射杆上粘贴应变片；通过应变片采集的信号和 SHPB 数据处理方法，即可获得试样支撑端的力–时间响应；结合高速摄影技术和 DIC 分析方法，可进一步获得试样端面的力–位移响应关系。该装置的示意图如图 4.3(a) 所示。

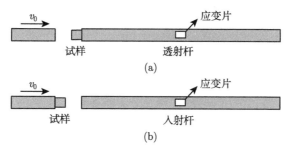

图 4.3　(a) 直撞式霍普金森压杆；(b) 泰勒–霍普金森压杆

泰勒–霍普金森压杆：去掉分离式霍普金森压杆中的透射杆，将试样与子弹绑定，采用高压气体推动试样 (和子弹) 高速撞击入射杆，入射杆上粘贴应变片；通过应变片采集的信号和 SHPB 数据处理方法，即可获得试样撞击端的力–时间响

应；结合高速摄影技术和 DIC 分析方法，可进一步获得试样端面的力–位移响应关系。该装置的示意图如图 4.3(b) 所示。

4.2.4　黏弹性 SHPB 实验数据处理方法

对于多孔材料等低阻抗材料，采用 SHPB 系统开展实验测试通常选用尼龙等黏弹性杆，从而和试样的波阻抗相匹配。考虑到应力波在尼龙杆中传播时会产生衰减和弥散[3-5]，在数据处理时必须加以考虑。目前，对于黏弹性杆中应变信号的修正方法通常采用频率方程法和波传播系数法两种。其中，前者需要已知黏弹性材料的本构参数，后者只需要通过实验得到压杆的传播系数，然后根据测量的应变信号推导出其他任何位置的应变信号。因此，本书中主要介绍通过波的传播系数法对黏弹性杆中的信号进行修正。

在一维应力假设的前提下，黏弹性杆在频域的波动方程可以表述为[6]

$$\frac{\partial^2 \sigma(x,\omega)}{\partial x^2} = -\rho\omega^2 \varepsilon(x,\omega) \tag{4.4}$$

其中，ω 代表角频率。黏弹性杆的本构方程为

$$\sigma(x,\omega) = E^*(\omega)\varepsilon(x,\omega) \tag{4.5}$$

定义传播系数 $\gamma^2 = -\rho\omega^2/E^*(\omega)$，则可推导出波动方程的通解为

$$\varepsilon(x,\omega) = P(\omega)\mathrm{e}^{-\gamma x} + N(\omega)\mathrm{e}^{\gamma x} \tag{4.6}$$

其中，$P(\omega)$ 和 $N(\omega)$ 分别为 $x=0$ 处沿杆正向和负向传播应变波的傅里叶变换。在 x 处的质点速度 $v(x,\omega)$ 和截面正应力 $\sigma(x,\omega)$ 可以分别表述为

$$\begin{cases} v(x,\omega) = -\dfrac{\mathrm{i}\omega}{\gamma}\left[P(\omega)\mathrm{e}^{-\gamma x} - N(\omega)\mathrm{e}^{\gamma x}\right] \\[3mm] \sigma(x,\omega) = -\dfrac{\rho\omega^2}{\gamma}\left[P(\omega)\mathrm{e}^{-\gamma x} - N(\omega)\mathrm{e}^{\gamma x}\right] \end{cases} \tag{4.7}$$

此外，传播系数 $\gamma(\omega)$ 与衰减系数 $\alpha(\omega)$ 以及相速度 $C(\omega)$ 之间满足：

$$\gamma(\omega) = \alpha(\omega) + \mathrm{i}\frac{\omega}{C(\omega)} \tag{4.8}$$

因此，一旦 $P(\omega)$、$N(\omega)$ 和黏弹性杆的传播系数被确定，就可以获得任意位置的应变历史。Bacon[6] 提出了测定黏弹性杆传播系数的一个简单方法，其原理如图 4.4 所示：利用子弹直接撞击黏弹性杆的一端，应变片距自由端长度为 d，测得不叠加的入射波 $\varepsilon_\mathrm{i}(t)$ 和反射波 $\varepsilon_\mathrm{r}(t)$，其傅里叶变换分别为 $\varepsilon_\mathrm{i}(\omega)$ 和 $\varepsilon_\mathrm{r}(\omega)$。

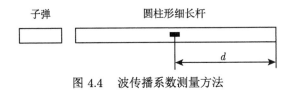

图 4.4　波传播系数测量方法

由式 (4.6) 以及自由端的边界条件可得:

$$P(\omega) = \varepsilon_{\mathrm{i}}(\omega), \quad N(\omega) = \varepsilon_{\mathrm{r}}(\omega)$$
$$P(\omega)\mathrm{e}^{-\gamma d} + N(\omega)\mathrm{e}^{\gamma d} = 0 \tag{4.9}$$

则有

$$\frac{\varepsilon_{\mathrm{r}}(\omega)}{\varepsilon_{\mathrm{i}}(\omega)} = -\mathrm{e}^{-2\gamma d} \tag{4.10}$$

上式表明,通过 $\varepsilon_{\mathrm{i}}(\omega)$ 和 $\varepsilon_{\mathrm{r}}(\omega)$ 可以得到不同频率所对应的传播系数 $\gamma(\omega)$。衰减系数 $\alpha(\omega)$ 可以基于 Pochhammer 波动传播理论确定。在此基础上,就可以对黏弹性杆上应变片测得的波动信号进行修正。

4.3　微点阵材料动态力学性能

4.3.1　基于落锤系统的材料动态力学性能测试

为研究仿生空心微点阵材料在低速冲击下的力学响应与防护特性,利用落锤装置 (DHR-1205,西安交通大学) 对空心试样开展了动态压缩实验 [7]。在实验过程中试样被放置在刚性平台上,并受到刚性锤头自由下落的冲击,加载速度 v 和冲击能量 W 由锤头质量 M 和锤头初始高度 H 计算获得为

$$v = \sqrt{2gH} \tag{4.11}$$

$$W = MgH = \frac{1}{2}Mv^2 \tag{4.12}$$

施加在试样上的冲击载荷时程曲线由安装在锤头上的力传感器 (量程 200kN) 记录,同时通过高速摄影机获得加载过程中试样的变形过程,采集频率为 30000fps。利用锤头上的随机散斑进行数字图像相关处理 (DIC) 分析,可以确定锤头的位移时程,由此计算出被测微点阵试样的动态名义应力–应变关系。

实验中采用两种典型的胞元结构来构建空心点阵结构,即 BCC 结构和 Octet 结构。所研究的空心点阵试样的细观结构详细信息如下:

空心 BCC 点阵 (HBCC):将 BCC 晶格中的实体支柱替换为空心支柱,并用空心球体替换节点部分,得到 HBCC 构型 [图 4.5(a)]。HBCC 的相对密度可由

杆内外径比 d_{in}/d_{out}、杆外径与杆长比 d_{out}/L、球体外径与杆长比 D_{out}/L 和球体厚度与杆厚度比 $t_{sphere}/t_{strut} = (D_{out} - D_{in})/(d_{out} - d_{in})$ 确定。当 $D_{out}/L = 2/3$、$d_{out}/L = \sqrt{3}/6$ 和 $t_{sphere} = t_{strut} = t$ 时，结构的相对密度可表示为

$$\overline{\rho} \approx 3.332 \left(\frac{t}{L}\right) - 4.974 \left(\frac{t}{L}\right)^2 - 77.597 \left(\frac{t}{L}\right)^3 \tag{4.13}$$

空心八角点阵结构 (HOCT)：同样地，将 Octet 点阵结构中的实体杆件和连接节点部分分别替换为空心杆件和空心球体，得到 HOCT 构型 [图 4.5(b)]。在 $D_{out}/L = 2/3$、$d_{out}/d_{in} = 1/\sqrt{2}$ 和 $t_{sphere} = t_{strut} = t$ 的特殊情况下，HOCT 的相对密度可表示为

$$\overline{\rho} \approx 1.975 \left(\frac{t}{L}\right) + 57.7 \left(\frac{t}{L}\right)^2 - 446.9 \left(\frac{t}{L}\right)^3 \tag{4.14}$$

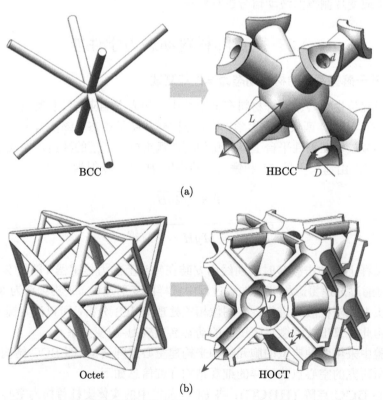

图 4.5　空心点阵结构设计示意图：(a) HBCC 构型; (b) HOCT 构型

空心点阵试样模型由 5×5×5 个胞元正交堆叠而成。试样模型的长度为 40mm，胞元边长为 8mm。所有空心点阵的总体孔隙率设定为 80%。点阵试样采用 SLM 技术打印制备，主要打印参数包括一个有效光束直径为 100μm、功率为 260W 的激光器，扫描速度为 1.2m/s，层厚为 40μm。打印舱室里充满了氩气，以防止粉末被氧化。基材为 316L 不锈钢 (SS316L)，粉末颗粒直径为 15 ~ 53μm。将打印出来的试样加热到 900°，在真空环境中保持 2~4h，释放试样中的残余应力。随后，试样在氩气气氛中冷却。在 4bar(1bar=10^5Pa) 的气压下喷砂 5min，以清除多余的粉末，提高支柱表面光洁度。图 4.6 给出了打印试样的宏细观结构观测图像。

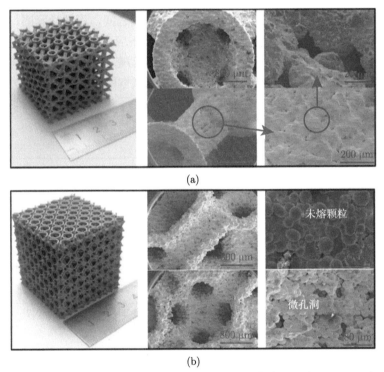

(a)

(b)

图 4.6　SLM 打印空心点阵试样：(a) 空心 BCC 点阵; (b) 空心 Octet 点阵

1. 动态压缩应力–应变曲线

空心 BCC 点阵结构的动态工程应力–应变曲线如图 4.7(a) 所示，数据处理方法与准静态实验类似。名义应变由锤头的位移确定，如图 4.7(b) 所示。结果表明，试样的动态应力–应变行为表现出与准静态条件下相似的三阶段特征，即初始线弹性段、应力平台段和密实段。同时，动态应力–应变曲线上的后继屈服区域表现出与准静态结果相似的硬化行为。在后继屈服区域的初始阶段观察到明显的应力振荡，主要是由点阵样品以及锤头–传感器界面处应力波的反射引起的。空心 BCC 点阵结构的动态弹性模量约为 1.21GPa，几乎是准静态结果的 1.37 倍。动压作用下结构的平均坍塌强度约为 22.5MPa，是准静压强度的 1.58 倍。上述结果表明，空心 BCC 点阵结构的力学性能表现出显著的应变率敏感性。试件在动态加载下的致密化应变 (几乎为 0.424) 也大于准静态压缩下的致密化应变 (0.395)，这与前人对泡沫材料和实心点阵材料的研究结果一致。图 4.7(a) 中还展示了有限元模拟得到的动态应力–应变曲线。虽然冲击载荷作用下的有限元结果略高于实验结果，但偏差在可接受范围内。值得注意的是，数值计算结果中并没有发现应力振荡现象，这是由于在有限元模拟中使用了不同于实验中的加载和信号采集方法。在动态实验中，力传感器夹在锤头和附加重量之间，用螺栓紧固，用于捕获力信号。锤头–传感器界面复杂，导致动载荷作用下应力波反射复杂，使得实验得到的动态应力–应变曲线出现明显的应力振荡。在动态有限元仿真中，将加载系统简化为具有恒定冲击速度的刚性板。通过参考点读取刚性板的反作用力，可以直接得到试样上的冲击力。因此，有限元分析中消除了界面处应力波的影响，得到了光滑的应力–应变曲线。

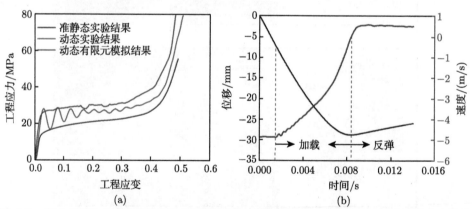

图 4.7　空心 BCC 点阵结构动态力学响应：(a) 工程应力–应变曲线；(b) 锤头的位移和速度时程曲线

空心 Octet 点阵试样的动态工程应力–应变曲线如图 4.8(a) 所示，锤头位移和速度时程曲线如图 4.8(b) 所示。与准静态情况相似，结构在低速冲击下并不完全被压实。然而，在动态压缩下，材料的致密化也被延迟。动态压缩下 HOCT 点阵的初始杨氏模量约为 2.16GPa，屈服应力约为 39.7MPa，分别是准静态结果的 1.83 倍和 2.03 倍。同样，在 HOCT 点阵结构的动态应力–应变曲线上也出现了明显的应力波动。冲击载荷作用下，HOCT 点阵结构在应力平台区域的应变硬化与准静态结果一致，比 HBCC 点阵结构更显著。

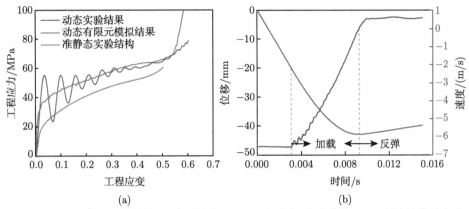

图 4.8　空心 Octet 点阵结构动态力学响应：(a) 工程应力–应变曲线；(b) 锤头的位移和速度时程曲线

2. 动态变形模式

空心 BCC 点阵材料在静动态压缩下的坍塌演化如图 4.9 所示。基于增材制

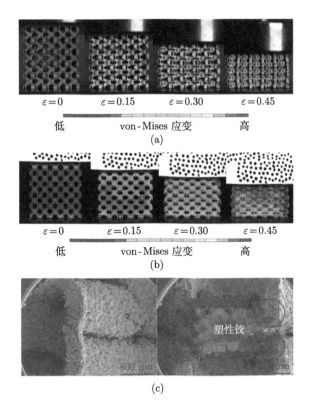

图 4.9　空心 BCC 点阵结构变形模式：(a) 准静态压缩；(b) 动态压缩；(c) 细观变形机制

造杆件表面粗糙度形成的自然对比度，利用 VIC2D 软件开展 DIC 应变计算，用于估计点阵试样表面的有效应变分布。在 DIC 计算中，使用最小二乘搜索算法对图像进行分析。在 30 个像素大小的窗口上使用高斯权值，步长为 3 像素。需要说明的是，DIC 分析仅用于定性地识别点阵杆件中塑性变形严重的区域。如果进行更精确的定量分析，需要更高质量的变形图像。可以注意到，空心点阵结构中出现了均匀的变形模式，这与文献中实心 BCC 点阵结构呈现的"X"形局域化变形不同。当试件压缩至完全致密时，空心杆件变形较大，无断裂现象。由 DIC 分析得到的应变云图表明，空心球具有刚性节点的特性，因为严重的变形集中在空心杆件上，而节点区域的应变最小。此外，可以发现在低速冲击下，空心 BCC 点阵结构的变形模式与准静态实验结果基本一致。图 4.9(c) 给出了变形后空心 BCC 结构的细观观测结果，可以看出空心杆件和空心节点均呈现出稳定的弯曲变形，形成了多个塑性铰。

图 4.10 为空心 Octet 点阵试样变形演化的过程。实验观测表明，与传统实心 Octet 点阵的局部坍塌不同，空心 Octet 点阵结构从宏观上看是均匀变形的。均

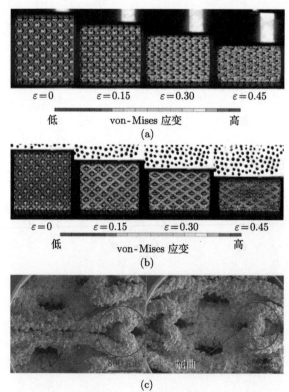

图 4.10　空心 Octet 点阵结构变形模式：(a) 准静态压缩；(b) 动态压缩；(c) 细观变形机制

匀的变形模式有利于后继屈服阶段的应变硬化行为，而不是突然的应力软化和应力波动。然而，从图 4.10(c) 的细观分析可以看出，空心杆件和球形节点的变形是不稳定的，屈曲是其主要的变形方式。因此，空心 Octet 点阵结构呈现出宏观稳定、细观不稳定的分层变形特征。此外，实验结果同样表明，在低速冲击下，结构的变形模式与准静态结果一致。

4.3.2 基于落锤系统的点阵夹芯结构防护性能测试

采用落锤实验系统除了可以获得微点阵材料的动态应力–应变曲线以外，也可以用于评估微点阵防护结构的抗冲击性能。Mines 等 [8] 利用落锤实验系统针对不锈钢微点阵夹芯结构和钛合金微点阵夹芯结构开展了实验测试，并与传统的蜂窝铝夹芯结构进行了对比分析，讨论了三种芯材在冲击防护方面的异同。选用碳纤维平纹织物 Gurit EP121-C15-53 作为夹芯结构的面板，这种复合材料面板预浸渍 53% 环氧树脂 EP121，是一种高度增韧的树脂体系，对芯层材料具有优异的附着力，固化时间短，被广泛用于飞机部件，如乘客地板和二级结构等。铝蜂窝选用 Hexcel CR111-1/4-5056- 0.001N-2.3，其中 CR111 表示耐腐蚀性，1/4 表示胞元尺寸 (单位为 in，in=2.54cm)，5056 表示合金牌号，0.001 N 表示箔厚度 (未穿孔)，2.3 表示蜂窝密度 (单位为 lb/ft^3)。铝合金被回火至 H39 状态，这是航空航天核心材料的通用级。

316L 不锈钢和 Ti-6Al-4V 微点阵夹芯板的尺寸为 100mm×100mm×20mm，胞元尺寸为 2.5 mm，采用 SLM 工艺制造。铝蜂窝芯层是从 20mm 厚的蜂窝材料上线切割而成，并切割成与 SLM 打印的微点阵板相同的尺寸。然后将这些芯层材料与四层平纹编织碳纤维面板模压成型，形成最终实验所需的夹芯结构。在冲击实验过程中，夹芯板被放置在四个半球形支撑 (直径 10mm) 上，并承受一个直径 10mm 的半球形压头的冲击，如图 4.11 所示。通过调整压头的初始释放高度，获得不同冲击能量下夹芯结构的动态响应与破坏模式。

图 4.11　落锤冲击实验示意图 (半球形支撑间距为 76mm)

使用 Motion Pro(帧率 410000fps) 高速摄像机获得力–位移数据。使用 Pro
Analyst 软件对拍摄的图像进行处理以获得锤头的速度历程曲线，然后采用 But-
terworth 700Hz 低通滤波器对曲线进行滤波处理以消除测试系统中振动带来的影
响。滤波频率的选择主要考虑了在不截断基带信号的同时过滤掉不需要的噪声。
然后通过速度历程曲线计算出位移、加速度和力时程曲线。对冲击实验后结构的
损伤进行定量评估，使用千分尺测量最终的凹痕深度。

1. 冲击载荷–位移响应

316L 不锈钢微点阵夹芯结构的冲击载荷–位移曲线如图 4.12 所示。曲线上的
初始非线性是由于上面板损伤造成的，而后最大载荷的减少与穿孔过程有关。研
究表明，在给定的冲击能量下，全支承板和四点支承板的冲头贯穿是相似的。然
而，在有支撑的情况下，能观察到更大程度的结构整体弯曲。图 4.12 表明实验数
据没有明显的率敏感性，尽管测试只在一个有限的冲击速度范围内进行。

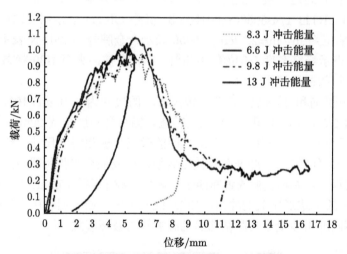

图 4.12　四点支撑下 316L 不锈钢微点阵夹芯板在不同冲击能量下的载荷–位移曲线

图 4.13(a) 和 (b) 分别给出了 Ti-6Al-4V 微点阵夹芯板和蜂窝铝夹芯板在不
同能量的角支撑冲击实验后的载荷–位移曲线，并均与 316L 不锈钢点阵夹芯板的
实验数据进行了对比。如图 4.13 所示大的冲头位移是夹芯板变形和穿孔的结果。
由图 4.13 (a) 可以看出，激光功率为 200W、照射时间为 1000ms 时制备的 Ti-
6Al-4V 微点阵夹芯板的抗冲击性能优于激光功率为 180W、照射时间为 500ms
时制备的 Ti-6Al-4V 微点阵夹芯板，尽管后者具有更好的延展性。

在图 4.13 (a) 中，Ti-6Al-4V#4~7(激光功率 200W、照射时间 1000ms) 与
Ti-6Al-4V #1~3(激光功率 100W、照射时间 500ms) 相比具有更高的穿孔载荷，

这是由于前者微点阵的杆径增加,性能略有改善。Ti-6Al-4V #4 样品没有经过热等静压处理,在贯穿过程中芯层缺乏延展性。在激光功率 200W、照射时间 1000ms 的情况下,Ti-6Al-4V 点阵夹芯板展现出更明显的率敏感性 (Ti-6Al-4V#4~7)。完全贯穿后,Ti-6Al-4V(激光功率 200W、照射时间 1000ms) 微点阵夹芯结构的抗冲击能力最强。值得注意的是,所有 Ti-6Al-4V 微点阵夹芯板的载荷–位移曲线均明显高于 316L 不锈钢点阵夹芯板。在图 4.13(b) 中, 与 Ti-6Al-4V 微点阵夹芯板相比, 蜂窝铝夹芯板的率敏感性较低。

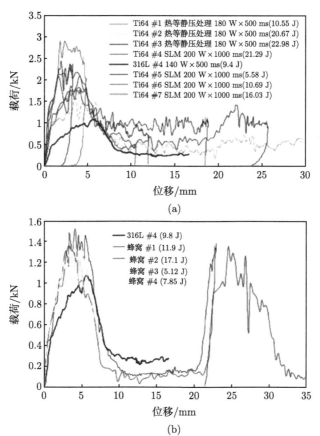

图 4.13　(a) Ti-6Al-4V 微点阵夹芯板在不同冲击能量下的载荷–位移曲线;(b) 蜂窝铝夹芯板在不同冲击能量下的载荷–位移曲线

2. 冲击损伤模式

图 4.14(a) 为冲击后 316L 不锈钢点阵夹芯板的俯视图和截面图。SS316L 的一个特点是其优越的延展性使支柱向下变形进入损伤区,这意味着支柱的损伤

会从穿孔损伤中扩散出去。这一现象在相关文献中有详细的讨论。图 4.14(b) 显示了 Ti-6Al-4V 点阵夹芯板的 CT 扫描照片。俯视图是在两个胞元的深度 (4mm)。可以看出，由于 Ti-6Al-4V 的延展性较差，结构的损伤更加局部化，这对撞击后结构的可修复性有较大影响。图 4.14 (c) 为蜂窝铝夹芯板的损伤情况。与 316L 不锈钢点阵夹芯板相比，蜂窝铝夹芯板显示出更大程度的局部损伤。

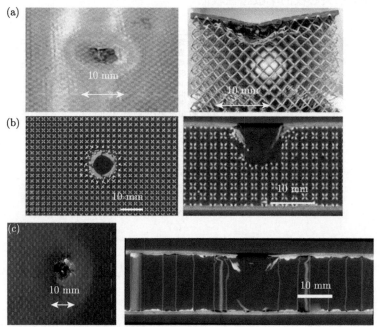

图 4.14　上面板变形和穿孔侧面剖面图：(a) 316L 不锈钢 #4 (8.8 J)；(b) Ti-6Al-4V #3 (22.98 J)；(c) 蜂窝铝 #1 (11.9 J)

图 4.15 为基于四种芯材 (316L 不锈钢微点阵、Ti-6Al-4V 微点阵、蜂窝铝和 Alporas 泡沫铝) 的夹芯板比冲击性能对比图，所有结构都使用相同的 CFRP 面板。比冲击能量为冲击能量除以面板密度，凹痕深度由千分尺测量。很明显，蜂窝铝夹芯板比微点阵夹芯板表现出更好的抗冲击性能，但两者之间的差距很小，表明 3D 打印微点阵夹芯板在抗冲击防护方面具有一定的竞争力，可以通过调控打印工艺参数和细观结构优化设计进一步提升夹芯结构的抗冲击性能。

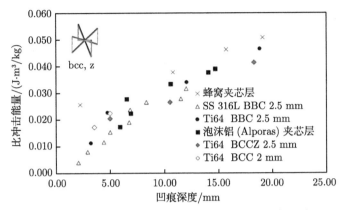

图 4.15 不同芯层夹芯结构的比冲击能与凹痕深度关系图

4.3.3 基于 SHPB 系统的实验测试结果

1. 动态压缩应力-应变曲线

为研究微点阵材料在较高应变率下的力学性能,采用 SHPB 装置对 EBM 制备的菱形十二面体微点阵钛合金材料开展实验测试[9]。图 4.16 给出了动态加载实验中典型的入射波、反射波和透射波信号,并通过计算验证了试件两端的应力平衡状态 [图 4.16(b)]。SHPB 冲击实验中,子弹速度范围为 $13\sim25\mathrm{m/s}$,对应的加载应变率范围为 $700/\mathrm{s}\sim1300/\mathrm{s}$。图 4.17 和图 4.18 给出了不同应变率加载下两种微点阵 Ti-6Al-4V 材料重复性较好的动态应力-应变曲线。从图中可以看出,材料的动态应力-应变曲线与准静态应力-应变曲线类似,在应力达到初始峰值前经历了弹性阶段,然后由于胞壁的失效导致应力开始急剧下降,当剩余完整孔壁开始承载时应力又重新上升。由于冲击加载速度较低,所有的试件均没有被压

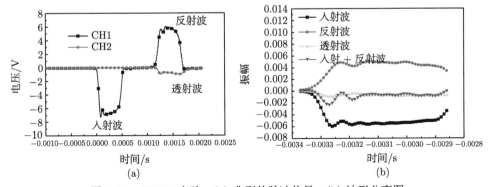

图 4.16 SHPB 实验:(a) 典型的脉冲信号;(b) 波形分离图

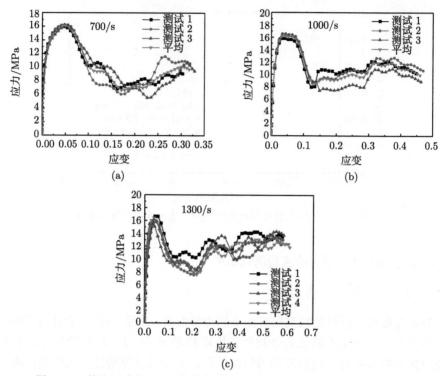

图 4.17　单胞尺寸为 5mm 的微点阵 Ti-6Al-4V 材料动态应力–应变曲线

实。基体 Ti-6Al-4V 材料的低韧性，导致多孔试件的动态应力–应变曲线随着孔壁的坍塌和断裂出现了明显的振荡，与常见的泡沫铝材料有所不同。

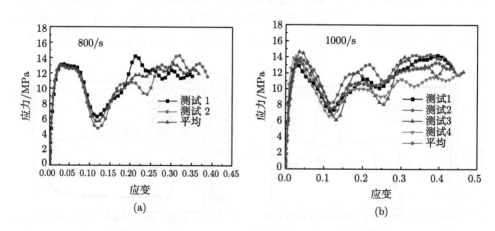

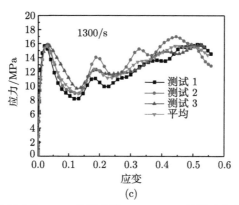

(c)

图 4.18 单胞尺寸为 3mm 的微点阵 Ti-6Al-4V 材料动态应力–应变曲线

图 4.19 给出了两种单胞尺寸的 Ti-6Al-4V 微点阵材料在不同应变率加载下的平均应力–应变曲线对比。从图中可以看出，两种单胞尺寸的多孔材料表现出不同的应变率敏感性。在所研究的三种应变率下，5mm 单胞的微点阵钛合金材料应力–应变曲线基本保持一致，而 3mm 单胞的微点阵材料表现出一定的应变率敏感性，在高应变率下材料的坍塌强度有所增加。

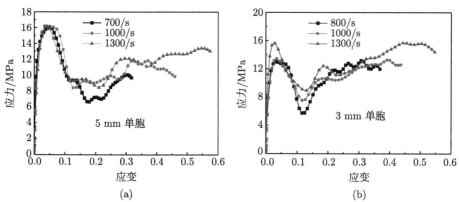

(a)   (b)

图 4.19 Ti-6Al-4V 微点阵材料的平均应力–应变曲线：(a) 单胞尺寸 5mm；
(b) 单胞尺寸 3mm

Onck 等 [10] 和 Sahu 等 [11] 指出，泡沫材料的孔径越大，其强度越低。图 4.20 对比了两种单胞尺寸的 Ti-6Al-4V 微点阵材料在不同应变率加载下的应力–应变曲线。可以看出，尽管单胞尺寸为 5mm 的微点阵材料具有更大尺寸的孔径和更低的相对密度，其在不同应变率下的坍塌强度都要比单胞尺寸为 3mm 的微点阵材料更高，分析认为造成这一差异的原因可能是两种材料的表面缺陷 [12]。

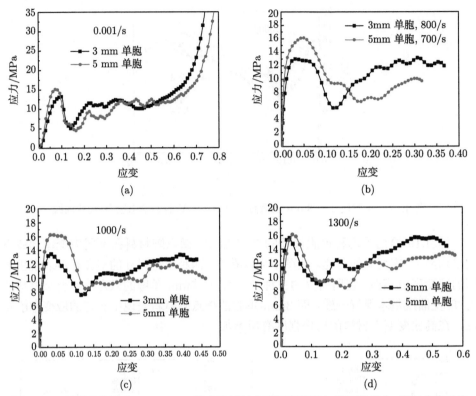

图 4.20　不同单胞尺寸 Ti-6Al-4V 微点阵材料在不同应变率加载下的应力–应变曲线对比

2. 应变率效应

关于多孔材料应变率敏感性的争议已经持续了很长时间。Zheng 等 [13] 指出，在高速冲击载荷作用下，由于材料的变形模式发生了转变，多孔介质的强度较准静态强度明显增加。然而，在低速冲击加载条件下，材料强度的强化机理仍不明确，通常认为其是由基体材料的应变率敏感性以及微惯性效应造成的。微惯性效应表现为多孔材料孔壁屈曲时的横向稳定，Lee 等 [14] 认为其是决定金字塔点阵夹芯材料峰值应力的主要因素。在他们的另外一篇文章中指出 [15]，泡沫材料孔壁的弯曲和屈曲造成的微惯性现象能够阻碍应变局部化的产生。然而，McKown 等 [16] 在测试 BCC 和 BCCZ 单胞结构的 316L 不锈钢微点阵材料时，并没有发现明显的微惯性效应，他们认为材料强度的升高是由不锈钢基体材料的应变率效应导致。表 4.1 和图 4.21 给出了两种单胞尺寸的 Ti-6Al-4V 微点阵材料在不同应变率条件下的坍塌强度。可以看出，两种单胞尺寸的试件表现出不同的应变率敏感性。对于单胞尺寸为 3mm 的微点阵材料，当应变率从 0.001/s 升至 1000/s 和 1300/s 时，坍塌强度分别增加了 4.6% 和 17.36%。但是对于单胞尺寸为 5mm 的微点阵材料，应变率强化效应并不明显，材料强度在动态载荷作用下几乎保持不变，当应变率从 0.001/s 增加至 1300/s 时，材料坍塌强度仅仅提升了 3.5%。

表 4.1 不同应变率条件下 Ti-6Al-4V 微点阵材料的平均初始坍塌强度

单胞尺寸/mm	应变率/s^{-1}	初始坍塌强度/MPa
	0.001	15.68
5	700	16.12
	1000	16.2
	1300	16.23
	0.001	13.31
3	800	13.29
	1000	13.92
	1300	15.62

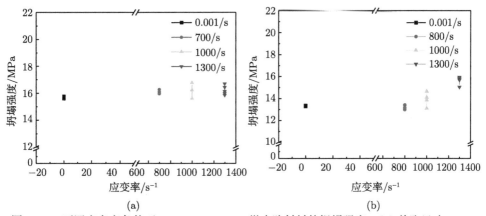

图 4.21 不同应变率条件下 EBM Ti-6Al-4V 微点阵材料的坍塌强度：(a) 单胞尺寸 5mm；
(b) 单胞尺寸 3mm

两种单胞尺寸 Ti-6Al-4V 多孔材料不同的应变率敏感性可能与材料细观结构的差异有关。由于目前还没有确定最佳的制备工艺参数，多孔材料内部单根胞壁成型质量较差，横截面尺寸并不恒定。孔壁结构的细观缺陷可能会降低材料强度的应变率强化效应。由于两种多孔试件的单胞尺寸不同，胞壁结构也具有不同的缺陷形式，从而导致两种材料具有不同的应变率敏感性。影响材料应变率敏感性的另一个因素可能是两种材料单胞数目的不同。由于单胞尺寸为 5mm 的多孔材料横向的单胞数量有限，在冲击加载时试件缺少横向约束，加剧了材料的变形和失效，从而降低了其应变率敏感性。

3. 动态失效机理

许多学者指出，多孔材料的变形模式会随着速度增加而变化。为了揭示 EBM Ti-6Al-4V 微点阵材料在动态加载下的失效机理，采用高速摄影机记录了试样变形的全过程。图 4.22 和图 4.23 分别给出了两种单胞尺寸的 Ti-6Al-4V 微点阵材料在不同应变率加载下的变形演化过程。从图中可以看出，在测试的应变率范围内，试件的动态变形模式与准静态变形模式类似，当应变达到 0.1 时，试件内沿对角线胞元出现了初始坍塌，随着加载的进行，附近胞元逐层破坏并形成了沿 45° 方向的局部剪切带。可以看出，Ti-6Al-4V 微点阵材料在所研究的应变率范围内，动态变形模式与准静态变形模式相同。图 4.5 表明，在研究的应变率范围内，试件两端受力平衡，与准静态加载实验一致，因此没有改变材料的变形机理。Cheng 等 [17] 基于胞元的准静态受力分析，解释了这种材料的变形机制。

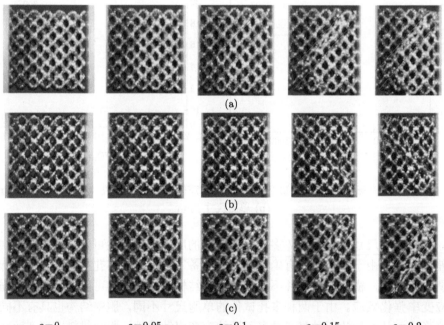

$\varepsilon=0$　　　　　　$\varepsilon=0.05$　　　　　　$\varepsilon=0.1$　　　　　　$\varepsilon=0.15$　　　　　　$\varepsilon=0.2$

图 4.22　单胞尺寸为 5mm 的 Ti-6Al-4V 微点阵材料动态失效演化过程: (a) $\dot{\varepsilon}=700/\mathrm{s}$; (b) $\dot{\varepsilon}=1000/\mathrm{s}$; (c) $\dot{\varepsilon}=1300/\mathrm{s}$

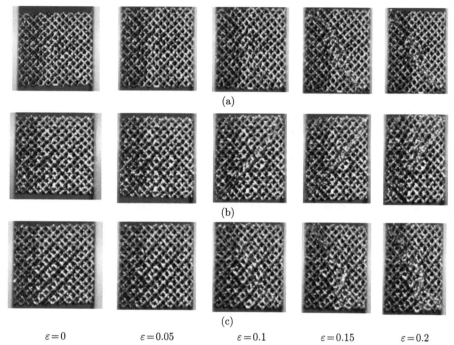

$\varepsilon = 0$ $\qquad$ $\varepsilon = 0.05$ $\qquad$ $\varepsilon = 0.1$ $\qquad$ $\varepsilon = 0.15$ $\qquad$ $\varepsilon = 0.2$

图 4.23　单胞尺寸为 3mm 的 Ti-6Al-4V 微点阵材料动态失效演化过程: (a) $\dot{\varepsilon} = 800/\text{s}$; (b) $\dot{\varepsilon} = 1000/\text{s}$; (c) $\dot{\varepsilon} = 1300\ /\text{s}$

　　McKown 等 [16] 在研究 BCC 单胞结构的不锈钢微点阵材料准静态压缩行为时, 发现材料的变形模式十分稳定, 没有出现局部失效。第 3 章中指出, 正菱形十二面体单胞结构也可视作 BCC 结构, 然而本节中的 Ti-6Al-4V 微点阵材料与不锈钢微点阵材料的变形模式并不相同。造成这种差异的主要原因是这两种基体材料的性能不一样。图 4.24 分别给出了这两种微点阵材料变形模式的细观观测, 通过对比可以看出, 和不锈钢胞壁结构可以承受大塑性变形不同, Ti-6Al-4V 胞壁结构表现出更明显的脆性, 没有经历较大变形就开始断裂。实际上, Ti-6Al-4V 微点阵材料与不锈钢微点阵材料总体变形模式的差异也可根据第 3 章中材料的高温变形行为加以解释。当 Ti-6Al-4V 微点阵材料在 600℃ 条件下压缩时, 由于基体材料高温软化提高了其韧性, 导致微点阵材料的变形模式与不锈钢微点阵材料室温变形模式类似。此外, 从图 4.24(b) 中还可以看出, 胞壁结构以塑性弯曲变形为主, 没有出现屈曲, 说明在动态加载下菱形十二面体微点阵材料没有产生明显的微惯性效应, 材料强度的应变率强化现象主要与基体 Ti-6Al-4V 材料的应变率效应有关。

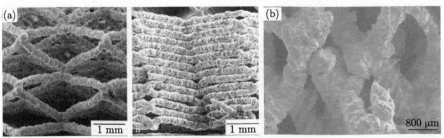

图 4.24　变形后微点阵试件的细观观测：(a) 不锈钢材料 (McKown, 2008)；(b) Ti-6Al-4V 材料

4.3.4　基于直撞式/泰勒–霍普金森杆系统的实验测试结果

由于传统的分离式霍普金森杆实验加载速度较低，且单次脉冲宽度有限，难以获得微点阵材料完整的应力–应变关系。基于此，Ozdemir 等 [1] 利用直撞式/泰勒–霍普金森杆系统，对三种不同胞元结构 (立方结构、钻石结构和内凹立方结构) 的钛合金微点阵材料开展了不同冲击速度下的力学性能实验测试，得到了微点阵材料在较高冲击速度下完整的应力时间响应和失效演化过程。

在针对微点阵试样开展冲击实验之前，首先进行了空杆冲击 (即不包含点阵试样) 实验，获得了子弹撞击波导管时的冲击应力时程曲线。实验中采用了速度为 7.3~8.9 m/s 的钢制子弹和速度为 175~191 m/s 的尼龙 66 型子弹，典型的应力时程曲线如图 4.25 所示。

从结果中可以观察到峰值应力的高幅值和短脉宽。其中钢制子弹对应的冲击应力峰值为 135MPa，尼龙子弹为 240MPa，冲击脉冲的持续时间为 50~100 μs。以钢制子弹冲击为例，主脉冲之后有一个小幅度的应力脉冲，表明实验中存在对准误差，子弹以非常小的角度斜撞击导波杆。对于尼龙弹丸，在冲击应力–时间历程曲线上有两个峰值 [图 4.25(b)]，表明子弹发生了非弹性变形。

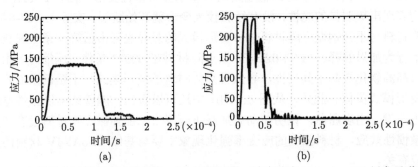

图 4.25　空杆冲击时的应力时程曲线：(a) 钢制子弹，冲击速度 7.6m/s；(b) 尼龙子弹，冲击速度 178m/s

1. 单层胞元微点阵材料实验结果

图 4.26 和图 4.27 给出了不同冲击速度下单层胞元微点阵试样在冲击端和远端的应力和累积冲量时程曲线。通过计算冲击力–时间曲线包围的面积，可以得到累积冲量时程结果。当子弹与导波杆接触时，冲量开始增加，并在子弹反弹后保持不变。考虑到每次实验的冲击速度存在少量差异，低速和高速冲击实验的冲击端和远端面应力时程曲线非常相似。

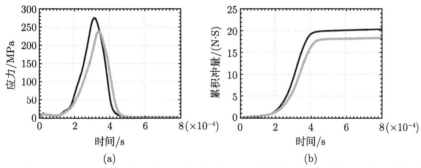

图 4.26　单层内凹立方点阵结构的冲击实验结果：(a) 远端面 (黑线) 和冲击端 (灰线) 的应力时程曲线；(b) 远端面 (黑线) 和冲击端 (灰线) 的累积冲量时程曲线 (钢制子弹，冲击速度分别为 18.8 m/s 和 17.7 m/s)

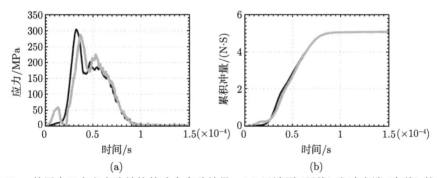

图 4.27　单层内凹立方点阵结构的冲击实验结果：(a) 远端面 (黑线) 和冲击端 (灰线) 的应力时程曲线；(b) 远端面 (黑线) 和冲击端 (灰线) 的累积冲量时程曲线 (尼龙子弹，冲击速度分别为 200 m/s 和 187m/s)

2. 多层胞元微点阵材料实验结果

采用长度为 25mm、直径为 25mm 的圆柱形试样，测试了微点阵结构横向传播冲击载荷的能力。首先，比较五层胞元立方结构、钻石结构和内凹立方结构样品的远端面冲击应力时程曲线，找出最有效的冲击防护微点阵类型。图 4.28~

图 4.31 显示了两种子弹低速冲击和高速冲击下典型的应力和累积冲量时程曲线。在所有情况下，点阵试样的存在显著地减弱了传递给杆的峰值冲击应力，并显著地延长了加载脉冲的持续时间。在低速钢制子弹冲击实验 (7∼9m/s) 的情况下，峰值应力降低到空杆冲击实验中的 20% 左右，而加载脉冲的持续时间增加了约 2000%。

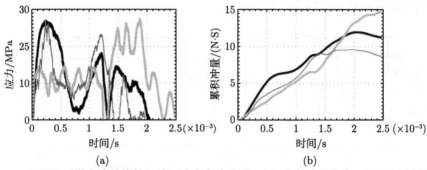

图 4.28　五层胞元微点阵结构的远端面冲击实验结果：(a) 应力时程曲线；(b) 累积冲量时程曲线 (钢制子弹，冲击速度分别为 7.4m/s、7.7m/s 和 9.4m/s；细黑线—立方结构，粗黑线—钻石结构，粗灰线—内凹立方结构)

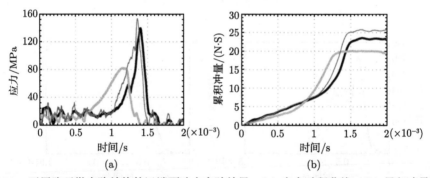

图 4.29　五层胞元微点阵结构的远端面冲击实验结果：(a) 应力时程曲线；(b) 累积冲量时程曲线 (钢制子弹，冲击速度分别为 20.6m/s、19.4m/s 和 16.8m/s；细黑线—立方结构，粗黑线—钻石结构，粗灰线—内凹立方结构)

在更高速度的尼龙子弹冲击实验 (170∼190m/s) 中，与空杆冲击实验相比，立方结构和钻石结构微点阵样品冲击实验中的峰值应力衰减至 35%，内凹立方结构样品冲击实验中的峰值应力衰减至 50%。立方结构和钻石结构微点阵试样对应的载荷持续时间延长了 350%，内凹立方结构试样延长了 250%。立方结构和钻石结构微点阵试样在时间上分散载荷的效率似乎比内凹立方结构试样略高。这种差异会在特定重量的基础上被放大，因为内凹立方结构试样具有更高的密度。

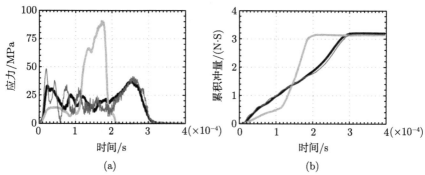

图 4.30　五层胞元微点阵结构的远端面冲击实验结果：(a) 应力时程曲线；(b) 累积冲量时程曲线 (尼龙子弹，冲击速度分别为 130m/s、140m/s 和 134m/s；细黑线—立方结构，粗黑线—钻石结构，粗灰线—内凹立方结构)

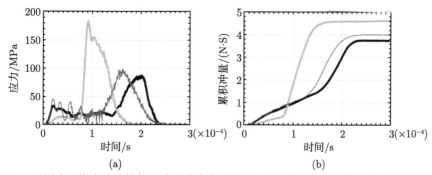

图 4.31　五层胞元微点阵结构的远端面冲击实验结果：(a) 应力时程曲线；(b) 累积冲量时程曲线 (尼龙子弹，冲击速度分别为 195m/s、178m/s 和 190m/s；细黑线—立方结构，粗黑线—钻石结构，粗灰线—内凹立方结构)

在低动能冲击测试中 (即低速 7~9m/s 钢制子弹冲击)，试样仅在其长度的一部分经历了塑性变形或损伤，因此试样没有致密化和变硬。从泡沫材料和点阵材料的准静态测试中可以知道，当点阵结构坍塌时，试样密度开始接近基体金属材料。在更高能量的冲击 (高速 16~20m/s 钢制子弹冲击) 中，胞元结构沿着试样的整个长度坍塌；随着试样失去其能量耗散能力，致密化开始发生 (图 4.29)。因此，试样应力–时间曲线在胞元坍塌期间包含一个相当恒定的平台载荷，随后在脉冲结束时出现一个更大幅度的应力峰值。这一特点在尼龙子弹的高能量冲击中更为明显 (图 4.30 和图 4.31)。在所有工况中，平台载荷上都可以发现振荡。高速视频记录显示，这些振荡与单个胞元层的坍塌有关，在所有类型的点阵试样中都可以观察到类似的特征。

图 4.32~ 图 4.35 显示了钻石结构和内凹立方结构样品在冲击端和远端的应力测量结果对比。考虑到每次实验的冲击速度不同，低速钢制子弹冲击实验的冲

击端和远端面应力时程非常相似 (图 4.32 和图 4.34)。对于两种点阵类型，平台应力在两个端面近似相等，表明其单纯是点阵结构阻力的函数；致密化尖峰存在少量差异，但这些差异可能主要是由冲击速度的差异导致。

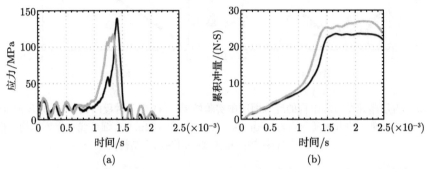

图 4.32　五层胞元钻石结构微点阵试样的远端面 (黑线) 和冲击端面 (灰线) 实验结果对比：(a) 应力时程曲线；(b) 累积冲量时程曲线 (钢制子弹，冲击速度分别为 19.4m/s 和 16.6m/s)

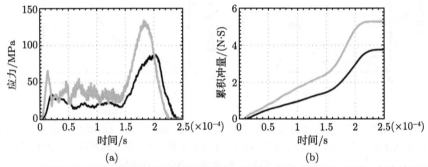

图 4.33　五层胞元钻石结构微点阵试样的远端面 (黑线) 和冲击端面 (灰线) 实验结果对比：(a) 应力时程曲线；(b) 累积冲量时程曲线 (尼龙子弹，冲击速度分别为 178m/s 和 165m/s)

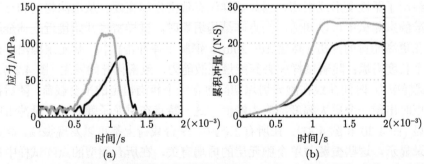

图 4.34　五层胞元内凹立方结构微点阵试样的远端面 (黑线) 和冲击端面 (灰线) 实验结果对比：(a) 应力时程曲线；(b) 累积冲量时程曲线 (钢制子弹，冲击速度分别为 16.8m/s 和 19.5m/s)

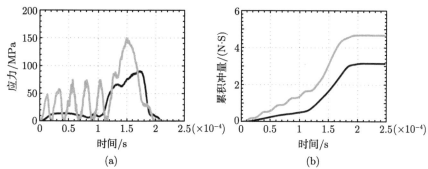

图 4.35 五层胞元内凹立方结构微点阵试样的远端面 (黑线) 和冲击端面 (灰线) 实验结果对比：(a) 应力时程曲线；(b) 累积冲量时程曲线 (尼龙子弹，冲击速度分别为 134m/s 和 136m/s)

在较高的速度下，与单层试样不同，远端和冲击端的载荷之间存在显著的差异 (图 4.33 和图 4.35)。对于钻石结构点阵，冲击端载荷显示出一个明显的初始峰值，随后是一个平台载荷，比稍低速度冲击下远端面的平台应力高 60%~75%。最终致密段的峰值应力量级也明显高于远端面测得的峰值应力。对于内凹立方结构点阵，这种差异甚至更加明显。在达到致密化峰值之前，冲击端载荷呈现出一系列的五个清晰的峰值，这些峰值与五层胞元的坍塌有关。远端面的应力时程曲线有一段较长的平台区，随后突然出现密实峰，这一现象与单层胞元样品实验结果类似。

通过高速相机拍摄的试样变形过程表明，在较低速度 (钢制子弹) 冲击测试中，胞元的失效并不是从一端到另一端逐层发生。相反，胞元坍塌的顺序似乎是随机的，类似于准静态实验结果。图 4.36 显示了在远端面 HPB 测试中内凹立方结构点阵试样这种非顺序坍塌的示例，其中钢制子弹以 16.8m/s 的速度发射，图中标记的红色箭头指出了坍塌层的位置。从这些图片中可以看出，从左到右对胞元层进行编号，胞元层坍塌的顺序是 1、4、3、2、5。当加载速度足够慢，使整个试样长度经历大致相等的载荷时，胞元坍塌的顺序可能由胞元层的相对强度和较小的强度扰动 (如沿长度方向支柱厚度的变化) 控制，从而导致随机的胞元坍塌顺序。这一点可以从远端载荷和冲击端载荷的平衡中得到证明，在泡沫材料的准静态测试中也普遍观察到类似的行为。

相反，高速度冲击 (尼龙子弹) 测试的高速摄影照片显示，胞元的坍塌总是从冲击端面向远端面传播。图 4.37 给出了在尼龙子弹以 104 m/s 的速度发射时，远端面冲击测试中内凹立方结构点阵试样逐层坍塌的示例。这表明，在较高的冲击速度下，整个试样长度上的载荷不平衡，初始弹性变形以较高的速度通过试样传播，导致远端面接近试样的平台载荷。然而，胞元崩溃最初局限于冲击端面附近，

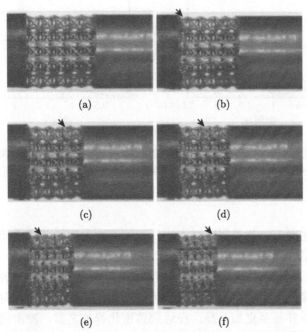

图 4.36　钢制子弹 16.8m/s 冲击下内凹立方结构点阵试样胞元层的随机坍塌模式：(a) 0μs；
(b) 200μs；(c) 300μs；(d) 400μs；(e) 550μs；(f) 700μs

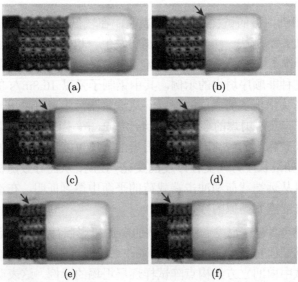

图 4.37　尼龙子弹 104m/s 冲击下内凹立方结构点阵试样胞元层的逐层坍塌模式：(a) 0μs；
(b) 40μs；(c) 80μs；(d) 120μs；(e) 160μs；(f) 200μs

直到冲击面的胞元层完全密实硬化,对冲击产生更大的阻力,并将变形传播到下一个胞元层。因此,由于每个胞元层的坍塌和部分致密化,冲击端面上的载荷出现了一系列的高过载峰值,而远端面只能观察到初始的、坍塌前的弹性载荷,直到远端面附近的胞元层发生坍塌。这一现象与闭孔泡沫材料和其他具有周期性胞元的多孔结构的高速冲击变形行为一致。

4.4　冲击波分析模型

从微点阵材料的高速冲击实验可以观察到,当冲击速度足够大时,材料会发生类"冲击波"式变形,与传统随机泡沫等多孔材料类似。基于这一现象,国内外很多学者采用一维冲击波模型对泡沫金属材料的动态力学行为进行了研究。Tan 等[18]最先采用率无关的刚性–理想塑性–锁定 (R-P-P-L) 模型,解释了泡沫铝材料的应力增强现象与变形模式转变。在此基础上,很多学者提出了一些新的理想化假设以获得更准确的冲击波模型,比如弹性–理想塑性–锁定 (E-P-P-L) 模型、刚性-线性塑性硬化-锁定 (R-LPH-L) 模型等[19−21]。Zheng 等[22]将泡沫铝视为刚性-幂硬化 (R-PLH) 材料,提出了一种修正的冲击波模型。这一模型仅需要三个参数,且能轻易地通过准静态实验确定,因此可被广泛应用于描述微点阵材料的高速冲击力学响应。

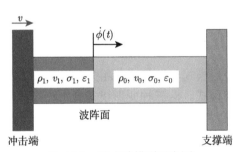

图 4.38　冲击波模型示意图

如图 4.38 所示,当材料受到速度 v 冲击加载时,冲击端产生塑性波 (假定材料为刚塑性) 向支撑端传播,将波阵面前后的参数分别记为

$$波前:\rho_0,\ v_0,\ \sigma_0,\ \varepsilon_0$$
$$波后:\rho_1,\ v_1,\ \sigma_1,\ \varepsilon_1$$

其中,ρ_i、v_i、σ_i、ε_i 分别为两个区域内的材料密度、粒子速度、应力和应变。ρ_0 为微点阵材料的初始密度,ρ_1 为波后变形区域材料的密度。由于波前区域材料未发生变形,因而有 $v_0 = 0$ 和 $\varepsilon_0 = 0$;波后区域完全密实,则 $v_1 = v$。根据波阵面

前后的质量守恒方程和动量守恒方程,可得:

$$\begin{cases} v_1(t) - v_0(t) = -\dot{\phi}(t)(\varepsilon_1(t) - \varepsilon_0(t)) \\ \sigma_1(\varepsilon) - \sigma_0(\varepsilon) = -\rho_0\dot{\phi}(t)(v_1(t) - v_0(t)) \end{cases} \tag{4.15}$$

其中,$\phi(t)$ 和 $\dot{\phi}(t)$ 分别为波阵面的拉格朗日坐标和传播速度。联立上述两式,并将波阵面前后的参数代入,则有

$$(\sigma_1(\varepsilon_1) - \sigma_0(\varepsilon_0))\varepsilon_1 = \rho_0 v^2 \tag{4.16}$$

假设材料满足幂硬化本构关系,即

$$\sigma(\varepsilon) = \sigma_0 + K\varepsilon^n \tag{4.17}$$

其中,σ_0、K 和 n 分别为初始屈服应力、强度指数和应变硬化指数,可以由准静态实验获得。针对 3.3.1 节中的 Ti-6Al-4V 微点阵试样,由于材料的应力在达到初始峰值后会出现急剧的下降,而且应力平台区存在明显的振荡,因此采用平台应力 σ_{pl}(见第 3 章) 代替上式中的 σ_0。将式 (4.17) 代入式 (4.16),可得波阵面后方的应变为

$$\varepsilon_1 = \sqrt[(n+1)]{\rho_0 v^2/K} \tag{4.18}$$

波阵面后方的应力则可表示为

$$\sigma(\varepsilon_1) = \sigma_{\text{pl}} + K\left(\rho_0 v^2/K\right)^{\frac{n}{n+1}} \tag{4.19}$$

多孔材料的动态变形模式与加载速度相关,具体可以分为三类:准静态/均匀模式、过渡模式和冲击模式。这三种变形模式分别对应两个临界速度,可以表示如下:

$$\begin{cases} v \leqslant v_{\text{cr1}}, & \text{准静态模式} \\ v_{\text{cr1}} < v < v_{\text{cr2}}, & \text{过渡模式} \\ v \geqslant v_{\text{cr2}}, & \text{冲击模式} \end{cases} \tag{4.20}$$

其中,第一临界速度 v_{cr1} 可以由波阵面前后应力的比值确定,当 $\sigma_0 = 0.9\sigma(\varepsilon_1)$ 时,对应的速度即为第一临界速度。联立式 (4.19) 可得

$$v_{\text{cr1}} = [\sigma_{\text{pl}}/(9K)]^{\frac{n+1}{2n}} \sqrt{K/\rho_0} \tag{4.21}$$

第二临界速度 v_{cr2} 由波阵面后方的初始应变决定,当其达到密实应变 ε_{D} 时,对应的速度即为 v_{cr2}。将 $\varepsilon_1 = \varepsilon_{\text{D}}$ 代入式 (4.18) 中,可得

$$v_{\text{cr2}} = \sqrt{K/\rho_0}\varepsilon_{\text{D}}^{\frac{n+1}{2}} \tag{4.22}$$

其中, 密实应变 ε_D 由准静态实验获得。

图 4.39 给出了两种单胞尺寸的 EBM 微点阵 Ti-6Al-4V 材料准静态应力–应变曲线以及相应的模型拟合结果。首先, 确定材料的平台应力 σ_{pl}, 然后将其代入式 (4.19), 结合已知的参数 σ_{pl}、ρ_0 和 v, 与实验应力–应变曲线拟合, 即可得到未知参数 K 和 n。拟合过程中, 采用 Gauss-Newton 迭代算法, 将实验数据与拟合结果之间的差异最小化, 直到得出所有的收敛参数。将得到的参数分别代回式 (4.21) 和式 (4.22), 即可得到实验所用 Ti-6Al-4V 微点阵多孔材料的临界速度。

通过计算可知, 对于单胞尺寸为 5mm 的 Ti-6Al-4V 多孔试件, 其临界速度分别为 $v_{cr1} = 35.5\text{m/s}$, $v_{cr2} = 68.1\text{m/s}$; 对于单胞尺寸为 3mm 的 Ti-6Al-4V 多孔试件, 其临界速度分别为 $v_{cr1} = 30.8\text{m/s}$, $v_{cr2} = 53.3\text{m/s}$。由于在所有的 SHPB 实验中, 加载速度均不超过两种材料的第一临界速度, 因此, 在测试的应变率范围内, Ti-6Al-4V 多孔材料的变形模式没有发生变化, 与模型预测结果较为一致。

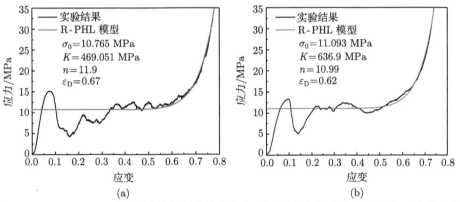

图 4.39 EBM Ti-6Al-4V 微点阵材料准静态应力–应变曲线与相应的模型拟合: (a) 单胞尺寸 5mm; (b) 单胞尺寸 3mm

Novak 等 [23,24] 采用同样的模型对手性拉胀微点阵材料的动态变形模式进行了预测, 得出对应的第一临界速度和第二临界速度分别为 6.4m/s 和 15.2m/s。然后, 他们利用验证后的有限元模型计算了三种加载速度下的变形模式, 即第一临界速度约为 6m/s, 中间速度约为 10m/s, 第二临界速度约为 15m/s, 计算结果如图 4.40 所示。可以清楚地观察到, 在第一临界速度下, 变形模式与准静态加载条件下的变形模式相同 [图 4.40(d)]。变形从韧带的屈曲开始, 进而导致试样在整个分析应变范围内均匀变形; 在应变 10%~30% 处观察到轻微的不均匀性, 随后再次出现均匀变形。在中等加载速度下, 模型中观察到典型的过渡变形模式。变形在冲击前沿局部化, 直到变形约 30%, 此后转变为类似于在准静态加载情况下观察到的变形, 即整个试样沿高度方向变形均匀。在第二临界速度加载下, 在整个加载过程中试样变形模式转变为纯冲击模式，即试样在非常大的应变范围内都出现了变形局部化，并导致手性拉胀结构力学响应的冲击增强效应。

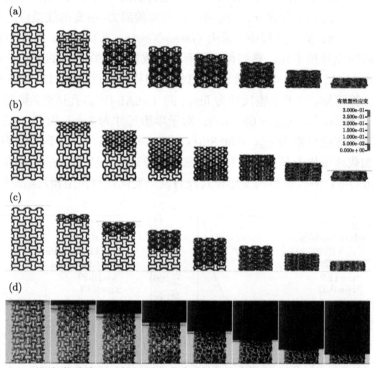

图 4.40　不同加载速度下手性拉胀微点阵结构的变形模式：(a) 6 m/s; (b) 10 m/s; (c) 15 m/s; (d) 准静态实验结果 (应变增量 13%)

由于冲击波模型没有考虑材料本身的应变率效应，其认为多孔材料在动态加载下的应力增强主要是抵抗局部变形而产生的惯性效应所导致。然而从前述相关实验结果可知，当冲击速度较低、材料未发生冲击波式变形时，其应力也有明显的增强。基于此，Li 等[25] 在讨论 Gyroid 微点阵材料在动态加载下应力增强的主要因素时，对冲击波模型进行了修正，即考虑了材料本身应变率效应的影响。在其研究中，采用线性硬化锁定模型来描述微点阵材料的应力–应变曲线，即将式 (4.17) 改写为

$$\sigma(\varepsilon) = \sigma_0 + E_1 \varepsilon \tag{4.23}$$

其中，E_1 为初始屈服点到密实点之间的硬化模量。通过相应的推导，可得出波后应力为

$$\sigma(\varepsilon_1) = \sigma_0 + \rho_0 v^2 / \varepsilon_{\mathrm{d}} \tag{4.24}$$

假定微点阵材料本身的应变率效应主要由基体材料的应变率效应导致，采用 Cowper-Symonds 模型对此进行描述，则将式 (4.24) 改写为

$$\sigma(\varepsilon_1) = \sigma_0 + \sigma_0 \left(\dot{\varepsilon}/C\right)^{1/p} + \rho_0 v^2/\varepsilon_{\mathrm{d}} \qquad (4.25)$$

其中，C 和 p 为基体材料的应变率敏感性系数，当 C 和 p 都取为 0 时，则不考虑基体材料的应变率效应。上式中第一项为准静态屈服应力，第二项为应变率效应，第三项为惯性效应。

图 4.41 为不同加载应变率下设置不同参数时的应力–应变响应曲线。从计算结果可知，在准静态和中等加载速度下，当 C 和 p 参数值设为 0(不考虑基体材料的应变率效应) 时，随着加载应变率的增加，应力值几乎没有变化；而在实验中可以发现，随着加载速度的增加，应力值有明显的增强。因此可以得出，在 SHPB 实验所研究的应变率范围内，应力的增强是由基体材料的应变率效应导致的。当加载速度为 160m/s，不考虑基体材料的应变率效应时，屈服应力为 183.3MPa；考虑基体材料的应变率效应时，屈服应力值为 255.5MPa。而准静态加载时，多孔材料的屈服应力为 56.3MPa。因此，在高速加载下，多孔材料的应力增强现象不仅仅是由于基体材料的应变率效应导致的，惯性效应的影响也不可忽略。图 4.42 给出了式 (4.25) 中每一项的计算结果与数值模拟结果的对比。其中，数值模拟的应变率效应项为设 C 和 p 不为 0 与 C 和 p 都取为 0 时屈服应力的差值；惯性效应项为 C 和 p 都取为 0 时的屈服应力与准静态屈服应力的差值。从图中可得，数值模拟与理论计算吻合较好，证明了在高速加载下，微点阵材料应力增强是由基体材料的应变率效应和材料的惯性效应共同导致的。从图 4.42(b) 可以得出，微点阵材料在冲击波模式下呈现明显的逐层变形模式，与微点阵材料具有明显的惯性效应相对应。

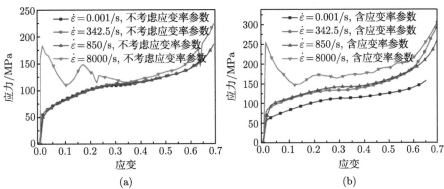

图 4.41 不同加载应变率下数值模拟曲线对比：(a) 不考虑基体材料应变率效应；(b) 考虑基体材料应变率效应

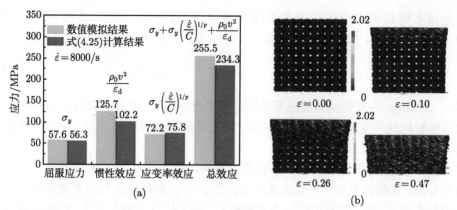

图 4.42　(a) 高速加载下屈服应力的理论值与数值模拟对比；(b) 高速加载下材料的变形模式

　　需要指出的是，上述冲击波模型均提到了锁定应变这一概念，即认为波后区域应变即为准静态密实应变。实际上，随着冲击速度增加，多孔材料的密实应变随之增大。基于此，Zheng 等 [13] 提出了一个更为简单的动态塑性硬化模型 (D-R-PH) 来描述多孔材料的动态应力–应变响应，即

$$\sigma = \sigma_0^{d} + D\varepsilon/(1-\varepsilon)^2 \tag{4.26}$$

其中，D 为唯象拟合参数；σ_0^{d} 为动态初始坍塌应力。这两个参数均与材料的密度和细观结构相关。将波后区域的应变记为 ε_B，由式 (4.24) 有

$$\sigma(\varepsilon_B) = \sigma_0 + \rho_0 v^2/\varepsilon_B \tag{4.27}$$

同时令式 (4.26) 中的 $\varepsilon = \varepsilon_B$，并联立式 (4.27)，可得

$$\sigma_0^{d} + D\varepsilon_B/(1-\varepsilon_B)^2 = \sigma_0^{d} + \rho_0 v^2/\varepsilon_B \tag{4.28}$$

从而可以给出波后应变与加载速度之间的关系：

$$\varepsilon_B = \frac{v}{v + c_1} \tag{4.29}$$

$$c_1 = \sqrt{\frac{D}{\rho_0}} \tag{4.30}$$

其中，ρ_0 为多孔材料的密度。从上式可知，随着加载速度增加，多孔材料的动态密实应变随之增大。图 4.43 给出了密实应变与加载速度之间的关系，并将模型计算结果与数值模拟结果进行了对比，两者十分吻合。

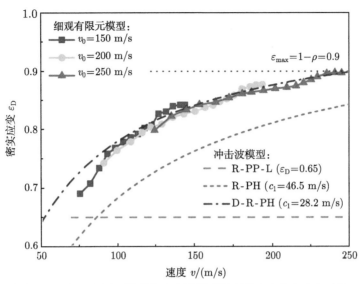

图 4.43　细观有限元模型和冲击波模型得到的动态密实应变对比

可以看出，和传统的冲击波模型相比较，D-R-PH 模型形式简单，且兼顾了多孔材料动态应力–应变状态与准静态应力–应变状态的区别，可适用于描述微点阵材料的动态力学响应。

参 考 文 献

[1] Ozdemir Z, Hernandez-Nava E, Tyas A, et al. Energy absorption in lattice structures in dynamics: Experiments[J]. International Journal of Impact Engineering, 2016, 89: 49-61.

[2] Ozdemir Z, Tyas A, Goodall R, et al. Energy absorption in lattice structures in dynamics: Nonlinear FE simulations[J]. International Journal of Impact Engineering, 2017, 102: 1-15.

[3] Zhao H, Gary G. On the use of SHPB techniques to determine the dynamic behavior of materials in the range of small strains[J]. International Journal of Solids & Structures, 1996, 33(23):3363-3375.

[4] Aleyaasin M, Harrigan J J. Wave dispersion and attenuation in viscoelastic polymeric bars: Analysing the effect of lateral inertia[J]. International Journal of Mechanical Sciences, 2010, 52(5):754-757.

[5] Ahonsi B, Harrigan J J, Aleyaasin M. On the propagation coefficient of longitudinal stress waves in viscoelastic bars[J]. International Journal of Impact Engineering, 2012, 45(45):39-51.

[6] Bacon C. An experimental method for considering dispersion and attenuation in a viscoelastic Hopkinson bar[J]. Experimental Mechanics, 1998, 38(4):242-249.

[7]　Xiao L, Feng G, Li S, Mu K, et al. Mechanical characterization of additively-manufactured metallic lattice structures with hollow struts under static and dynamic loadings[J]. International Journal of Impact Engineering, 2022, 169:104333.

[8]　Mines R A W, Tsopanos S, Shen Y, et al. Drop weight impact behaviour of sandwich panels with metallic micro lattice cores[J]. International Journal of Impact Engineering, 2013, 60: 120-132.

[9]　Xiao L, Song W, Wang C, et al. Mechanical properties of open-cell rhombic dodecahedron titanium alloy lattice structure manufactured using electron beam melting under dynamic loading[J]. International Journal of Impact Engineering, 2017, 100: 75-89.

[10]　Onck P R, Andrews E W, Gibson L J. Size effects in ductile cellular solids, I: modeling[J]. International Journal of Mechanical Sciences, 2001, 43(3):681-699.

[11]　Sahu S, Goel M D, Mondal D P, et al. High temperature compressive deformation behavior of ZA27–SiC foam[J]. Materials Science & Engineering A, 2014, 607:162-172.

[12]　Lakes R S. Experimental microelasticity of two porous solids[J]. International Journal of Solids & Structures, 1986, 22(1):55-63.

[13]　Zheng Z, Wang C, Yu J, et al. Dynamic stress–strain states for metal foams using a 3D cellular model[J]. Journal of the Mechanics & Physics of Solids, 2014, 72:93-114.

[14]　Lee S, Barthelat F, Hutchinson J W, et al. Dynamic failure of metallic pyramidal truss core materials–experiments and modeling[J]. International Journal of Plasticity, 2006, 22(11): 2118-2145.

[15]　Lee S, Barthelat F, Moldovan N, et al. Deformation rate effects on failure modes of open-cell Al foams and textile cellular materials[J]. International Journal of Solids & Structures, 2006, 43(1):53-73.

[16]　McKown S, Shen Y, Brookes W K, et al. The quasi-static and blast loading response of lattice structures[J]. International Journal of Impact Engineering, 2008, 35(8):795-810.

[17]　Cheng X Y, Li S J, Murr L E, et al. Compression deformation behavior of Ti-6Al-4V alloy with cellular structures fabricated by electron beam melting[J]. Journal of the Mechanical Behavior of Biomedical Materials, 2012, 16: 153-162.

[18]　Tan P J, Reid S R, Harrigan J J, et al. Dynamic compressive strength properties of aluminium foams. Part II—'shock'theory and comparison with experimental data and numerical models[J]. Journal of the Mechanics and Physics of Solids, 2005, 53(10): 2206-2230.

[19]　Pattofatto S, Elnasri I, Zhao H, et al. Shock enhancement of cellular structures under impact loading: Part II analysis[J]. Journal of the Mechanics and Physics of Solids, 2007, 55(12): 2672-2686.

[20]　Harrigan J J, Reid S R, Yaghoubi A S. The correct analysis of shocks in a cellular material[J]. International Journal of Impact Engineering, 2010, 37(8): 918-927.

[21]　Zheng Z, Liu Y, Yu J, et al. Dynamic crushing of cellular materials: continuum-based wave models for the transitional and shock modes[J]. International Journal of Impact Engineering, 2012, 42: 66-79.

[22] Zheng Z, Yu J, Wang C, et al. Dynamic crushing of cellular materials: A unified framework of plastic shock wave models[J]. International Journal of Impact Engineering, 2013, 53: 29-43.

[23] Novak N, Hokamoto K, Vesenjak M, et al. Mechanical behaviour of auxetic cellular structures built from inverted tetrapods at high strain rates[J]. International Journal of Impact Engineering, 2018, 122: 83-90.

[24] Novak N, Vesenjak M, Krstulović-Opara L, et al. Mechanical characterisation of auxetic cellular structures built from inverted tetrapods[J]. Composite Structures, 2018, 196: 96-107.

[25] Li X, Xiao L, Song W. Compressive behavior of selective laser melting printed Gyroid structures under dynamic loading[J]. Additive Manufacturing, 2021, 46: 102054.

第 5 章   3D 打印微点阵材料数值模拟方法

5.1   引　　言

针对增材制造微点阵材料力学性能的研究，理论模型和数值模型仅关注了微点阵结构的理想几何拓扑与其力学响应之间的关系，预测结果通常与增材制造微点阵结构的真实力学行为之间存在一定偏差，这是增材制造过程中几乎无法避免几何缺陷导致的。因此，在开展 3D 打印微点阵材料仿真时，所采用的模型方法对于计算效率、结果准确性等具有重大影响。本章将从宏观等效模型、细观尺度模型以及多尺度模型三个方面，对微点阵材料数值计算方法进行介绍。

5.2   宏观等效有限元模型

微点阵材料作为一种典型的多孔结构，在有限元中为了简化数值计算中多孔材料的烦琐建模过程，通常采用多种类型的宏观等效本构模型来描述点阵结构等多孔材料的力学行为，下面针对几种典型的宏观等效本构模型进行介绍。

5.2.1   DF 模型

DF 本构模型由 Deshpande 和 Fleck[1] 提出，最初主要用于模拟泡沫铝材料的力学行为。在此模型中假设屈服函数仅与前两个应力不变量 σ_m 和 σ_e 相关且独立于第三个应力不变量。另外，假设 σ_m 在屈服函数中为二次项，这也被一些实验结果所证明。Harte 等 [2] 发现 Alporas 和 Duocel 泡沫的单轴拉伸屈服强度大致等于单轴压缩屈服强度。Gioux 等 [3] 测量了 Alporas 和 Duocel 泡沫的屈服面形状，并得出结论，形状相对于平均应力的不对称性可以忽略不计。DF 模型的屈服方程可以表示为

$$\phi = \hat{\sigma} - Y \leqslant 0 \tag{5.1}$$

$$\hat{\sigma} = \frac{1}{\left[1 + (\alpha/3)^2\right]} \left(\sigma_e^2 + \alpha^2 \sigma_m^2\right) \tag{5.2}$$

其中，$\sigma_e = \sqrt{\dfrac{3}{2}\sigma'_{ij}\sigma'_{ij}}$ 为 Mises 等效应力；σ_m 为平均应力；参数 α 为屈服面的形状参数。式 (5.1) 和式 (5.2) 联合描述了 (σ_m, σ_e) 空间中椭圆形屈服面。拉伸

和压缩屈服强度为 Y，静水压屈服强度为 $\dfrac{\sqrt{1+(\alpha/3)^2}}{\alpha}Y$。参数 α 定义了椭圆的纵横比，当 α 为 0 时，$\hat{\sigma}$ 退化为 σ_{e} 同时恢复到 Mises 屈服准则。图 5.1 给出了由方程 (5.1) 定义的初始屈服面与实验结果的对比分析。

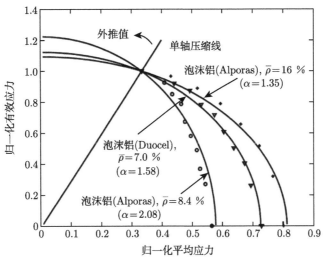

图 5.1　初始屈服面与实验结果的对比

5.2.2　Xue-Hutchinson(X-H) 模型

基于已经广泛应用的 Hill 准则，Xue 和 Hutchinson[4] 提出了考虑材料正交各向异性的屈服准则，其可以表示为

$$f = \sigma_{\mathrm{e}} - \sigma_0 = 0 \tag{5.3}$$

其中，σ_0 为等效屈服应力，等效应力表达式可以表示为

$$\sigma_{\mathrm{e}} = \sqrt{F\left(\sigma_y - \sigma_z\right)^2 + G\left(\sigma_z - \sigma_x\right)^2 + H\left(\sigma_x - \sigma_y\right)^2 + 2L\sigma_{yz}^2 + 2M\sigma_{zx}^2 + 2N\sigma_{xy}^2} \tag{5.4}$$

其中，F、G、H、L、M、N 为无量纲系数以决定正交性水平并可以通过拟合大量的材料实验数据得到。该屈服函数与静水压或平均应力无关。当采用塑性应变率对屈服面的正交性假设时，塑性应变不会产生体积变化。为了考虑夹层芯的压缩性，通过保留式 (5.3) 来扩展 Hill 准则，并通过添加三个法向应力项引入有效

应力与平均应力的相关性:

$$2\sigma_{\mathrm{e}} = \alpha_{12} (\sigma_{11} - \sigma_{12})^2 + \alpha_{23} (\sigma_{22} - \sigma_{33})^2 + \alpha_{31} (\sigma_{33} - \sigma_{11})^2$$

$$+ 6\alpha_{44}\sigma_{12}^2 + 6\alpha_{55}\sigma_{23}^2 + 6\alpha_{66}\sigma_{31}^2 + \alpha_{11}\sigma_{11}^2 + \alpha_{22}\sigma_{22}^2 + \alpha_{33}\sigma_{33}^2 \tag{5.5}$$

系数 α_{11}、α_{22} 和 α_{33} 产生了对平均应力的依赖性,并与正交性假设相结合,产生了塑性体积变化。除数值因素外,其他系数与 Hill 标准中的系数相同。该模型存在一些明显的局限,例如它预测的屈服与应力张量的符号无关。除了在塑性不可压缩性方面可以简化为 Hill 准则外,如果有效应力系数取为

$$\alpha_{12} = \alpha_{23} = \alpha_{31} = \frac{9 - 2\alpha^2}{9 + \alpha^2}$$

$$\alpha_{44} = \alpha_{55} = \alpha_{66} = \frac{9}{9 + \alpha^2}$$

$$\alpha_{11} = \alpha_{22} = \alpha_{33} = \frac{6\alpha^2}{9 + \alpha^2} \tag{5.6}$$

则该模型退化为描述可压缩、各向同性金属泡沫材料的 DF 模型。

5.2.3 闭孔泡沫材料模型

该材料模型主要用于建立低密度、闭孔的聚氨酯泡沫材料模型,模拟应用于汽车等缓冲部件及缓冲件的力学行为。该模型假设闭合胞体内为理想气体且材料为各向同性。Neilsen 等做了一系列硬质闭孔聚氨酯泡沫的静水压和三轴压缩实验,实验表明到达全体积压缩状态后,体积应力和偏应力是耦合的,这种耦合关系是其他塑性模型不能描述的,因此需要用新本构模型来表达。新模型中闭孔泡沫的力学反应被分为两部分:一部分来自胞体的基体材料组成的结构,包含胞体边和胞体面;另一部分来自闭合胞体内的空气压力,可以用下列方程表示:

$$\sigma_{ij} = \sigma_{ij}^{\mathrm{sk}} + \sigma^{\mathrm{air}}\delta_{ij} \tag{5.7}$$

其中,$\sigma_{ij}^{\mathrm{sk}}$ 代表了胞体结构应力部分;$\sigma^{\mathrm{air}}\delta_{ij}$ 代表了胞内气体的法向应力部分。经过建立模型和推导,可以得到每个主应力方向上屈服应力的表达式为

$$g = Ad'' + B(1 + C\gamma) \tag{5.8}$$

其中,d'' 是偏应变的第二不变量;γ 是体积应变;A、B、C 是常数,B 等于在仅有静水压加载状态下胞体结构的屈服应力,B、C 的乘积等于静水压加载的屈服后的胞体结构的体积应变曲线斜率 (胞体结构的体积应变曲线指体积应变-压力曲线),A 等于静水压加载下轴向屈服应力与偏向加载下轴向屈服应力的差分。通

过静水压实验、单轴实验和不同围压下的三轴实验可以确定特定泡沫的 A、B、C 常数，特定泡沫指特定的胞体材料体积分数。该本构方程和材料模型的创建均基于准静态，没有考虑应变率影响；将空气视为理想气体，并且忽略温度变化，实际情况会有不同程度的差异，但其模型简单，计算效率高，在准静态乃至低速状态下，可以作为较好的选择。

5.2.4 低密度聚氨酯泡沫材料模型

低密度聚氨酯泡沫材料模型主要用于模拟高压缩性的低密度聚氨酯泡沫，所具有的力学特性可以代表典型的软质泡沫和半硬质泡沫特点：高压缩性，并且变形恢复能力强。典型的加载曲线具有弹塑性特征，但是不像硬质泡沫那样具有明显的三个阶段，可以承受大变形量的压缩而不会破坏。卸载曲线是非线性的，不同于硬质泡沫的线性卸载，加载曲线和卸载曲线会形成滞后回线，泡沫加载所吸收的能量大于卸载释放的能量，是吸收能量的本质，如图 5.2 所示。输入加载曲线时可以通过关联一个温度值来考虑温度效应的影响。

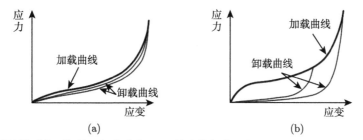

图 5.2　材料模型典型加载和卸载曲线: (a) 较小的卸载形状因子；(b) 较大的卸载形状因子

该模型模拟的是有能量损耗的实际加载和卸载行为，从典型的加载和卸载曲线可以知道：完全卸载后，材料恢复为初始状态，不存在有效塑性应变，加载曲线和卸载曲线形成一个封闭滞后回线，滞后回线的形状代表了能量耗散。卸载滞后因子 HU 和卸载形状因子 SHAPE 能够控制卸载曲线的形状。泡沫材料卸载后，应变并不能快速改变，材料的变形随时间的延长而逐渐增大，即蠕变现象，衰减常数 BETA(β) 控制卸载中的蠕变行为，卸载中应变与时间的关系如式 (5.9)，增大 β 能够加快蠕变。

$$\varepsilon = \varepsilon_0 \left(1 - e^{-\beta t}\right) \tag{5.9}$$

加载和卸载的能量损耗被材料所吸收，是不可逆的变形功，称为内耗或内摩擦，材料在交变载荷 (振动) 下吸收不可逆变形功的能力，称为阻尼，也叫循环韧性。阻尼会形成与运动方向相反的阻尼力，阻尼力与作用力之比为阻尼系数。阻尼系数越大, 意味着减震效果越好: 降低振动中结构振幅的效果越明显, 衰减振动的速度越快。

5.2.5　可压溃泡沫材料模型

为了模拟各向同性的可压溃泡沫, 一般应用在泡沫材料的循环行为特性可以被忽略的模拟中, 如侧面碰撞、行人保护实验等场景中。材料从一维方向上模拟压溃, 并假设泡沫的泊松比接近零。在实际的执行计算中, 假定弹性模量 E 是常数。首先按照弹性行为, 尝试性计算中间应力张量 $\sigma_{ij}^{\text{trial}}$, 即

$$\sigma_{ij}^{\text{trial}} = \sigma_{ij}^{n} + E\dot{\varepsilon}^{n+0.5}\Delta t^{n+0.5} \tag{5.10}$$

然后应用中间应力张量 $\sigma_{ij}^{\text{trial}}$ 进行比较: 由 $\sigma_{ij}^{\text{trial}}$ 确定的主应力的幅值 $\left|\sigma_{ij}^{\text{trial}}\right|$ 会始终与屈服强度 σ_y 进行比较, 主应力幅值小时, 会接着按照式 (5.10) 计算应力张量 σ_{ij}^{n+1}; 中间主应力幅值大时, 会被缩小至屈服面内, 最后更新应力张量, 如下:

$$\text{如果 } \sigma_y < \left|\sigma_{ij}^{\text{trial}}\right|, \quad \text{则 } \sigma_i^{n+1} = \sigma_y \frac{\sigma_{ij}^{\text{trial}}}{\left|\sigma_{ij}^{\text{trial}}\right|} \tag{5.11}$$

模型中同样包含了黏性阻尼特性, 计算主应力分量的增量时涉及了黏性阻尼, 首先:

$$a = \frac{c\rho\mu L_{\text{e}}}{1+\gamma} \tag{5.12}$$

其中, c 是材料的声速; ρ 是材料密度 (即参数 RO); μ 是黏性阻尼系数 (即参数 DAMP); L_{e} 是有限单元的特征长度; γ 是有限单元的体积应变。则包含黏性阻尼效应的主应力分量的增量可以用下式表示:

$$\Delta\sigma_i = a\left(\frac{\dot{\varepsilon}_i - \dot{\varepsilon}_m}{1+\upsilon} + \frac{\dot{\varepsilon}_m}{1+\upsilon}\right), \quad i = 1, 2, 3$$

$$\Delta\sigma_i = a\frac{a\dot{\varepsilon}_i}{2(1+\upsilon)}, \quad i = 4, 5, 6 \tag{5.13}$$

其中, υ 为泊松比 (即参数 PR); $\Delta\sigma_i$ 是主应力分量的增量; $\dot{\varepsilon}_m$ 是应变率, $\dot{\varepsilon}_m = \sum_{i=1}^{3}\dot{\varepsilon}_i/3$。当定义了黏性阻尼参数后, 计算应力张量时, 会加入主应力分量的增量。

该材料适合单向加载条件下可压溃泡沫, 与碰撞中泡沫缓冲件工作条件一致, 但是其失效方式是拉伸失效, 不能实现硬质泡沫的剪切破坏。泊松比和应变率效应被包含在黏性阻尼建模中, 对于阻尼值很小的泡沫材料, 难以实现应变率效应, 并且许多泡沫塑料材料不适合如自由振动法、弯曲共振法、频率响应法等传统阻尼测量方法。

5.2.6 福昌泡沫材料模型

福昌泡沫材料模型基于统一的泡沫材料本构方程，可以模拟常用的中低密度泡沫塑料，包含应变率效应，并有应变率敏感的卸载滞后特性，用于模拟不同种类的泡沫塑料，成为使用频率很高的模拟泡沫塑料的材料模型。统一的泡沫材料本构方程是 Chang 等 [5] 在 1995 年的研究成果，泡沫材料的特点被总结为：① 高压缩性 (形变量大)；② 应变率敏感性；③ 低泊松比。根据聚氨酯泡沫和聚丙烯 (PP) 泡沫的实验数据，泡沫的变形 (应变) 可以分解为线性和非线性两部分，每一部分都是时间的函数，即

$$E(t) = E^{L}(t) + E^{N}(t) \tag{5.14}$$

统一的本构方程应该包含各向同性、定向硬化、硬化的热弥补、定向破坏等，经过对本构方程的归纳和推导，线性应变导数分量可以用常系数和应力状态表示，非线性应变分量的导数可以写成应力、状态变量和材料常数的函数，即

$$\dot{E}_{ij}^{N} = \frac{\sigma_{ij}}{\sigma} D_0 \exp\left[-c_0 \left(\frac{\sigma_{kl} S_{kl}}{\sigma^2}\right)^{2n_0}\right] \tag{5.15}$$

其中，D_0、c_0、n_0 是材料常数；S_{kl} 是总体的状态变量。可以看到当 $D_0 = 0$ 或者 $c_0 \to \infty$ 时非线性应变率部分会消失。状态变量总和的导数是应变率和状态变量 S_{kl} 的函数，如下：

$$\dot{S}_{ij} = [c_1(a_{ij}R - c_2 S_{ij})P + c_3 W^{n_1}(\dot{E}^{n_2})\delta_{ij}]R$$

$$R = 1 + c_4\left(\frac{\dot{E}^{N}}{c_5} - 1\right)^{n_3} \tag{5.16}$$

其中，c_1、c_2、c_3、c_4、c_5、n_1、n_2、n_3、a_{ij} 是材料常数；c_3、n_1、n_2 与材料的应变硬化有关。在 $\dot{S}_{ij}$ 表达式中，系数 R 是应变率影响因子，P 是应变指数，P、W 是无关材料性质的表达式，括号内第一项产生了应力–应变曲线中的平台区，括号内第二项代表底部的线性区。应变率效应是依靠 P 和 R 实现的：应变指数 P 增大，则应变率增大，会最终引起应力值的增大；R 有三个参数，可以由三个代表不同类型应力–应变曲线的方程确定，从而建立与应变率的复杂关系。

值得注意的是，该材料模型的卸载行为的选择有三种，具体如下：① 滞后卸载选项 HU=0 并且 TBID>0 时，卸载时会沿着最低应变率曲线，并且卸载反应不受应变率影响，所以输入应包含一条准静态曲线，作为接近理论的卸载路径。② HU=0 且 TBID<0 时，最低应变率曲线对应的是准静态实验中的卸载路径，

准静态的加载路径则对应真实的小应变率曲线，所以输入至少三条曲线 (卸载曲线、准静态曲线和至少一条动态曲线)。卸载反应由主应力的破坏方程给出为

$$\sigma_i = (1 - d)\, \sigma_i \tag{5.17}$$

破坏参数 d 会由程序根据曲线数据自动计算，这种情况下卸载反应是应变率相关的。③ HU>0 且 TBID>0 时，不必提供卸载曲线，卸载曲线基于 HU 和 SHAPE 自动计算，因此输入至少包含两条曲线 (准静态曲线和一至多条动态曲线)，这种情况下主应力的破坏方程为

$$d = (1 - \mathrm{HU}) \left[1 - \left(\frac{W_{\mathrm{cur}}}{W_{\mathrm{max}}} \right)^{\mathrm{SHAPE}} \right]^{\mathrm{EXPON}} \tag{5.18}$$

d 受卸载形状因子 SHAPE 和卸载指数 EXPON 影响，此时 EXPON 可以在参数中定义，W 是单位体积的超弹性能量，这种情况下卸载行为也是应变率相关的。

5.2.7　压力相关各向异性模型

多孔材料因其在受拉和受压下变形机制的不同而存在明显的拉压不对称性，上述几个本构模型并不能描述这种现象。Ayyagari 和 Vural[6] 基于应变能密度理论同时考虑压力的影响建立了各向异性多孔材料的本构模型，其表达式如下 (具体推导过程参见第 3 章)：

$$\hat{\sigma}_{\mathrm{e}}^2 + \hat{\beta}^2 \hat{\sigma}_{\mathrm{m}}^2 - C \hat{\sigma}_{\mathrm{m}} = k^2 - k''^2 \tag{5.19}$$

其中

$$C = \hat{\beta}^2 p$$

$$k''^2 = \hat{\beta}^2 p Y_{i\mathrm{T}} p$$

其中，$\hat{\sigma}_{\mathrm{m}}$ 为等效应力所对应的特征应力；$\hat{\sigma}_{\mathrm{e}}$ 为平均应力所对应的特征应力；p 为恒压项；$\hat{\beta}^2$ 是与泊松比、轴向应力和应变相关的常量。另外，式中的 C 和 $k^2 - k''^2$ 可以分别表示为

$$C = \left(2 + \frac{\hat{\beta}^2}{2} \right) (Y_{1\mathrm{T}} + Y_{1\mathrm{C}}) \tag{5.20}$$

$$k^2 - k''^2 = - \left(1 + \frac{\hat{\beta}^2}{4} \right) Y_{1\mathrm{T}} Y_{1\mathrm{C}} \tag{5.21}$$

上式中 $Y_{1\mathrm{T}}$ 和 $Y_{1\mathrm{C}}$ 分别为轴向拉伸和压缩强度。

除此之外，还提出了塑性流动法则来描述其塑性流动行为。通常，流动规则必须满足塑性的正交性假设，该假设强制塑性流动速率或增量与通常在应力空间中定义的势成正交。从数学上讲，塑性增量可以写成：

$$\mathrm{d}\varepsilon_{ij}^{p} = \mathrm{d}\lambda \frac{\partial Q}{\partial \alpha_{ij}} \tag{5.22}$$

其中，$\mathrm{d}\lambda$ 为定义塑性增量值的塑性参数；Q 为塑性势函数，其梯度用以定义塑性增量的方向。流动法则可以是关联的，也可以是非关联的，前者发生在塑性增量沿着屈服曲面的梯度。基于有限元数据，通过确定塑性应变增量和演化屈服面之间的正交性，建立关联流动规则。连续屈服面之间的塑性应变增量是根据应力和应变值计算的，方法是通过广义胡克定律将应变分解为弹性值和塑性值。

模型预测的后继屈服面如图 5.3 所示，向主应力空间的第一象限轻微移动和延伸。发生这种延伸是因为接近静水张力状态的载荷路径倾向于使支柱 (单元壁) 与载荷方向对齐，增加承载轴向载荷的支柱比例，并最终增加硬化率。因此，由参数 $Y(Y = k^2 - k''^2)$ 表示的由应变硬化引起的屈服面尺寸的演变与载荷路径有关。另外，由于试样的塑性各向异性和线性压力依赖性，单轴拉伸和压缩屈服强度之间的差异使所有屈服面轻微旋转，并使其中心沿静水应力路径偏移。值得注意的是，参数 C 可以提高屈服准则在捕捉有限元数据时的准确性，并且在特征应力的定义中不包括参数 C。

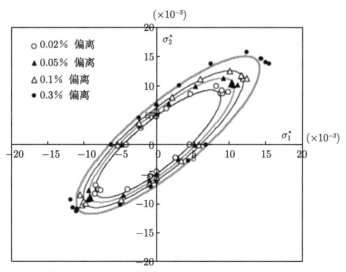

图 5.3 Voronoi 泡沫在特征应变下的演化屈服面

由于该连续增量塑性框架旨在再现通过有限元模拟获得的任意载荷路径的特

征应力–应变曲线，因此参数 C 从关联流动法则的应力势中删除，新的应力势函数为

$$\phi = \sqrt{\hat{\sigma}_e^2 + \hat{\beta}^2 \hat{\sigma}_m^2} - \sqrt{Y} \tag{5.23}$$

将该应力势代入式 (5.22) 给出的流动法则中，得到沿主方向的以下塑性应变增量为

$$d\varepsilon_{11}^p = \frac{d\lambda}{2\hat{\sigma}} \left(2\hat{\sigma}_e + \hat{\beta}^2 \hat{\sigma}_m \right) \tag{5.24}$$

$$d\varepsilon_{22}^p = \frac{d\lambda}{2\hat{\sigma}} \left(-2\hat{\sigma}_e r_1 + \hat{\beta}^2 r_1 \hat{\sigma}_m \right) \tag{5.25}$$

由于多孔材料的塑性变形与压力有关，因此可以方便地将总塑性功分解为通过畸变和体积变形耗散的分量。两者都可以通过引入有效和体积塑性应变量来计算，$d\varepsilon_e^p$ 和 $d\varepsilon_v^p$ 满足：

$$\hat{\sigma}_e d\varepsilon_e^p + \hat{\sigma}_m d\varepsilon_v^p = \sigma_{ij} d\varepsilon_{ij}^p \tag{5.26}$$

这些塑性应变量可以通过两个极限状态进行数学推导：临界等效应力和临界平均应力。当 $\sigma_1 = r_1 \sigma_2$ 时等效应力消失，此时可以得到：

$$d\varepsilon_e^p = \left(d\varepsilon_{11}^p + \frac{d\varepsilon_{22}^p}{r_1} \right) \tag{5.27}$$

另外，平均应力小时的条件为 $\sigma_1 = -r_1 \sigma_2$，可以得到

$$d\varepsilon_e^p = \frac{1}{2} \left(d\varepsilon_{11}^p - \frac{d\varepsilon_{22}^p}{r_1} \right) \tag{5.28}$$

基于塑性应变增量可以将有效塑性应变增量和体积塑性应变增量进行进一步地简化为

$$d\varepsilon_e^p = d\lambda \left(\frac{\hat{\sigma}_e}{\hat{\sigma}_m} \right) \tag{5.29}$$

$$d\varepsilon_v^p = \frac{d\lambda}{\hat{\sigma}} \left(\hat{\beta}^2 \hat{\sigma}_m \right) \tag{5.30}$$

为了确定塑性参数 $d\lambda$，基于式 (5.29) 和式 (5.30) 可以将等效应力和平均应力重新代入特征应力公式中，塑性应变参数可以表示为

$$d\lambda^2 = \left(d\varepsilon_e^p \right)^2 + \frac{\left(d\varepsilon_v^p \right)^2}{\hat{\beta}^2} \tag{5.31}$$

为了简化应变硬化的表示, 引入了等效塑性应变增量 $\mathrm{d}\hat{\varepsilon}^p$, 并定义为特征应力的共轭塑性功, 满足:

$$\hat{\sigma}_e \mathrm{d}\varepsilon_e^p + \hat{\sigma}_m \mathrm{d}\varepsilon_v^p = \hat{\sigma}_e \mathrm{d}\hat{\varepsilon}^p \tag{5.32}$$

最终的表达式为

$$\frac{1}{\mathrm{d}\lambda}\sqrt{\left(\mathrm{d}\varepsilon_e^p\right)^2 + \frac{\left(\mathrm{d}\varepsilon_v^p\right)^2}{\hat{\beta}^2}} = \mathrm{d}\hat{\varepsilon}^p \tag{5.33}$$

因此, 结合式 (5.31), 等效塑性应变增量与塑性参数相等, 即

$$\mathrm{d}\hat{\varepsilon}^p = \sqrt{\left(\mathrm{d}\varepsilon_e^p\right)^2 + \frac{\left(\mathrm{d}\varepsilon_v^p\right)^2}{\hat{\beta}^2}} \tag{5.34}$$

方程 (5.34) 给出的等效塑性应变增量是塑性应变的标量表示, 它可能通过特征应力对累积等效塑性应力的依赖性来描述多孔材料的应变硬化。很明显, 这种处理类似于使用 Mises 应力和有效塑性应变对各向同性金属进行硬化处理。

另外, 对于应力–应变曲线中所反映的硬化行为, 硬化模量可以表示为

$$H = \mathrm{d}\hat{\sigma}/\mathrm{d}\hat{\varepsilon}^p \tag{5.35}$$

值得注意的是, 由特征应力–应变曲线的斜率表示的硬化模量沿拉伸载荷路径 (在主应力空间的第一象限中) 比沿压缩载荷路径更高。考虑到应变硬化, 等效塑性应变被用作随塑性流动演变的内部变量, 累积等效塑性应变定义为

$$\hat{\varepsilon}^p = \int \mathrm{d}\hat{\varepsilon}^p \tag{5.36}$$

基于能量的屈服准则与应力路径无关, 一旦均匀化的总弹性应变能量密度达到临界值, 即当特征应力达到参数 $\sqrt{Y}$ 定义的临界值时, 就会发生初始屈服。因此, 扩展屈服准则以描述后继屈服面需要使 Y 随着累积塑性应变演变。尽管 Y 最初由等式定义, 但随着塑性变形的增加, 特征应力–应变曲线之间的差异增加表明 Y 与载荷路径有关。因此, 最初 Y 的方程仅用于描述线弹性状态结束时的初始屈服面。为了确定硬化模量 H 对应力路径的依赖性, 引入了一个无量纲应力路径参数, 如下所示:

$$\eta = \frac{\hat{\sigma}_m}{\hat{\sigma}} \tag{5.37}$$

该参数是平均应力与特征应力的比值, 基本上是一个标量参数, 用于区分从静水压缩到静水拉伸的各种线性应力路径。DF 模型中引入并使用了类似的参数来处理各向同性泡沫中硬化模量的路径依赖性, 但其使用了偏应力分量, 而不是上述

使用的平均应力，因为其研究中探索的加载路径仅限于压缩应力空间。另外，通过上述参数 η 可以方便地区分平均应力分量的意义。

为了评估硬化模量 H 对应力路径的依赖性，从不同等效塑性应变下的有限元分析中获得了特征应力和 H，并将其绘制为从静水压缩到静水拉伸的不同加载路径的 η 函数。图 5.4 显示了在给定的等效塑性应变下，硬化模量随加载路径的变化。从图中可以明显看出，硬化模量的路径依赖性与累积塑性应变表现出显著的耦合，并偏离线性，尤其是在相对较大的应变下。尽管如此，采用线性插值的方法确定了静水压缩和静水拉伸两个极端载荷路径之间的任何载荷路径的硬化模量。通过使用实验数据，Deshpande 和 Fleck[1] 生成了一个类似的图来评估硬化模量的路径依赖性。尽管他们获得了线性相关性，但他们的数据仅限于静水压缩和单轴压缩之间的压缩应力路径。

采用显式应力积分方案来积分流动法则，并计算应变和应力增量。尽管从精度和稳定性的角度来看，显式积分方案不如隐式积分方案，但它更容易实现，并且当应变增量保持足够小时，它提供了可接受的精度和稳定性。一致性条件可以表示为

$$\mathrm{d}\phi = 0 = \frac{\partial\phi}{\partial\sigma_{ij}}\mathrm{d}\sigma_{ij} + \frac{\partial\phi}{\partial\hat{\varepsilon}^p}\mathrm{d}\hat{\varepsilon}^p = 0 \tag{5.38}$$

应力增量可以表示为

$$\mathrm{d}\sigma_{ij} = E_{ijkl} \cdot (\mathrm{d}\varepsilon_{kl} - \mathrm{d}\varepsilon_{kl}^p) \tag{5.39}$$

利用一致性条件下的应力增量和流动法则，可以表示为

$$\frac{\partial\phi}{\partial\sigma_{ij}}E_{ijkl} \cdot \left(\mathrm{d}\varepsilon_{kl} - \mathrm{d}\hat{\varepsilon}^p\frac{\partial\phi}{\partial\sigma_{kl}}\right) + \frac{\partial\phi}{\partial\hat{\varepsilon}^p}\mathrm{d}\hat{\varepsilon}^p = 0 \tag{5.40}$$

最后，这个方程可以在显式框架内通过评估它在时间 t 的所有导数来积分，当应力、应变和所有相关变量的状态都是已知的，即

$$\frac{\partial\phi^t}{\partial\sigma_{ij}}E_{ijkl} \cdot \left(\mathrm{d}\varepsilon_{kl}^t - {}^t\mathrm{d}\hat{\varepsilon}^p\frac{\partial\phi^t}{\partial\sigma_{kl}}\right) + \frac{\partial\phi^t}{\partial\hat{\varepsilon}^p}{}^t\mathrm{d}\hat{\varepsilon}^p = 0 \tag{5.41}$$

该方程用于求解等效塑性应变增量，然后将其代入流动法则中计算塑性应变增量。一旦得到塑性应变增量，采用下式来表示应力和塑性应变分量以及等效塑性

应变:

$$\sigma_{ij}^{t+\Delta t} = \sigma_{ij}^{t} + \mathrm{d}\sigma_{ij}^{t}$$

$$^{t+\Delta t}\varepsilon_{ij}^{p} = {}^{t}\varepsilon_{ij}^{p} + \mathrm{d}^{t}\varepsilon_{ij}^{p} \tag{5.42}$$

$$^{t+\Delta t}\varepsilon_{ij}^{p} = \int \mathrm{d}\hat{\varepsilon}^{p} = \sum_{0}^{t+\Delta t} \mathrm{d}\hat{\varepsilon}^{p}$$

一旦达到这一点, 就可以寻求与下一个增量相对应的计算结果。方程 (5.23) 可以写为

$$\frac{\partial \phi^{t}}{\partial \hat{\varepsilon}^{p}} = -\frac{\partial Y^{t}}{\partial \hat{\varepsilon}^{p}} \frac{1}{2\sqrt{Y}} = H \tag{5.43}$$

从方程 (5.43) 中获得的硬化模量的演化如图 5.4 所示。曲线遵循一种相当复杂但可预测的模式, 可以使用具有良好准确性的数学函数进行定义。很明显, 只要函数覆盖了原始数据, 就可以确定它的唯一性。图 5.5 和图 5.6 给出了在不同加载工况下连续介质模型的预测结果和数值仿真结果的对比, 二者吻合较好。

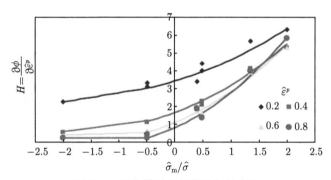

图 5.4 硬化模量随加载路径的变化

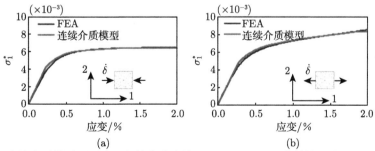

图 5.5 连续介质模型预测结果和数值仿真结果对比:(a) 1 方向单轴压缩;(b) 1 方向单轴拉伸

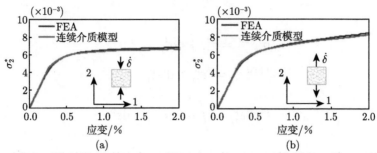

图 5.6　连续介质模型预测结果和数值仿真结果对比：(a) 2 方向单轴压缩；(b) 2 方向单轴拉伸

5.2.8　Li-Guo-Shim 模型

大多数的本构模型虽然考虑了初始屈服强度的各向异性，但是并未考虑各向异性对于多孔材料后继屈服阶段的影响。基于此，Shim 等 [7,8] 提出了一种能够反映后继屈服阶段各向异性和应变率效应的本构模型，其表达式如下：

$$\sigma = C\varepsilon^e \tag{5.44}$$

其中，σ 为柯西应力张量，$\sigma = [\sigma_{11}, \sigma_{22}, \sigma_{33}, \sigma_{12}, \sigma_{23}, \sigma_{31}]$；$\varepsilon^e$ 为弹性应变张量，$\varepsilon^e = [\varepsilon_{11}^e, \varepsilon_{22}^e, \varepsilon_{33}^e, \varepsilon_{12}^e, \varepsilon_{23}^e, \varepsilon_{31}^e]$；$C$ 为与相对密度相关的弹性刚度矩阵。对于横观各向同性材料，弹性刚度矩阵 C 包含 5 个独立的参数，即

$$C = \begin{bmatrix} E_1 & -\dfrac{E_1}{\nu_{12}} & -\dfrac{E_3}{\nu_{13}} & & & \\ -\dfrac{E_1}{\nu_{12}} & E_1 & -\dfrac{E_3}{\nu_{13}} & & & \\ -\dfrac{E_3}{\nu_{13}} & -\dfrac{E_3}{\nu_{13}} & E_3 & & & \\ & & & \dfrac{E_1}{2(1+\nu_{12})} & & \\ & & & & E_{13} & \\ & & & & & E_{13} \end{bmatrix} \tag{5.45}$$

其中，E_1 和 E_3 为方向 1 和 3 的杨氏模量；E_{13} 为 1-3 平面的剪切模量；ν_{12} 和 ν_{13} 为泊松比。对于塑性变形，屈服方程可以定义为

$$f = \bar{\sigma} - Y^0 = \sqrt{\sigma^{\mathrm{T}} H^{-\mathrm{T}} Q H^{-1} \sigma} - Y^0 \tag{5.46}$$

其中，$\bar{\sigma}$ 为等效应力；Q 是表征屈服的横向各向同性的矩阵；H 是表征屈服后响应各向异性的硬化矩阵；Y^0 是沿参考方向的单轴加载的屈服应力。Q 和 H 的表

达式分别为

$$Q = \begin{bmatrix} B^2 & -C^2/2 & -D^2/2 & 0 & 0 & 0 \\ -C^2/2 & B^2 & -D^2/2 & 0 & 0 & 0 \\ -D^2/2 & -D^2/2 & 1 & 0 & 0 & 0 \\ 0 & 0 & 0 & E^2 & 0 & 0 \\ 0 & 0 & 0 & 0 & F^2 & 0 \\ 0 & 0 & 0 & 0 & 0 & F^2 \end{bmatrix} \tag{5.47}$$

$$H = \begin{bmatrix} h_{11} & 0 & 0 & 0 & 0 & 0 \\ 0 & h_{22} & 0 & 0 & 0 & 0 \\ 0 & 0 & h_{33} & 0 & 0 & 0 \\ 0 & 0 & 0 & h_{12} & 0 & 0 \\ 0 & 0 & 0 & 0 & h_{23} & 0 \\ 0 & 0 & 0 & 0 & 0 & h_{31} \end{bmatrix} \tag{5.48}$$

B、C、D、E 和 F 可以由下式得到

$$B^2 = \left(Y_{33}^0/Y_{11}^0\right)^2 = \left(Y_{33}^0/Y_{22}^0\right)^2$$

$$E^2 = \left(Y_{33}^0/Y_{12}^0\right)^2$$

$$F^2 = \left(Y_{33}^0/Y_{13}^0\right)^2 = \left(Y_{33}^0/Y_{23}^0\right)^2 \tag{5.49}$$

$$C^2 = 2B^2\nu_{12}^p$$

$$D^2 = 2\nu_{13}^p = 2\nu_{23}^p$$

其中，ν_{ij}^p 为塑性泊松比，6 个硬化方程 h_{ij} 可以由下式得到

$$h_{ij}\left(\bar{\varepsilon}^p\right) = Y_{ij}\left(\bar{\varepsilon}^p\right)/Y_{ij}^0 \tag{5.50}$$

其中，$\bar{\varepsilon}^p = \sqrt{\varepsilon^{pT}Q^{-1}\varepsilon^p}$ 为等效塑性应变，ε^p 为塑性应变张量。因此，硬化方程可以通过单轴压缩实验来确定参数 Y_{11}、Y_{22} 和 Y_{33}，简单剪切实验可以确定参数 Y_{12}、Y_{23} 和 Y_{13}。由于模型是横向各向同性的，四条应力–应变曲线 [两条用于 1(或 2) 和 3 方向的单轴压缩，两条用于 1-2 和 1-3(或 2-3) 方向的剪切实验] 足以校准模型。但是，该模型不仅适用于横向各向同性蜂窝材料，还可以通过调整来描述各向同性和各向异性多孔材料。

Shim 等通过实验和仿真对比验证了该本构模型的准确性，图 5.7 和图 5.8 分别给出了 PU 泡沫材料在不同加载应变率下的实验和数值仿真计算结果。对比发

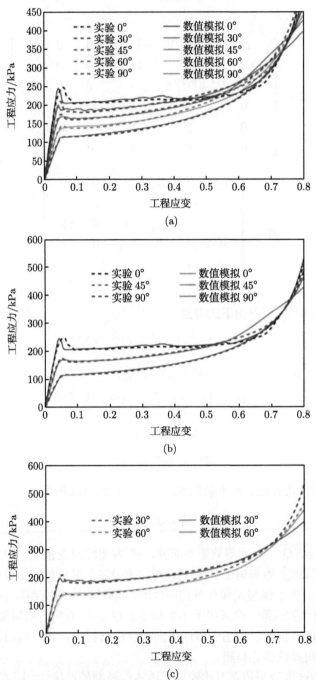

图 5.7　准静态加载下不同角度结果对比: (a) 加载角度为 0°, 30°, 45°, 60° 和 90° 对应结果; (b) 加载角度为 0°, 45° 和 90° 对应结果; (c) 加载角度为 30° 和 60° 对应结果

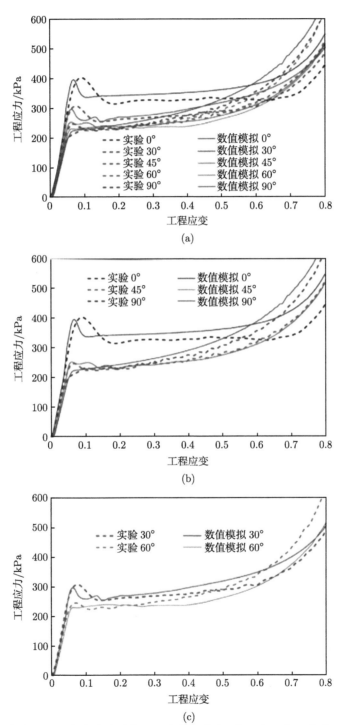

图 5.8　动态加载下不同角度结果对比: (a) 加载角度为 0°, 30°, 45°, 60° 和 90° 对应结果;
(b) 加载角度为 0°, 45° 和 90° 对应结果; (c) 加载角度为 30° 和 60° 对应结果

现，数值仿真结果和实验结果吻合较好，在曲线后继屈服阶段仿真结果仍然能够较好地反映曲线的硬化等行为。同时，该模型在数值计算中同样能够较好地反映材料的应变率效应，并较好地描述所研究的聚氨酯泡沫的速率敏感各向异性力学响应特性。

5.3　三维细观有限元模型

微点阵材料的细观有限元模型，即真实考虑微点阵材料细观结构所建立的有限元模型。由于微点阵材料在细观上具有不均匀性，为了考虑其在承载过程中的演化，需要将微点阵材料真实的细观构型进行全尺寸建模。将基体材料的材料属性赋予细观结构模型，施加实验过程中的边界和载荷条件。通常使用实体单元或梁单元对几何模型进行几何划分。根据是否考虑打印过程中的几何缺陷，又可将细观有限元模型划分为理想有限元模型和含缺陷有限元模型。

5.3.1　理想有限元模型

1. 大长径比杆件的细观简化模型

对于具有大长径比杆件 (细长杆) 的微点阵材料，通常可将其简化为梁单元模型进行分析计算。Smith 等 [9] 分别用 8 节点实体单元和一维梁单元建立了 BCC 和 BCC-Z 两种微点阵结构的有限元模型，分别计算了不同长径比结构模型在压缩载荷下的力学响应。对于 3D 连续模型，使用理想化的结构几何形状对单个单元进行建模，其中支柱具有恒定的直径并认为梁为完全直的。类似地，梁单元模型与 3D 连续模型的几何结构相同，对结构进行简化使结构每一个杆件都采用等直径的直梁表示。为了增加结构支撑在节点处的接触行为，在支撑末端 0.2mm 长度内其直径设置为 0.23mm。如图 5.9 所示为两种微点阵结构的梁单元模型。

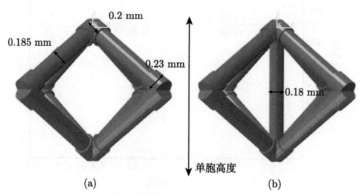

图 5.9　梁单元模型尺寸：(a) BCC；(b) BCC-Z

图 5.10(a) 和 (b) 分别给出了 BCC 结构和 BCC-Z 结构的数值计算和实验曲线的对比结果。与传统的多孔泡沫结构类似，这两种结构的应力–应变曲线在弹性段不断上升随后出现明显的应力平台最后达到密实。梁单元模型和 3D 连续单元模型都出现了实验观察到的初始刚度、屈服应力和平台应力值。由于梁单元模型的局限性，没有在结构单个杆件之间设置接触，因此没有预测应力–应变曲线的密实。3D 连续单元模型中包含了杆件之间的接触，因此曲线中出现了密度阶段。在数值分析中未考虑结构的失效，因此有限元结果并未预测到曲线 E 中竖直杆件失效导致的应力下降。

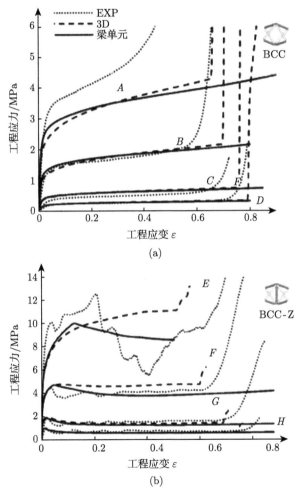

图 5.10 实验和数值计算应力–应变曲线：(a) BCC；(b) BCC-Z

通过分析试样加载过程中的变形过程发现，BCC 结构没有出现明显的失效且变形过程比较稳定、整体，变形过程呈现"手风琴"状。BCC 结构的应力–应变曲线的变化过程也证明了这一点。在相应的 FE 模型中，结构单胞的变形过程如图 5.11 所示。从图中可以看出数值仿真结构的变形与实验中结构的变形基本一致。由于试样表现出全局变形机制，其中每个单胞以类似的方式变形，因此可以通过对单胞的变形来反映结构整体的响应。

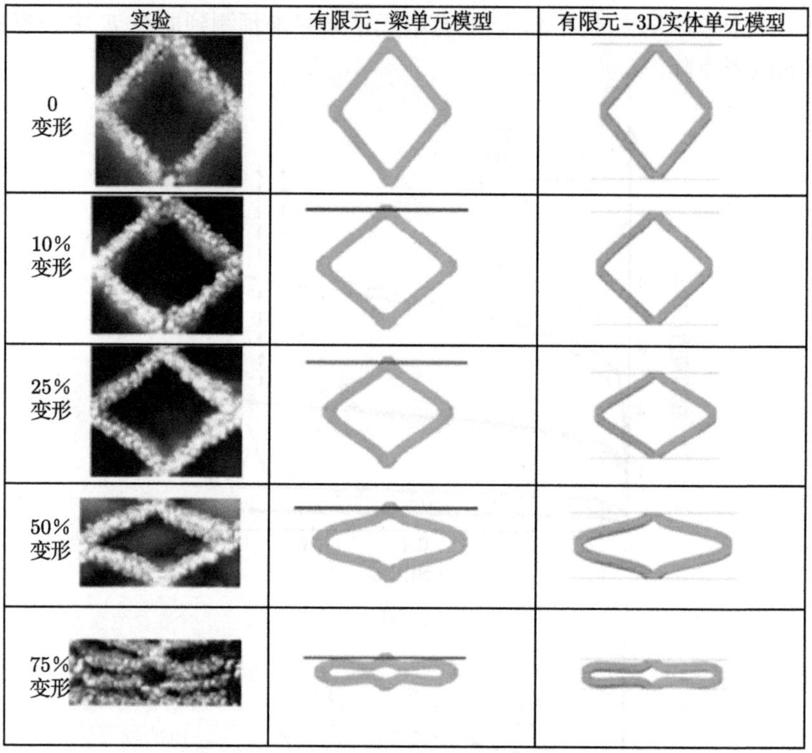

图 5.11　BCC 结构准静态压缩变形过程

从图 5.12 中可以看出 BCC-Z 结构的变形机制与 BCC 结构的明显不同。由于竖直方向的杆件出现局部屈曲变形，导致结构整体出现沿 45° 方向的剪切变形。随着加载不断进行，其他竖直杆件也开始屈曲，导致另一个剪切带与第一个剪切带成直角。这一过程一直持续到所有竖直杆件均发生屈曲同时结构开始进入密实阶段。图 5.12 给出了 BCC-Z 结构和两种有限元模型中单胞的变形过程。从图中可以看出，单胞的坍塌机制与实验中看到的单胞坍塌机制吻合很好，但是单胞的坍塌机制不能代表整个微点阵结构的坍塌。因此，需要具有多个单胞的有限元模型来实现实验中观察到的全局坍塌机制。然而，对大型微点阵结构的渐进坍塌行为进行仿真建模时存在一个潜在问题，即微点阵结构中的单元数量随着结构尺寸的增加而变得非常大。例如，尺寸为 1m×1m×20mm 的 BCC 微点阵板结构 (单元尺寸为 2.5mm)，每个杆件仅用四个单元进行建模，结构整体的单元数量可能超过 3000 多万，这将使建模大型微点阵结构变得令人望而却步。

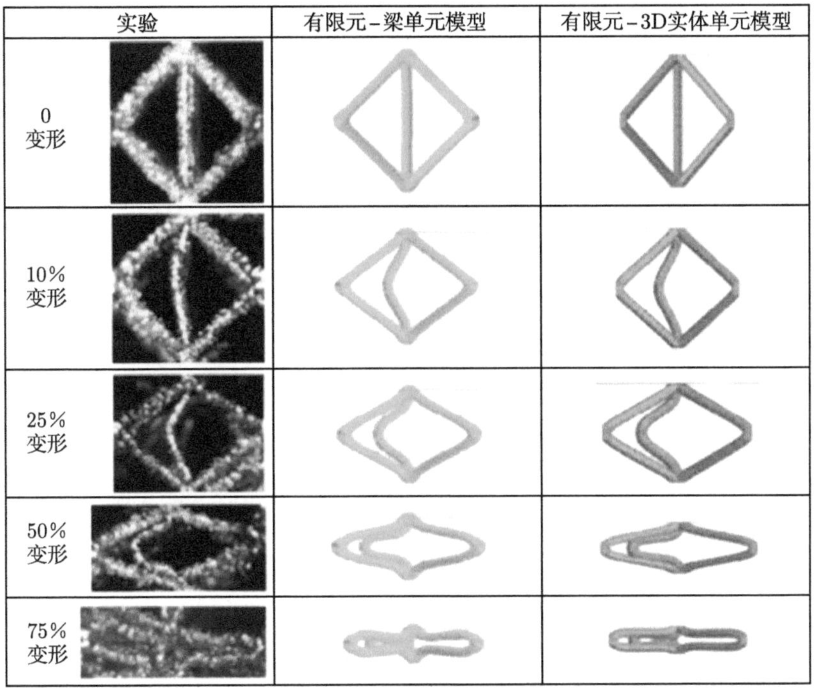

实验	有限元–梁单元模型	有限元–3D实体单元模型
0 变形		
10% 变形		
25% 变形		
50% 变形		
75% 变形		

图 5.12 BCC-Z 结构准静态压缩变形过程

考虑到测试的每个微点阵结构都基于不同的密度，通过将微点阵的屈服强度和初始弹性模量除以 316L 不锈钢基体材料的相应值来计算结构的相对力学性能。图 5.13 中虚线表示在开孔金属泡沫中发现的结果范围，可用于比较微点阵结构相对于金属泡沫的性能。结果表明，BCC-Z 结构的性能与金属泡沫结构相当。在实验结果和有限元模型之间可以看到相对密度值的差异。在每种情况下，由于假设杆件是完全直的，3D 实体单元模型对相对密度的预测不足。相反，梁模型准确地估计了相对密度，因为考虑了节点区域中杆件直径的增加。

图 5.14 给出了压缩应变为 0.5 时 BCC 微点阵材料中的 von Mises 应力分布。结构单胞被切成两半，以显示应力和应变在杆件厚度上的分布。应力水平在 1.25mm 的晶胞中最高，并且随着结构单胞尺寸的增加而降低。从图中可以看出，不同尺寸单胞的应力分布相似，并且单胞中的每个杆件中都形成了两个塑料铰。塑性铰在节点区域的上方和下方形成，这些区域的应力集中度最高，相反，杆件中心的应力水平最低。

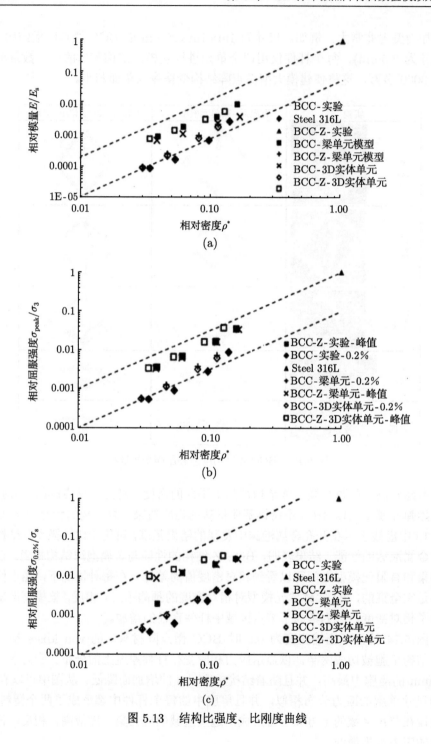

图 5.13　结构比强度、比刚度曲线

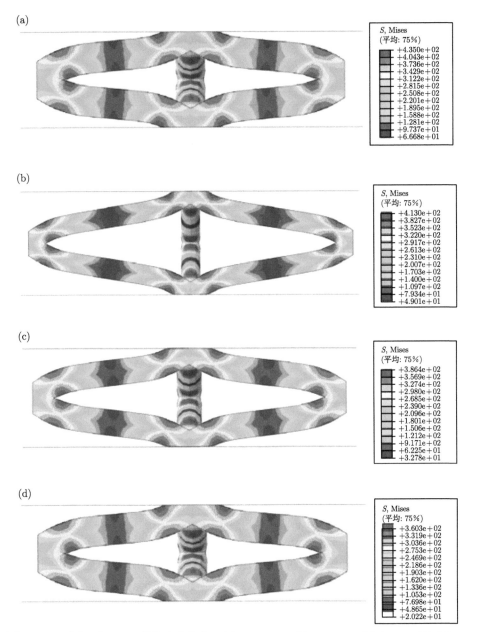

图 5.14　不同尺寸 BCC 单胞应力分布：(a) 1.25mm；(b) 1.5mm；(c) 2mm；(d) 2.5mm

　　BCC-Z 结构的压缩实验表明，并非所有单胞都同时变形，而是在压缩过程中形成剪切带。这种响应不能通过仅对一个单独的晶胞来进行预测，尽管单胞模型仍然能很好地近似预测结构的力学响应。建模一个以上的晶胞能够进一步提升对

BCC-Z 结构内坍塌机制的描述，并突出结构内单个垂直杆件开始弯曲时应力–应变曲线中出现的多个峰值。图 5.15 给出了多胞模型关于两种类型微点阵结构坍塌过程的数值模拟结果。

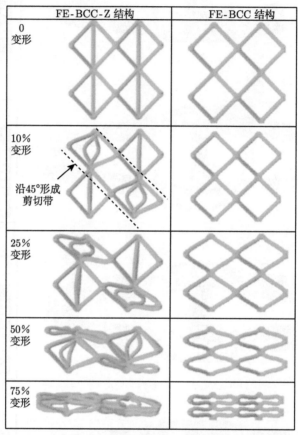

图 5.15　BCC 和 BCC-Z 结构不同变形量下的变形过程

显然，BCC 微点阵结构表现出稳定的变形模式，其中每个单胞以相同的方式变形。该结构的应力–应变曲线证实了这一点，如图 5.16(a) 所示，与单胞模型相同。相反，BCC-Z 结构中的坍塌过程出现了 45° 剪切带，由该区域晶胞中垂直微点阵的局部屈曲导致。一旦剪切带中的单胞开始致密，可以看到周围晶胞中的垂直杆件开始弯曲。这种响应反映在该模型的应力–应变曲线中，如图 5.16(b) 所示，其中初始峰值归因于第一剪切带中晶胞的坍塌，第二峰值与剩余晶胞的坍塌有关。

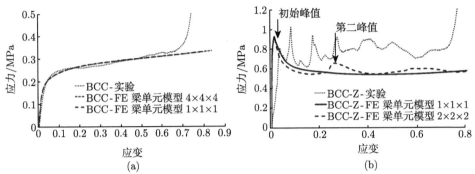

图 5.16 BCC 和 BCC-Z 结构不同单胞数量曲线: (a) BCC 结构曲线; (b) BCC-Z 结构曲线

图 5.17(a) 显示，就 BCC 结构的初始刚度而言，有限元模型模拟、理论分析预测和实验结果非常一致。图 5.17(b) 显示，理论分析模型低估了塑性坍塌强度，但实验结果与 BCC 结构的有限元预测非常一致。在每种情况下，可以看出，随着单元长宽比的降低 (即结构变得越来越窄)，初始刚度和塑性坍塌强度的数值模拟预测得到了改善。

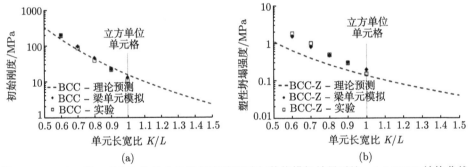

图 5.17 BCC 和 BCC-Z 结构力学性能实验测试与数值模拟结果对比: (a) BCC 结构曲线; (b) BCC-Z 结构曲线

2. 小长径比杆件的细观模型

微点阵结构杆件的长径比是数值仿真中需要考虑的一个重要因素。当杆件直径相对长度较大时，不符合梁单元的假设，将其直接简化为梁单元是不合理的。Guo 等 [10] 通过将节点区域的杆件直径增加 40%(连接区域的长度为两端杆件总长度的 1/10)，提出了一种自适应梁单元模型，用于分析具有小长径比杆件的微点阵材料力学性能。针对三种不同直径 (0.5 mm、0.75 mm 和 1.0 mm)，建立了三个具有相同连接区域尺寸的梁单元模型。三种不同直径杆件 BCC 微点阵结构的压缩响应曲线模拟结果分别如图 5.18 和图 5.19 所示。其中，实体单元数值结果最接近真实几何，被用于验证梁单元模型的预测精度。模拟所得应力–

应变曲线中描述了三个阶段，即初始线弹性阶段、长平台塑性变形阶段和应力急剧增加的密实区。红色虚线表示实体单元数值结果，绿色实线表示梁单元模拟结果。

在图 5.19 的所有三种直径的线弹性和长平台区域中，自适应梁单元的数值结果与实体单元模拟结果完美吻合；由于梁单元的限制，没有显示致密化区域。相反，传统梁单元数值结果仅与直径为 0.5 mm、纵横比为 0.1 的实体单元结果一致，如图 5.18 所示。这是因为当杆件直径增加时，节点处的尺寸也会增大，这会减少两个节点之间的有效弯曲长度。另外，通过自适应梁单元对 BCC 晶格结构的更宽范围的支柱纵横比 (甚至大于 0.2) 进行了建模。结果表明，使用自适应梁单元进行数值分析不仅可以节省大量计算时间，而且可以确保具有较大杆件长径比的 BCC 微点阵结构的预测精度。

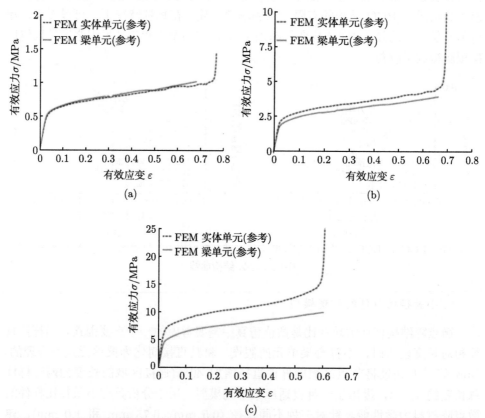

图 5.18　传统梁单元模型与实体单元模拟结果对比：(a) 杆件直径 = 0.5 mm，胞元尺寸 = 5 mm；(b) 杆件直径 = 0.75 mm，胞元尺寸 = 5 mm；(c) 杆件直径 = 1 mm，胞元尺寸 = 5 mm

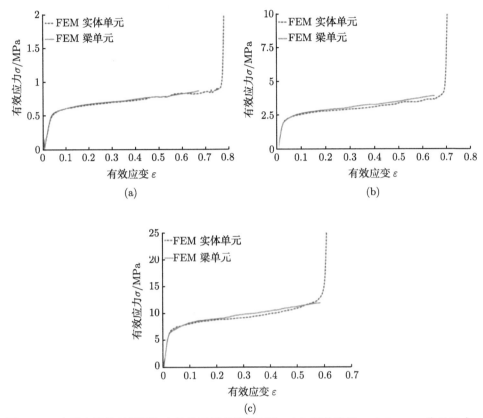

图 5.19 自适应梁单元模型与实体单元模拟结果对比：(a) 杆件直径 = 0.5 mm，胞元尺寸 = 5 mm；(b) 杆件直径 = 0.75 mm，胞元尺寸 = 5 mm；(c) 杆件直径 = 1 mm，胞元尺寸 = 5 mm

图 5.20 为三种不同杆件直径的 BCC 微点阵结构在准静态压缩载荷下不同应变阶段实验变形模式和数值模拟变形模式的对比。从图中可以看出，随着工程应变的增加，所有的结构都出现了扇形的局部变形。三维连续模型和自适应梁单元模型的数值计算结果与实验结果也具有良好的一致性。

图 5.21 给出了从实验数据中获得的应力–应变曲线与准静态压缩下具有三种不同杆件长径比的微点阵结构有限元结果的比较。可以看出，对于图中所示三种不同长径比的 BCC 微点阵结构，实体单元和自适应梁单元模型的预测都与实验数据非常一致。详细地说，直径为 0.75mm 的数值结果与实验结果的一致性最好，而在曲线的平台阶段，数值计算结果略高于直径为 0.5mm 的实验数据，低于直径为 1mm 的实验数据。数值分析中使用了相似的材料特性和理想化的结构几何形状，因而导致不同长径比的模拟结果和实验结果之间存在差异。实际上，即使对所有试样使用相同的激光制造参数，杆件表面存在的直径变化和未熔化的

粉末也会影响微点阵结构的力学行为。此外，值得注意的是，在 0.5 mm 直径的情况下，实体单元模型进入密实阶段比实验晚，在 1 mm 直径的情况下稍早，这意味着在较小直径的试样中有更多未熔化的粉末颗粒。其他研究者也发现了类似的情况，通过测试直径为 1 mm 和 5 mm 杆件的力学参数，发现由于较小直径的杆件中热量积累不足，直径为 5 mm 的杆件性能明显优于直径为 1mm 的杆件。

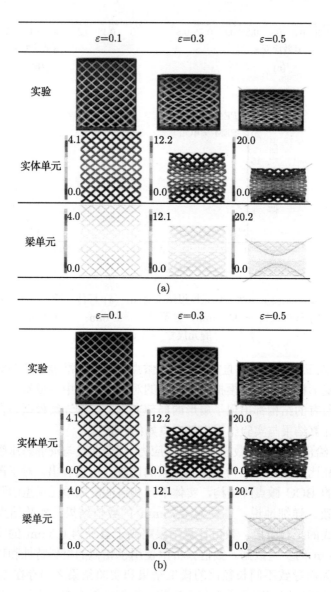

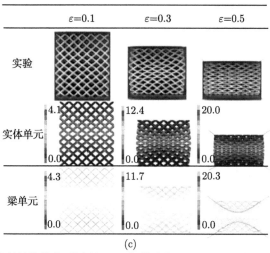

(c)

图 5.20 不同杆件直径结构的变形过程：(a) 杆件直径 = 0.5 mm, 胞元尺寸 = 5 mm；(b) 杆件直径 = 0.75 mm, 胞元尺寸 = 5 mm；(c) 杆件直径 = 1 mm, 胞元尺寸 = 5 mm

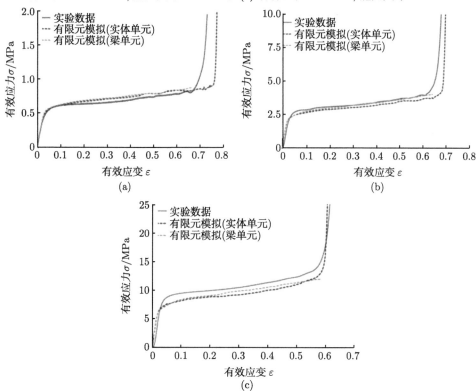

图 5.21 不同杆件直径微点阵结构的应力–应变响应：(a) 杆件直径 = 0.5 mm，胞元尺寸 = 5 mm；(b) 杆件直径 = 0.75 mm，胞元尺寸 = 5 mm；(c) 杆件直径 = 1 mm，胞元尺寸 = 5 mm

5.3.2　含缺陷有限元模型

理想有限元模型通常不考虑点阵材料在制备过程中所出现的缺陷、分层、表面附着颗粒、杆件结构连接缺陷等影响因素。因此，在开展相关的数值计算研究时会发现理想模型的计算结果往往会高于实际得到的实验结果。Lee 等[11]通过对比金字塔形桁架点阵的实验和数值计算结果发现尽管实验和数值计算两者的响应趋势和变形模式基本一致，但是数值计算的初始峰值明显高于实验结果。对于点阵结构来说，结构的力学响应对其初始缺陷比较敏感，初始缺陷会降低结构的初始峰值，同时也会减少结构在塑性变形过程中所产生塑性铰的数量。随着研究的不断深入，增材制造所引入几何缺陷的宏观特征和其对点阵结构力学性能的影响逐渐清晰。如何在数值模型中合理地引入几何缺陷，从而有效预测增材制造微点阵材料的力学性能引起了国内外研究学者的广泛关注。研究表明，不考虑几何缺陷的有限元模型，对微点阵材料的强度、模量等力学性能的预测偏高，且无法模拟出材料在受到外载荷作用下的局部变形/破坏模式。因此，如何构建真实反映增材制造工艺特征对打印质量影响的细观有限元模型，是保证数值计算结果准确可靠的关键。

1. CT 重构法

增材制造微点阵结构的细观结构较为复杂，孔壁表面存在大量的微缺陷，对材料力学性能以及失效模式会存在一定的影响。为了准确反映材料的细观结构特征，采用 Micro-CT 扫描技术，获得 Ti-6Al-4V 微点阵材料的断层扫描图片，然后基于图片灰度差异分离出相应的孔洞和胞壁结构；在此基础上，利用三维重构软件 Simpleware 建立微点阵材料的三维细观有限元模型，能够较为准确地反映结构的实际细观模型特征。

为捕捉基于增材制造工艺制备的多孔材料细观特征，采用 SkyScan1172 高分辨率台式 Micro-CT 系统对试件 (15mm×15mm×15mm) 的显微结构进行了三维断层扫描，测试系统如图 5.22 所示。Micro-CT 扫描的基本流程如下：首先，通过调节扫描样品与 X 射线管的距离来确定 Micro-CT 扫描分辨率；然后，设定 X 射线管电压和电流值并选择合适的滤波片来获得高吸收衬度的透射图，此处所用的 X 射线管电压和电流分别为 100kV 和 100μA，滤波片为 0.5mmAl+0.5mmCu。扫描过程中，X 射线管固定不动，扫描样品随样品台一起旋转，每旋转一次获得相应角度的 X 射线透射图片，旋转步长选为 0.7°，将样品台旋转 360° 即可获得一组不同角度的 X 射线透射图片。最后，将透射图片导入 NRecon 软件中进行三维重构处理，得到最终的高分辨率图片 (图 5.23)。图片体素尺寸为 12.96μm×12.96μm×12.96μm，和胞壁直径相比，体素尺寸足够小，能够直观反映孔壁表面的微缺陷。

图 5.22   SkyScan1172 高分辨率台式 Micro-CT 系统 [12]

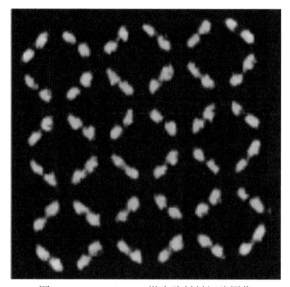

图 5.23   Ti-6Al-4V 微点阵材料切片图像

Simpleware 三维建模软件包 [13] 集成了当前较为先进的断层扫描数据三维重构和有限元建模前处理技术, 在生物力学有限元建模仿真领域被广泛应用。Simpleware 软件主要包括三大模块: ScanIP 模块、ScanFE 模块和 ScanCAD 模块。ScanIP 模块为 Simpleware 的核心模块, 主要用于图像可视化、图像处理和图像分割, 其可将分割后的三维图像数据转换为数字模型, 并能以 STL 格式输出表面网格模型。ScanFE 为用于有限元网格模型生成的模块, 其主要是利用图像信号强弱对材料属性进行分配, 按照结构复杂程度生成具有自适应性的四面体、六面体混合优化网格模型, 并能实现多个模型的无缝拼接和模型的表面光滑化, 此外, 其还能与商业有限元、流体动力学以及 CAD 软件包无缝对接。Scan-CAD 模块主要用于 CAD 模型的导入和输出, 并可用于手术植入物的设计和改进。

Ti-6Al-4V 微点阵材料三维细观有限元模型的构建流程如下: 首先, 将 CT 扫描处理后的高分辨率图片导入 Simpleware 软件包中, 然后利用 Simpleware 中的

图像处理 (ScanIP) 模块, 对断层图像进行切片、光滑和重构, 得到如图 5.24(a) 所示的钛合金微点阵材料细观模型。最后将所得模型导入用于有限元网格模型生成的 ScanFE 模块, 将分段的三维图像数据转换成空间网格。由于动态加载过程中材料会产生大变形, 在网格划分过程中要尽量生成六面体网格, 避免四面体网格的存在。因此, 在划分网格时, 采用 Marching-cubes 算法将可能产生的四面体网格转化成六面体网格。建模时, 选用 Solid164 单元对材料进行离散化处理, 该单元是一种一阶 8 节点六面体单元, 适用于非线性显式计算。通过网格敏感性分析, 兼顾计算效率, 将单元尺寸选为 0.05mm。图 5.24(b) 给出了 EBM 打印钛合金微点阵材料的三维细观有限元模型, 模型中全部为六面体单元, 共有 3968543 个。

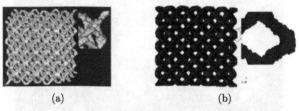

图 5.24   钛合金微点阵材料细观模型: (a) 光滑模型; (b) 网格模型

利用 ANSYS/LSDYNA 对上述模型开展了数值模拟分析, 经过计算获得单轴冲击压缩载荷作用下 Ti-6Al-4V 微点阵材料的名义应力–应变曲线, 并与实验结果进行了对比, 如图 5.25 所示。为了提高计算效率, 仅考虑了模型的初始坍塌段, 当应力下降至最低后即中止计算。从图中可以看出, 数值模拟结果的弹性段与实验曲线十分吻合, 模拟初始坍塌强度略高于实验所得强度, 但不同应变率条件下, 二者之间的误差分别为 8.59%、5.85% 和 6.51%, 基本可以忽略。上述结果进一步证明了所用 Ti-6Al-4V 强化参数的有效性。但是, 当模型开始失效后, 模拟结果与实验曲线之间的误差很大。与实验结果不同, 数值模拟所得的初始失效应变更小, 应力下降的幅度也更明显, 两者之间的差异主要与不准确的材料失效模型参数有关。Lu 等 [14] 在研究基于 EBM 制备的 Ti-6Al-4V 材料时, 发现材料内部发生了 α → β 块状相变。Banerjeea[15] 和 Jonas 等 [16] 指出, 纯钛的 α → β 相变会导致材料的软化, 这也解释了实验所得材料失效应变大于数值模拟结果的原因。因此, 为提高数值模拟结果的准确性, 后续需要对单根孔壁材料的力学性能进行测试, 用于得到系统的材料参数。值得注意的是, 尽管模拟结果与实验曲线不是完全吻合, 计算所用模型和材料参数依然可以提供一些有用的预测。

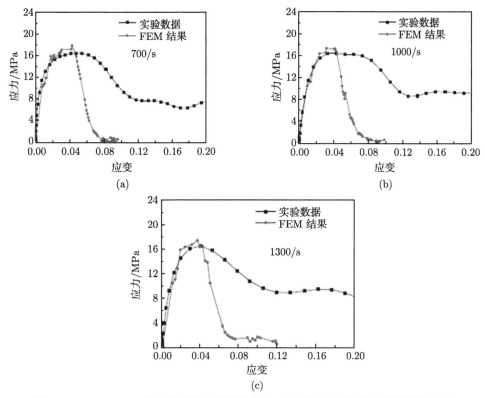

图 5.25　Ti-6Al-4V 微点阵材料动态压缩应力–应变曲线实验与数值模拟结果对比

　　为了验证有限元模型对材料失效机理模拟结果的可靠性，图 5.26 给出了不同应变率条件下 Ti-6Al-4V 微点阵材料细观有限元模型的动态压缩变形演化过程。从图中可知，有限元模型的动态变形模式与实验结果完全一致，当加载应变率为 700/s~1300/s 时，试件以准静态模式变形。从应力云图可以看出，在加载过程中，模型内部的应力分布均匀，与准静态加载时类似。随着加载的进行，沿模型 45° 方向的孔壁结构开始断裂，最终形成了局部剪切带。此外，在同一应变水平下，当应变率为 1300/s 时，模型的局部化变形程度更高。当应变率较高时，材料的应力下降得更早；当应变达到 0.07 时，由于应变率为 1300/s 的模型中断裂的孔壁被压实，剩余完整的孔壁开始承载，导致其对应的应力开始上升。然而，另外两组工况下，由于损伤的孔壁还未完全压实，对应的材料应力仍在下降。

图 5.26　不同应变率条件下 Ti-6Al-4V 微点阵材料变形演化过程数值模拟结果：
(a) $\dot{\varepsilon} = 700/s$；(b) $\dot{\varepsilon} = 1000/s$；(c) $\dot{\varepsilon} = 1300/s$

2. 统计梁单元有限元模型

由于直接 CT 重构的有限元模型网格数过多，会耗费大量的计算资源，在工程实际中不具有可用性。将简化的梁单元模型与缺陷的分布特征相结合，能够有效提高计算效率。因此，基于理想梁单元有限元模型，结合不同类型杆件上的几何缺陷的概率密度函数，提出了一种能够有效考虑几何缺陷的新型统计梁单元有限元模型，并编写了 Python 脚本用来实现该有限元模型。截面尺寸沿着轴线的变化这一几何缺陷通过分别设置每个梁单元的截面信息来实现。梁单元的截面尺寸通过对几何缺陷的不同概率密度函数进行取样获得，然后再单独赋予每个梁单元。杆件轴线的曲度这一几何缺陷通过偏移单元的节点来实现。梁单元节点的偏置量也通过对相应几何缺陷的概率密度函数进行取样获得。图 5.27 对截面尺寸沿着轴线变化这一几何缺陷的实现过程进行了说明。一根杆件由 10 个梁单元进行离散，处于杆件不同相对位置处的梁单元的截面尺寸服从不同的分布函数。图 5.27 中位置 4 处 (蓝色) 的所有梁单元的截面尺寸均通过对蓝色虚线框内的概率密度函数进行取样获得，然后将这些截面尺寸赋予位置 4 处的梁单元。考虑到几何缺陷的随机特性，为了获得预测结果的分布域，生成了 20 个统计随机模型并提交计算。值得说明的是，非参估计方法获得了能够真实反映几何缺陷分布规律的概率密度函数，而不是直接预先假设几何缺陷服从某一分布。

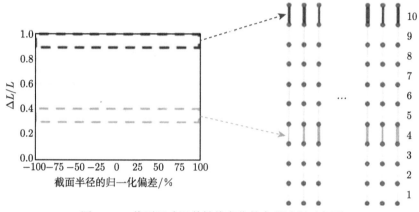

图 5.27　截面尺寸沿着轴线变化的实现过程示意图

图 5.28 展示了扫描电子显微镜对增材制造点阵结构部分杆件表面几何形貌的观测结果。未完全熔化以及完全没有熔化的金属粉末颗粒形成了杆件的粗糙表面，见图 5.28 (b) 和 (c) 中的标注，该现象在 Persenot 等 [17] 的研究中有过报道。打印角度为 0° 的杆件的截面尺寸的变化较所有其他打印角度的杆件表现得更加显著，在 Hernández-Nava 等 [18] 的研究中也观测到类似的现象。即便两个杆件的打印角度同为 0° 时，两根杆件上的几何缺陷所表现出来的宏观特征也并不相同，如图 5.28 (a) 和 (e) 所示。这说明杆件的长度可能影响几何缺陷的分布规律。另外，在打印角度为 35.26° 和 45° 的杆件上观测到了 "楼梯状" 的几何特征，已在图 5.28(b) 和 (d) 中进行了标注，在 Karamooz 等 [19] 的研究中也出现过类似的现象。

图 5.29 是通过 μ-CT 技术重建的 SC-BCC-FCC 点阵结构的三维全尺寸数字几何模型。从图 5.29(a) 中可以观察到，点阵结构中的杆件具有不均匀的截面尺寸，甚至一些处于水平方向的杆件出现了不连续的现象。从图 5.29(b) 和 (d) 中

能明显看出，点阵结构的设计几何模型和数字几何模型之间存在明显差异，具体表现为截面形状以及截面面积的不同。上述观察结果表明，理想几何模型不能正确反映增材制造点阵结构杆件的真实几何特征，因此需要将几何缺陷合理地引入有限元模型中。

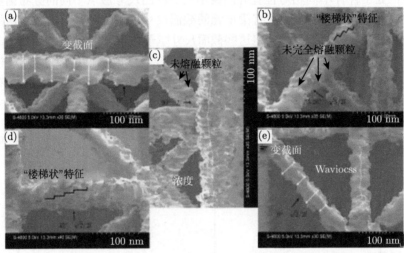

图 5.28　SC-BCC-FCC 点阵结构中不同几何特征的杆件的表面形貌图

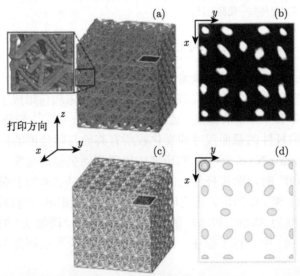

图 5.29　三维重构数字几何模型和理想几何模型之间的对比图：(a) 三维重构几何模型；(b) 部分三维重构几何模型的横截面；(c) 初始设计几何模型；(d) 部分初始设计几何模型的横截面

根据几何缺陷所产生的不同宏观形貌特征，可将几何缺陷分为以下两类：杆件截面尺寸沿着轴线的变化和杆件的曲度，如图 5.28 所示。杆件截面尺寸沿着轴线的变化表征沿着杆件轴向方向不规则的杆件横截面，而杆件的曲度是增材制造点阵结构的杆件轴线与设计点阵结构的杆件轴线之间的偏差。由于几何缺陷与杆件打印角度之间存在相关性，可先根据杆件的打印角度对点阵结构的杆件进行分类。在 SC-BCC-FCC 点阵结构中有 0.00°、35.26°、45.00° 和 90.00° 共 4 种打印角度。为了考虑杆件截面尺寸沿着杆件轴线的变化，将杆件的长度也作为分类标准。因此，根据杆件的打印角度和杆件的长度可以将点阵结构所有的杆件分为 5 组，即 0.00° 和 l、35.26° 和 $\sqrt{3}/2l$、90.00° 和 l、45.00° 和 $\sqrt{2}/2l$ 以及 0.00° 和 $\sqrt{2}/2l$。图 5.30 展示了杆件的分类结果，图中不同的颜色表示不同类型的杆件。

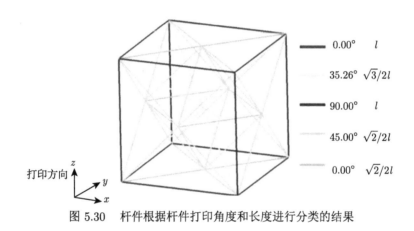

图 5.30   杆件根据杆件打印角度和长度进行分类的结果

图 5.31 展示了从一个杆件中提取几何缺陷的过程。具体流程为，首先从三维重构几何模型中随机地选择一个单胞，然后再从这个单胞中选择一根杆件，重建这个杆件的面网格。接着，均匀地创建 100 个垂直于杆件轴线的平面，获得平面与杆件的交线。最后，使用最小二乘法将交线与圆方程进行拟合，获得圆心坐标和半径，将圆心坐标和半径存储到文件中。开发了相应的 Python 脚本文件以方便高效地完成上述拟合圆、将圆心和半径存储到文件的过程。杆件截面尺寸沿着杆件轴线的变化用拟合得到的圆的半径与设计半径之间的差值来表征。杆件的曲度 (或者杆件轴线的偏移) 用拟合得到的圆的圆心坐标与理想杆件轴线之间的距离来评估。

参数化的密度估计和非参数化的密度估计是用于评估随机变量的概率密度函数的两种常用统计方法。如果预先知道随机变量的概率分布服从某一已有的概率分布 (如高斯分布、伽马分布、柯西分布等)，则第一种方法较第二种方法方便。但是，当随机变量的概率分布形式预先无法确定或与已有的概率分布函数不同时，非参数化的密度估计方法则更加适合。在本节中，由于随机变量的概率分布与已有的分布类型不同，因此采用核密度估计 (kernel density estimation, KDE) 方法对几何缺陷的概率分布形式进行拟合，其中 KDE 的核函数为高斯函数。核密度估计是一种典型的非参数化的密度估计方法 [20]。

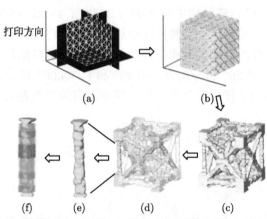

图 5.31　SC-BCC-FCC 三维几何模型的重建过程以及从一根杆件中提取几何信息的流程图

　　图 5.32 展示了增材制造点阵结构中几何缺陷的概率密度直方图和概率密度函数，采用设计半径值对其进行了归一化处理。其中，图 5.32(a)~(e) 展示了不同

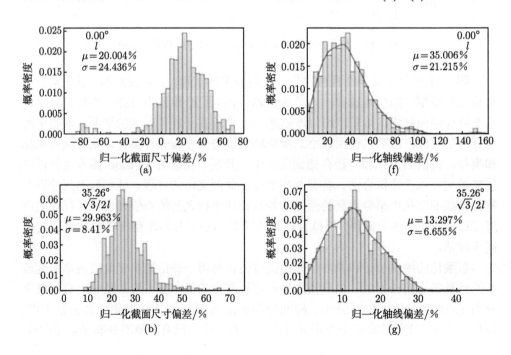

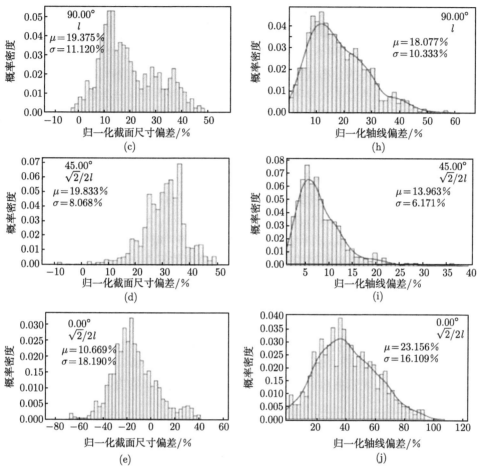

图 5.32　几何缺陷的概率密度直方图和概率密度函数：(a)~(e) 不同类型杆件的正则化截面尺寸偏差；(f)~(j) 不同类型杆件的正则化轴线偏差

类型杆件归一化后的杆件截面尺寸偏差的概率密度直方图，图 5.32(f)~(j) 是不同类型杆件归一化后的轴线曲度概率密度直方图和概率密度函数。

为了对不同类型几何缺陷的分布特征进行量化表征，分别计算了不同类型杆件的几何缺陷的平均值和标准差，并将其附在了相应的图中。从图 5.32(a)~(e) 中的平均值和标准差可以发现，图中所有的平均值均大于 0，这表明 4 种打印角度的杆件的截面尺寸在统计意义上均大于设计值。张学哲[21] 的实验结果表明，直径小于 1.5mm 的杆件相应的增材制造杆件的直径将会大于设计值。此外，正则化后的截面尺寸的平均值随着杆件打印角度的增加而减小。值得注意的是，打印角度为 0° 的杆件的截面尺寸偏差的平均值与打印角度为 90° 的杆件类似，甚至更小。打印角度为 0° 的杆件的截面尺寸偏差的标准差明显大于打印角度为 90° 的杆件，分别为 24.436%、18.190% 和 11.120%。值得注意的是，打印角度为 0° 的杆件的截面尺寸的最小的偏差值甚至达到了 −80%，这意味着杆件中存在特别细小的部分，在曹晓飞等 [22] 的工作中也得到了类似的结论。虽然打印角度为 0° 的杆件的截面尺寸偏差的分布规律比较类似，但是它们仍具有不同的平均值和标准差，这可能是由于两者的长度不同。因此，在对杆件进行再分类时，将杆件长度这一几何特征作为分类标准是合理的。图 5.32(f)~(j) 展示了杆件轴线偏置的概率密度直方图以及相应的概率密度函数。计算得到的各种类型几何缺陷的概率密度函数的平均值和标准差也附在相应的图中。不难发现，所有类型杆件的轴线偏置的均值都大于 0°，表明所有打印角度的杆件都存在轴线曲度这一几何缺陷。打印角度为 35.26° 和 45° 的杆件的轴线曲度的平均值和标准差比较接近，并且小于其他所有打印角度的杆件的轴线曲度的平均值和标准差，表明这两个角度的杆件的曲度较小，轴线相对较直。打印角度为 0° 的杆件的轴线曲度的分布范围较大，甚至超过了 100%，这意味着轴线曲度在该打印角度的杆件上表现十分显著。

为了研究杆件截面尺寸沿着杆件轴线的变化的分布规律，将一根杆件分为 10 份，分别将同一类型处于相同位置处的截面信息汇集在一个集合中进行统计，所有同一类型杆件的第一段、第二段、···、第十段共形成了 10 个集合。图 5.33 是杆件截面尺寸沿着杆件轴线变化的概率密度函数。图中每个子图的纵坐标表示每根杆件的相对位置，即 0.0 ~ 0.1 表示杆件的第一段，0.9 ~ 1.0 表示杆件的第十段。图中的实线表示截面尺寸的偏差在每一段内的概率密度函数。图中 L 表示

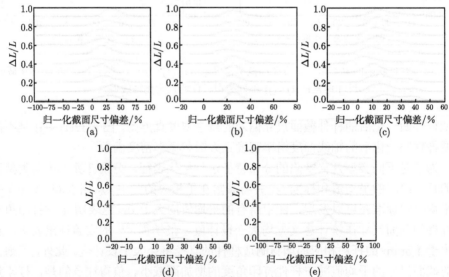

图 5.33　杆件截面尺寸沿着杆件轴线变化的概率密度函数：(a) 第一类杆件；(b) 第二类杆件；(c) 第三类杆件；(d) 第四类杆件；(e) 第五类杆件

每种类型杆件的长度。例如，在图 5.33(b) 中 $L = \sqrt{3}/2l$。从图中的曲线形状可以发现，每种类型杆件上不同位置处的截面尺寸的偏差的概率密度函数均不相同。值得注意的是，图中所展示的 50 个概率密度函数的曲线形状与已知的标准统计分布 (如高斯分布、泊松分布、贝塔分布等) 均不同。

图 5.34 展示了用于预测 SC-BCC-FCC 点阵结构力学行为的两种有限元模型，其中理想梁单元有限元模型未考虑几何缺陷，新型统计梁单元有限元模型包含了几何缺陷。对具有不同截面尺寸的梁单元采用不同颜色进行渲染，以展示一根杆件上截面尺寸的不均匀性和轴线的曲度。图 5.34(b) 清晰地展示了统计模型中杆件截面尺寸沿着轴线的变化和杆件的曲度。对实验结束后的残余点阵结构进行观察发现，杆件交接的节点处几乎没有发生断裂，断裂主要发生在两个节点之间。同时，对于拉伸主导型点阵结构来说，节点刚度对于点阵结构力学行为的影响几乎可以忽略[23]。因此，在建立有限元模型时，没有考虑节点处的几何特征。对于统计模型中的某处梁单元来说，同种类型的几何缺陷 (截面尺寸沿着轴线的变化或杆件的轴线曲度) 的数值都是对同一个概率密度函数进行取样得到的，因此几何缺陷在统计意义上是类似的。例如，图 5.34 中位置 4 处的所有梁单元的截面尺寸是通过对蓝色线框内的概率密度函数取样得到的，虽然同一位置处杆件具体的截面尺寸并不相同，但是这些数值都服从蓝色线框内的概率密度函数。

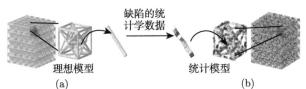

图 5.34　理想梁单元有限元模型和新型统计梁单元有限元模型：(a) 具有设计几何参数的理想梁单元有限元模型；(b) 考虑几何缺陷的梁单元有限元模型

5.4　3D 打印微点阵材料几何缺陷敏感性分析

基于建立的考虑几何缺陷的新型统计有限元模型，对微点阵材料开展静动态力学响应数值模拟。图 5.35 是包含几何缺陷的统计有限元模型和不包含几何缺陷的理想有限元模型预测得到的代表性应力–应变曲线 (或应力时间曲线) 和实验结果的平均应力–应变曲线 (或应力时间曲线) 的对比图。其中，蓝色虚线表示理想有限元模型预测的结果，黑色实线表示实验的平均结果，红色实线表示统计有限元模型的代表性预测结果。在该图中，青色区域展示了 20 个统计模型预测结果的覆盖区域。在线性阶段，该区域相对比较狭窄，这是因为这 20 个统计模型都是基于同一组完全相同的概率密度函数进行采样生成的。过了初始峰值应力之后，统计有限元模型预测的可能区域变得宽阔。这是因为虽然引入缺陷时的概率密度函数相同，但是统计有限元模型中发生断裂失效的具体位置并不相同，这些位置高度依赖对概率密度函数取样后得到的结果。将理想有限元模型预测的结果与实验的平均应力–应变曲线进行对比可知，两者的初始峰值应力之间存在显著差异。将统计有限元模型预测的代表性曲线 (图中红色实线) 与实验结果的平均曲线 (图中黑色实线) 进行对比可以发现，两者之间在线性阶段以及平台阶段具有较好的一致性。通过计算平均实验结果与数值模拟结果之间的初始峰值应力的相对误差可知，在准静态载荷作用下，理想有限元模型预测结果与实验结果之间的相对误差为 51.99%，而统计有限元模型预测结果与实验结果之间的相对误差为 17.43%；在低速冲击载荷作用下，理想有限元模型的预测结果与实验结果之间的误差为 52.59%，而统计有限元模型预测结果与实验结果之间的相对误差为 17.39%。从图中可以发现，理想有限元模型和统计有限元模型预测的应力–应变曲线没有准确捕捉到初始峰值之后的后续应力峰值，这可能是由于在数值模拟中所用到的表征材料断裂失效行为的材料参数并不十分精准。另外，在数值模拟中，达到失效准则的梁单元将被从数值计算中删除不再参与后续的计算，而在真实实验中失效的部分仍会参与后续的压缩过程。此外，还基于计算机断层扫描技术的有限元模型 (μ-CT based finite element model)，预测了点阵结构在低速冲击载荷作用下的名义应力时间曲线，如图 5.35 (b) 中的蓝色实线所示。基于 μ-CT 的有限元模型包含 1616244 个三维实体单元 (在 Abaqus 中的三维实体单元类型为 C3D8R)，载荷以及边界条件的设置与统计有限元模型相同。从图中可知，基于 μ-CT 的有限元模型的预测结果有效反映了实验应力时间曲线中出现的初始峰值应力和后续峰值应力。此外，基于 μ-CT 的有限元模型预测到的初始峰值应力相比于理想有限元模型更加准确，其结果与考虑几何缺陷的统计有限元模型的预测值比较接近。基于 μ-CT 的有限元模型预测的初始峰值应力与考虑几何缺陷的统计有限元模型预测的初始峰值应力之间的相对误差为 4.5%。虽然这两种有限元模型对于初始峰值应力的预测相似，但计算到 0.006s 时，基于 μ-CT 的有限元模型需要耗时 7200 min，而统计有限元模型在相同的计算资源配置下仅需 28min，节约了大量的计算资源。

　　理想梁单元有限元模型和考虑几何缺陷的统计梁单元有限元模型除了对点阵结构在不同载荷作用下的应力–应变曲线 (应力时间曲线) 进行计算以外，还对点阵结构的变形演化过程进行了预测，如图 5.36 所示。图 5.36 (a) 和 (c) 分别是理想梁单元模型对点阵结构在准静态载荷和低速冲击载荷作用下变形模式的预测结果；图 5.36 (b) 和 (d) 分别是考虑几何缺陷的统计梁单元模型对点阵结构在准静态载荷作用和低速冲击载荷作用下变形模式的预测结果。图中分别采用红色和蓝色空心圆圈对点阵结构中发生断裂失效的水平和竖直杆件进行标识。在图 5.36

(a) 中，当名义应变为 0.016 时，应力集中的现象并不明显，这是由于此时的应力值相对较小。从图中可以明显看出，理想梁单元模型预测点阵结构在两种载荷作用下的变形模式均为从上到下逐层失效，预测结果与实验结果完全不一致。考虑几何缺陷的统计梁单元模型的预测结果具有与实验结果类似的宏观变形模式和失效特征。

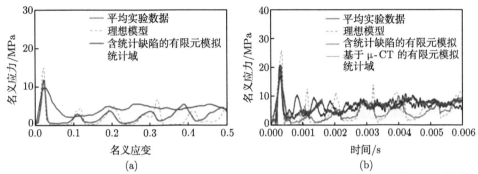

图 5.35　数值模拟结果和实验结果之间的对比图：(a) 准静态载荷作用下的曲线；(b) 低速冲击载荷作用下的曲线

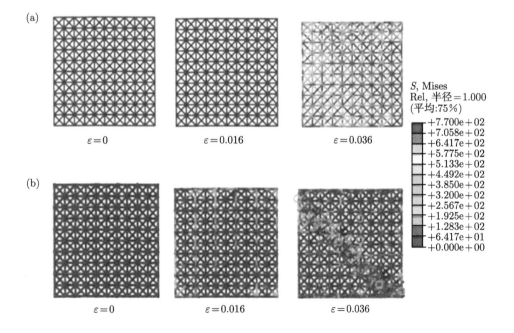

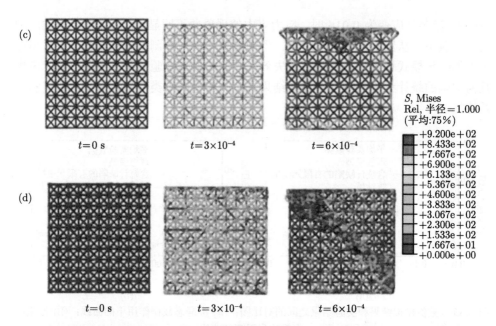

图 5.36　理想梁单元模型和考虑几何缺陷的梁单元模型对 SC-BCC-FCC 点阵结构在不同载荷作用下的变形演化过程的预测结果：(a) 准静态载荷作用下理想梁单元模型的预测结果；(b) 准静态载荷作用下统计有限元模型的预测结果；(c) 低速冲击载荷作用下理想梁单元模型的预测结果；(d) 低速冲击载荷作用下统计有限元模型的预测结果

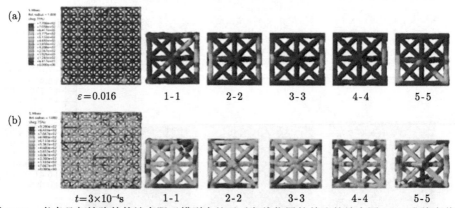

图 5.37　考虑几何缺陷的统计有限元模型中处于对角线位置的单胞的放大图：(a) 准静态载荷作用下的统计有限元模型；(b) 低速冲击载荷作用下的统计有限元模型

图 5.37 是考虑几何缺陷的统计有限元模型中处于对角线的 5 个单胞的应力分布。图中 1-1、2-2、3-3、4-4 和 5-5 表示胞元在平面中的位置，即 1-1 对应于点阵结构的左上角，而 5-5 对应于点阵结构的右下角。从图中可以明显看出，

点阵结构中的应力分布极不均匀。由于 SC-BCC-FCC 点阵结构是拉伸主导型，在杆件发生断裂之前所产生的变形主要为杆件的轴向变形，这导致杆件截面尺寸越小其应力值越大。因此，具有小尺寸截面的梁单元是潜在最可能发生断裂的位置。一旦杆件发生断裂，便诱导形成 45° 的宏观剪切带。以上结果验证了考虑几何缺陷的统计有限元模型的有效性，表明该模型能够以较小的计算资源预测点阵结构的力学行为。同时，上述结果也表明几何缺陷会影响点阵结构的宏观变形模式。

5.4.1 杆件的轴线曲度对点阵结构初始峰值应力的影响

在图 5.38 (a) 和 (b) 中，横轴表示归一化后的平均值，纵轴表示归一化后的标准差。图中标有字符 r 的红色点表示从增材制造试件中测量得到的几何缺陷的真实值。图中用蓝色点标注的 A、B、C 和 D 代表着四种典型特征，相应的特征单胞如图 5.38 (c) 所示。特征点 A 表示模型中不包含杆件的轴线曲度这一几何缺陷，即理想有限元模型；特征点 B 表示仅考虑了杆件的轴线曲度平均值的变化，相应的标准差恒为 0；特征点 C 表示仅考虑了杆件的轴线曲度标准差的变化，相应的平均值恒为 0；特征点 D 表示模型同时考虑了平均值和标准差的影响。统计有限元模型计算得到的初始峰值均采用理想有限元模型预测得到的初始峰值应力进行了归一化。

仅考虑杆件的轴线曲度的统计有限元模型预测得到点阵结构的归一化初始峰值应力如图 5.38 (a) 和 (b) 所示。当归一化后的平均值和标准差超过真实值的 250% 时，在准静态载荷和低速冲击载荷作用下的预测结果分别降低到 63% 和 68%。从图中可以发现，无论是增加归一化平均值还是增加归一化标准差均会降低初始峰值应力。此外，随着归一化平均值和归一化标准差的增加，等高线图的颜色逐步从红色向蓝色转变，红色表示 1。从图中可以看到，在准静态载荷作用下，与横轴相交的等值线的数量多于与纵轴相交的等值线的数量；在低速冲击载荷作用下，与横轴相交的等值线的个数和与纵轴相交的等值线的个数相同。与坐标轴相交的等值线的数量越多表明初始峰值应力的变化量越明显。因此，在准静态载荷作用下，归一化平均值对初始峰值应力的影响要强于归一化标准差对初始峰值应力的影响；在低速冲击载荷作用下，归一化平均值和归一化标准差对初始峰值应力的影响是相当的。另外，从图中可以发现，当归一化平均值和归一化标准差的范围相同时，低速冲击载荷作用下点阵结构的归一化初始峰值应力大于点阵结构在准静态载荷作用下的归一化初始峰值应力。这表明杆件的轴线曲度在低速冲击载荷下对点阵结构初始峰值应力的影响弱于其在准静态载荷作用下的影响。

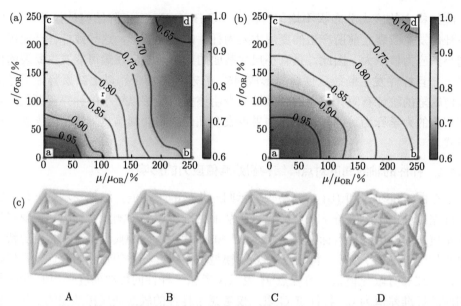

图 5.38　归一化后的初始峰值应力的等值线图与特征单胞图：(a) 准静态载荷作用下统计有限元模型预测的初始峰值应力；(b) 低速冲击载荷作用下统计有限元模型预测的初始峰值应力；(c) A、B、C 和 D 四个特征点处的特征单胞

5.4.2　截面尺寸沿着轴线的变化对点阵结构初始峰值应力的影响

图 5.39 是仅考虑杆件截面尺寸沿着杆件轴线的变化的统计有限元模型对点阵结构在准静态载荷和低速冲击载荷作用下的初始峰值应力的预测结果。在图 5.39 (a) 和 (b) 中，标有 r 的红色点表示从真实增材制造点阵结构中获得的几何缺陷的真实分布。图中用蓝色点标注的 A、B、C 和 D 代表着四种典型特征，相应的特征单胞如图 5.39 (c) 所示。图 5.39(a) 和 (b) 展示了仅考虑杆件截面尺寸随着杆件轴线变化这一几何缺陷的统计模型对点阵结构在准静态载荷和低速冲击载荷作用下的初始峰值应力的预测结果。图中的初始峰值应力已经使用相应理想有限元模型预测的初始峰值应力进行了归一化处理。从等值线图中的颜色分布可以看出，在准静态载荷和低速冲击载荷下，归一化初始峰值应力均随着归一化标准差的增大而减小，随着归一化平均值的增大而增大。这种影响规律与杆件的轴线曲度的归一化平均值和归一化标准差对归一化初始峰值应力的影响不同。在图 5.39 (a) 中，即在准静态载荷作用下，当归一化标准差为 0 且归一化平均值超过 200% 时，归一化初始峰值应力是参考值 (理想有限元模型预测的初始峰值应力) 的 1.6 倍。当归一化平均值为 0 时，即便归一化标准差还没有达到 200%，归一化初始峰值应力已经跌到参考值的 40%。在低速冲击载荷作用下也能够观察

到类似的现象，如图 5.39(b) 所示。此外，对比图 5.39(a) 和 (b) 中具有相同归一化平均值和归一化标准差的区域的归一化初始峰值应力可以发现，图 5.39(b) 中的数值较图 5.39(a) 中的数值小。综上，可以得出结论，杆件截面尺寸沿着杆件轴线的变化的两个统计参数，即归一化平均值和归一化标准差，对点阵结构归一化初始峰值应力的影响是竞争关系，且在两种载荷工况下，归一化标准差对点阵结构归一化初始峰值应力的影响显著大于归一化平均值的影响。Ferrigno 等 [24] 的研究结果表明，EB-PBF 制造的点阵结构中杆件截面尺寸的变化显著降低了点阵结构的强度与刚度，即几何缺陷劣化了增材制造点阵结构的力学性能。

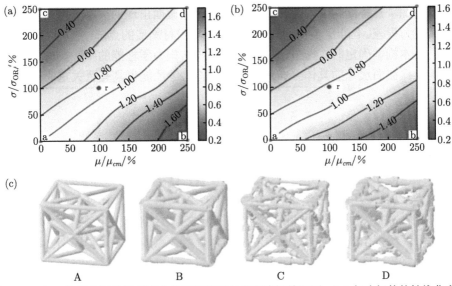

图 5.39　归一化后的初始峰值应力的等值线图与相应特征单胞图：(a) 忽略杆件的轴线曲度的统计有限元模型在准静态载荷作用下预测得到的点阵结构的归一化初始峰值应力；(b) 忽略杆件的轴线曲度的统计有限元模型在低速冲击载荷作用下预测得到的点阵结构的归一化初始峰值应力；(c) A、B、C 和 D 四个特征点处的特征胞元

　　上述矛盾的现象源于杆件截面尺寸沿着轴线变化的归一化平均值与归一化标准差对归一化初始峰值应力截然相反的影响。具体来说，当归一化标准差为 0 时，增大归一化平均值将增加点阵结构中所有杆件的截面尺寸，这导致点阵结构初始峰值应力显著提升。当归一化平均值从 0 增加到 250% 时，点阵结构的特征胞元将从形如 A 点的特征胞元转化为形如 B 点的特征胞元。对比这两种胞元杆件的截面尺寸，不难发现 B 点特征胞元的所有杆件截面尺寸均比理想有限元模型中杆件的截面尺寸大。

　　当杆件截面尺寸的归一化平均值保持为 0 时，增大归一化标准差将导致点阵结构杆件的截面尺寸的分布变得更加分散。杆件是否发生断裂失效由杆件中的最小截面尺寸决定。随着过小截面尺寸的出现，将导致点阵结构初始峰值应力下降。当归一化标准差从 0 增加到 250% 时，点阵结构的特征胞元将从形如 A 点的特征胞元转化为形如 C 点的特征胞元。对比这两种胞元中杆件的截面尺寸，不难发现特征胞元 C 中的确出现了较理想有限元模型中杆件的截面尺寸更大的截面，但同时，处于水平方向的杆件上也出现了过小的截面。这些具有小尺寸截面的部位是潜在最开始发生断裂失效的位置。另外，增加杆件截面尺寸沿着杆件轴线的变化的归一化平均值和归一化标准差将提升点阵结构的密度。通常来说，具有较高密度的点阵结构的力学性能优于具有较低密度的点阵结构。然而，增加归一化标准差不仅增加了点阵结构的密度，还增加了小尺寸截面出现的概率，而小尺寸截面的承载能力很差。因此，上述研究结果表明，对增材制造的点阵结构而言，当点阵结构的基本构型确定时，密度不再是决定点阵结构力学性能的唯一影响因素，点阵结构杆件截面尺寸的具体分布对于点阵结构力学性能也具有至关重要的作用。

5.5　多尺度计算模型

随着结构轻量化与多功能集成化需求的不断提高，微点阵结构中包含的胞元数量越来越多，微点阵胞元构型也越来越复杂，结构呈现典型的多尺度特征 [25]。对于此类结构，若采用细观有限元方法直接进行网格划分和计算，其前处理与求解过程耗时过长；若采用宏观等效模型，又无法获取细观尺度上的应力–应变场分布。由于多尺度微点阵结构与复合材料类似，内部点阵胞元具有周期性或近似周期性。因此，采用多尺度计算方法能够有效减小计算量，同时能够反映细观尺度上的受力变形特征 [26]。

多尺度方法的关键在于根据宏观结构内部微结构的特征，将两个尺度拆分开来，再通过两个尺度之间的信息交换来实现迭代求解 [27]。对于非线性问题，由于变形过程较为复杂，难以通过解析形式的本构关系来描述细观点阵胞元的变形特性，通常在两个尺度都采用数值分析的方法进行求解。宏观模型多采用有限元方法进行求解，细观模型可以采用快速傅里叶变换 (FFT) 方法或有限元方法等进行求解。Feyel[28] 提出了双尺度有限元方法 (FE^2)，该方法采用尺度分离假设，认为宏观结构与其包含的微结构之间尺度差异足够大，尺度之间耦合作用较弱，可以将两个尺度分开进行分析，是一种弱耦合多尺度方法。在此方法中，宏观模型与细观模型均通过有限元方法进行求解，但宏观的有限元模型中并不需要给定本构关系，而是通过对小尺度有限元模型的求解来获得每个积分点上的应力–应变关系。因此，小尺度有限元模型的建立和求解手段尤为重要。与复合材料及结构的多尺度分析方法类似，通常将代表体积单元 (RVE) 作为微点阵结构小尺度的有限元模型，如何合理地选取代表体积单元是开展多尺度分析的关键。

一般而言，RVE 的特征尺寸需要远远小于整体结构的特征尺寸，同时还需要包含细观结构的所有组分与几何信息，因此通常选取一个或多个胞元组成的平行六面体作为代表体积单元。RVE 是连接多尺度点阵结构细观胞元与宏观整体结构两个尺度之间的桥梁，在引入后即可将点阵结构的整体性能分析转移到代表体元或者点阵胞元的等效性能的分析上，从而提高求解的效率。三维点阵结构的代表体积单元（或三维点阵胞元) 由材料在空间不连续分布而形成，也可以将其视为其中一相为空的双相复合材料，意味着需要对其进行均匀化或者连续化处理。可采用的方法包括渐近展开均匀化方法、能量均匀化方法等。渐近均匀化方法是当前应用最广泛的方法，其核心思想在于将位移场、应力场以及应变场等物理量在小参数下渐近展开，进而在周期性边界条件下，求解由各展开量组成的代表体单元的基本平衡方程，最终获得代表体单元的宏观等效应力–应变关系。

渐进均匀化方法 (AH) 的基本假设是每个场量取决于两个不同的尺度[29]：一个是宏观层面的 x，另一个是微观层面的 $y = x/\varepsilon$，ε 是一个放大因子，它将单胞尺寸缩放到宏观尺度上的材料尺寸。此外，该方法还假设场量如位移、应力和应变等，在宏观水平上平滑变化，在微观尺度上是周期性的。基于渐进均匀化方法，可以将多孔弹性体中的各个物理场，如位移场 u，展开成相对于 ε 的幂级数：

$$u^\varepsilon (x) = u_0 (x,y) + \varepsilon u_1 (x,y) + \varepsilon^2 u_2 (x,y) + \cdots \tag{5.51}$$

其中，函数 u_0，u_1，u_2，$\cdots$ 是关于局部坐标 y 的周期函数，即它们在单胞相对的两侧产生相同的值。u_1 和 u_2 是由微观结构引起的位移场中的扰动，u_0 仅依赖于宏观尺度，是位移场的平均值。取位移场的渐近展开式并对 x 求导，利用链式法则，可以将小变形应变张量表示成

$$\{\varepsilon (u)\} = \{\bar{\varepsilon} (u)\} + \{\varepsilon^* (u)\}$$

$$\{\bar{\varepsilon} (u)\} = \frac{1}{2} \left[\left(\nabla u_0^{\mathrm{T}} + \nabla u_0 \right)_x \right] \tag{5.52}$$

$$\{\varepsilon^* (u)\} = \frac{1}{2} \left[\left(\nabla u_1^{\mathrm{T}} + \nabla u_1 \right)_y \right]$$

其中，$\{\bar{\varepsilon} (u)\}$ 为平均宏观应变；$\{\varepsilon^* (u)\}$ 为微观尺度上周期性变化的扰动应变。将应变张量代入多孔体平衡方程的弱形式，得到如下等式：

$$\int_{\Omega^\varepsilon} \left\{ \varepsilon^0 (v) + \varepsilon^1 (v) \right\}^{\mathrm{T}} [E] \left\{ \bar{\varepsilon} (u) + \varepsilon^* (u) \right\} \mathrm{d}\Omega^\varepsilon = \int_{\Gamma_t} \{t\}^{\mathrm{T}} \{v\} \mathrm{d}\Gamma \tag{5.53}$$

其中，$[E]$ 为依赖于 RVE 内位置的局部弹性张量；$\{\varepsilon^0 (v)\}$ 和 $\{\varepsilon^1 (v)\}$ 分别为虚拟宏观应变和微观应变；$\{t\}$ 为边界 Γ_t 处的牵引力。作为虚位移，$\{v\}$ 可以选择

仅在微观尺度上变化，在宏观尺度上保持恒定。基于这一假设，微观平衡方程可表示为

$$\int_{\Omega^\varepsilon} \left\{\varepsilon^1(v)\right\}^{\mathrm{T}} [E] \left\{\overline{\varepsilon}(u) + \varepsilon^*(u)\right\} \mathrm{d}\Omega^\varepsilon = 0 \tag{5.54}$$

对 RVE 体积求积分，则上式可以重写为

$$\int_{V_{\mathrm{RVE}}} \left\{\varepsilon^1(v)\right\}^{\mathrm{T}} [E] \left\{\varepsilon^*(u)\right\} \mathrm{d}V_{\mathrm{RVE}} = -\int_{V_{\mathrm{RVE}}} \left\{\varepsilon^1(v)\right\}^{\mathrm{T}} [E] \left\{\overline{\varepsilon}(u)\right\} \mathrm{d}V_{\mathrm{RVE}} \tag{5.55}$$

上式表示在 RVE 上定义的一个局部问题。对于给定的宏观应变，如果扰动应变 $\{\varepsilon^*(u)\}$ 已知，则可以表征材料。通过在 RVE 边界上施加周期性边界条件，可以保证应变场的周期性。该式可以通过离散化并利用有限元分析求解。为此，可将其简化为微观位移场 $\{D\}$ 与力场 $\{f\}$ 的关系为

$$[K]\{D\} = \{f\} \tag{5.56}$$

其中，$[K]$ 为全局刚度矩阵，定义为

$$[K] = \sum_{e=1}^{m} [k^e]$$

$$[k^e] = \int_{Y^e} [B]^{\mathrm{T}} [E] [B] \, \mathrm{d}Y^e \tag{5.57}$$

其中，$\sum\limits_{e=1}^{m} [\cdot]$ 为有限元装配算子；m 为单元个数；$[B]$ 为应变–位移矩阵；Y^e 为单元体积，则式 (5.56) 中的力向量可表示为

$$\{f\} = \sum_{e=1}^{m} \{f^e\}$$

$$[f^e] = \int_{Y^e} [B]^{\mathrm{T}} [E] \left\{\overline{\varepsilon}(u)\right\} \mathrm{d}Y^e \tag{5.58}$$

根据上式，材料的有效弹性模量可以通过微观结构的线性分析来表征。在小变形和线弹性假设下，求解上式可以得到宏观应变 $\{\overline{\varepsilon}(u)\}$ 和微观应变 $\{\varepsilon(u)\}$ 之间通过局部结构张量 $[M]$ 表示的线性关系为

$$\{\varepsilon(u)\} = [M]\{\overline{\varepsilon}(u)\} \tag{5.59}$$

对于三维问题，需要六组相互独立的单位应变求得矩阵 $[M]$，即

$$
\overline{\varepsilon}_{11} = \begin{bmatrix} 1 & 0 & 0 & 0 & 0 & 0 \end{bmatrix}^{\mathrm{T}}, \quad \overline{\varepsilon}_{22} = \begin{bmatrix} 0 & 1 & 0 & 0 & 0 & 0 \end{bmatrix}^{\mathrm{T}}
$$
$$
\overline{\varepsilon}_{33} = \begin{bmatrix} 0 & 0 & 1 & 0 & 0 & 0 \end{bmatrix}^{\mathrm{T}}, \quad \overline{\varepsilon}_{12} = \begin{bmatrix} 0 & 0 & 0 & 0 & 0 & 1 \end{bmatrix}^{\mathrm{T}} \quad (5.60)
$$
$$
\overline{\varepsilon}_{23} = \begin{bmatrix} 0 & 0 & 0 & 1 & 0 & 0 \end{bmatrix}^{\mathrm{T}}, \quad \overline{\varepsilon}_{13} = \begin{bmatrix} 0 & 0 & 0 & 0 & 1 & 0 \end{bmatrix}^{\mathrm{T}}
$$

将宏观应变施加于式 (5.58) 求得力向量，然后通过式 (5.56) 计算微观位移。利用应变—位移矩阵 $[B]$，确定扰动应变张量 $\{\varepsilon^*(u)\}$，并通过式 (5.52) 计算微观应变张量 $\{\varepsilon(u)\}$。一旦 $\{\overline{\varepsilon}(u)\}$ 和 $\{\varepsilon(u)\}$ 已知，通过求解 6 组矩阵方程就可以得到单元质心处的局部结构张量 $[M]$。此处，由于施加了 6 个独立的单位应变，矩阵 $[M]$ 中的每一列都代表微观应变张量 $\{\varepsilon(u)\}$。因此，有效刚度矩阵可以简单地通过对 RVE 的微观应力积分并除以 RVE 体积得到：

$$
\{\overline{\sigma}\} = \left\{ \frac{1}{|V_{\mathrm{RVE}}|} \int_{V_{\mathrm{RVE}}} [E][M] \, \mathrm{d}V_{\mathrm{RVE}} \right\} \overline{\varepsilon} \quad (5.61)
$$

其中，有效刚度矩阵 $[E^H]$ 可定义为

$$
[E^H] = \frac{1}{|V_{\mathrm{RVE}}|} \int_{V_{\mathrm{RVE}}} [E][M] \, \mathrm{d}V_{\mathrm{RVE}} \quad (5.62)
$$

由此可知，渐进展开均匀化方法的数学描述与理论体系完备，因此在点阵结构与复合材料的多尺度非线性力学性能分析方面得到了广泛的应用，其与 FE^2 方法的结合也在点阵结构的多尺度优化设计方面得到了长足的发展。图 5.40 给出了 FE^2 方法求解点阵结构力学响应的流程。

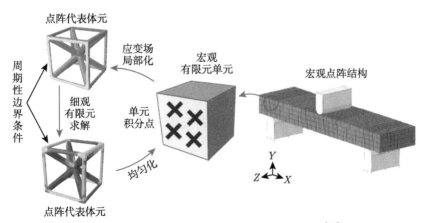

图 5.40 双尺度有限元 (FE^2) 方法求解流程 [26]

FE² 方法通常至少需要同时运行两个有限元模拟——一个用于宏观尺度，另一个 (或其他更多) 用于微观尺度。因而，需要一个控制代码或脚本来协调两个尺度有限元模拟之间的计算流程和信息交换，交换的信息可以取决于要分析的问题。因此，控制代码可能仅适用于特定问题，可移植性有限。在此基础上，近年来一些学者提出了更为简单的直接双尺度有限元方法 (Direct FE²)[30,31]，可以将两个尺度上的有限元模拟合并到单个有限元分析中，并且可以利用商业有限元代码直接实现，因而具有更好的适用性。本节将对该方法进行简单介绍。

平衡方程的弱形式可表示为

$$\int_V \delta u_{i,j} \sigma_{ij} \mathrm{d}V = \int_V \delta u_i b_i \mathrm{d}V + \int_s \delta u_i t_i \mathrm{d}s \tag{5.63}$$

其中，u、σ、b 和 t 分别表示位移、应力张量、体力和牵引力；V 和 s 表示计算域及其边界。FE² 方法的目标是使用微观尺度有限元分析确定的 σ_{ij} 值在宏观有限元尺度上求解式 (5.63)。而直接 FE² 方法是通过几何缩放和运动学约束，将微观尺度的 FE 分析直接插入到式 (5.63) 中，从而将两个尺度的 FE 计算整合到单个 FE 分析中。

实际上，式 (5.63) 是虚功原理的表达式，表示内部虚功 δW_{int} 等于外部虚功 δW_{ext}。在有限元分析中，总是采用高斯正交法来进行数值积分。因此，上式左侧可计算为

$$\delta W_{\text{int}} = \sum_e \sum_\alpha \left(w_\alpha J_\alpha \delta u_{i,j}\left(x_\alpha\right) \sigma_{ij}\left(x_\alpha\right) \right)_e \tag{5.64}$$

其中，α 为单元 e 中的高斯正交点；J_α 为雅可比矩阵；w_α 为高斯点的权值。

在 FE² 中，各高斯点处的应力是根据预设的体积平均位移梯度，由相应的 RVE 计算得到的体积平均应力。因此式 (5.64) 变为

$$\delta W_{\text{int}} = \sum_e \sum_\alpha \left(w_\alpha J_\alpha \left\langle \delta u_{i,j} \right\rangle_\alpha \left\langle \delta \tilde{\sigma}_{ij} \right\rangle_\alpha \right)_e \tag{5.65}$$

其中，$\langle \cdot \rangle_\alpha$ 表示单元 e 内与高斯点 α 相关的 RVE 上的体积平均量；"~" 用于表示微观尺度的计算量。

希尔–曼德尔 (Hill-Mandel) 均匀化条件要求为

$$\left\langle \delta \tilde{u}_{i,j} \right\rangle \left\langle \tilde{\sigma}_{ij} \right\rangle = \left\langle \delta \tilde{u}_{i,j} \tilde{\sigma}_{ij} \right\rangle \tag{5.66}$$

因此，式 (5.65) 可等效为

$$\delta W_{\text{int}} = \sum_e \sum_\alpha \left(\frac{w_\alpha J_\alpha}{|V_\alpha|} \int_{V_\alpha} \delta \tilde{u}_{i,j} \tilde{\sigma}_{ij} \mathrm{d}V \right)_e \tag{5.67}$$

其中，V_α 和 $|V_\alpha|$ 分别为与高斯点相关联的 RVE 的域和体积。

RVE 微观尺度有限元分析计算出的内部虚功总和的表达式为

$$\delta \tilde{W}_{\text{int}} = \sum_e \sum_\alpha \left(\int_{V_\alpha} \delta \tilde{u}_{i,j} \tilde{\sigma}_{ij} \mathrm{d}V \right)_e \tag{5.68}$$

比较式 (5.67) 和式 (5.68) 可知，δW_{int} 等于 $\delta \tilde{W}_{\text{int}}$ 的缩放和，即每个 RVE 的内部虚功对应的缩放因子为

$$\overline{w}_\alpha = \frac{w_\alpha J_\alpha}{|V_\alpha|} \tag{5.69}$$

以二维 FE^2 分析为例，采用具有 2×2 高斯正交点的矩形单元进行宏观 FE 分析，则

$$\overline{w}_\alpha = \frac{1}{4} \frac{|V_e|}{|V_\alpha|} \tag{5.70}$$

其中，$|V_e|$ 为包含高斯点 α 的宏观尺度有限单元体积。

将式 (5.63) 的左侧替换为式 (5.67)，可以得到

$$\sum_e \sum_\alpha \left(\frac{w_\alpha J_\alpha}{|V_\alpha|} \int_{V_\alpha} \delta \tilde{u}_{i,j} \tilde{\sigma}_{ij} \mathrm{d}V \right)_e = \int_V \delta u_i b_i \mathrm{d}V + \int_s \delta u_i t_i \mathrm{d}s \tag{5.71}$$

上式左侧为微观尺度上的量，而右侧保留了式 (5.63) 中的宏观尺度描述。

开展有限元离散化，则式 (5.71) 在有限元空间中可表示为

$$\tilde{K}^*_{IJ} \tilde{d}_J \delta \tilde{d}_I = f_K \delta d_K \tag{5.72}$$

其中，$\tilde{K}^*$ 是由所有微观尺度 RVE 有限单元组合而成的整体刚度矩阵，每个 RVE 的刚度矩阵用 $\overline{w}_\alpha$ 进行缩放。微观尺度节点位移向量用 $\tilde{d}$ 表示，f 和 d 是宏观尺度 FE 网格的节点力和位移向量。

在包括 FE^2 在内的许多多尺度方法中，RVE 的微观尺度 FE 分析是边值问题，即 RVE 边界上节点的位移与宏观尺度有限元内的位移场耦合。对于一阶均匀化方案，宏观尺度的有限单元节点位移与微观尺度的节点位移呈线性相关。因此，$\tilde{d}$ 和 d 可以通过常数矩阵 L 联系起来：

$$d_K = L_{IK} \tilde{d}_I \tag{5.73}$$

将式 (5.73) 代入式 (5.72)，消去虚位移 $\delta \tilde{d}$，得到

$$\tilde{K}^*_{IJ} \tilde{d}_J = L_{IK} f_K \tag{5.74}$$

上式表明了两个尺度上的 FE^2 模拟如何在微观尺度上整合成单个 FE 模拟，其中刚度矩阵按 $\bar{w}_\alpha$ 缩放，微观尺度节点力通过 L 从宏观尺度节点力映射得到，如图 5.41 所示。图 5.41(a) 展示了使用均质本构关系时非线性 FE 模拟中所需的迭代计算。在传统 FE^2 分析中，均质本构方程不可用，需要嵌套迭代循环从 RVE 计算中获得均质应力，如图 5.41(b) 所示。在图 5.41(c) 所示的直接 FE^2 分析中，在使用式 (5.73) 获得宏观自由度之前，通过求解微观自由度来消除嵌套循环。

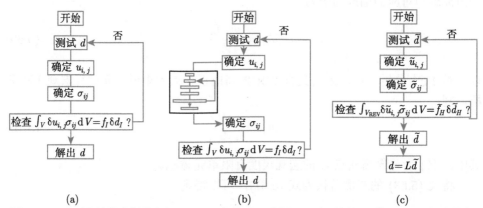

图 5.41　不同方法的求解流程图：(a) 一般的 FE 分析；(b) 传统的 FE^2 分析；(c) 直接的
FE^2 分析；其中，$\tilde{f}_H = L_{HI} f_I$ 为微观尺度节点力

在商业有限元程序的前处理中，通过两个关键步骤就可以实现直接 FE^2 分析：① 建立 $\tilde{d}$ 和 d 之间的联系以定义 L；② 缩放 RVEs 的刚度矩阵以获得式 (5.42) 中的 $\tilde{K}^*$。通过有限元程序中的多点约束 (MPC) 实现式 (5.74)，将 RVE 边界上的宏观 FE 网格节点与微观网格节点绑定在一起。

从宏观尺度到微观尺度的过渡实际上就是将 RVEs 边界上的节点位移与宏观尺度 FE 的变形联系在一起。满足 Hill-Mandel 条件并用于从 RVEs 获得均匀化应力的 3 个常见边界条件包括线性位移边界条件 (Voight-Taylor 模型)、牵引力或常应力边界条件 (Reuss-Hill 模型) 和周期性边界条件。其中，位移边界条件 (Voight-Taylor 模型) 可将 RVEs 边界上所有节点的位移等价于宏观尺度有限元内的插值位移

$$\tilde{u}_J = N_I(x_J) u_I \tag{5.75}$$

其中，$\tilde{u}_J$ 为节点 J 在 RVE 网格边界上的位移；N_I、u_I 为 RVE 所在的宏观尺度有限元中节点 I 的形函数和位移；x_J 为节点 J 所在的宏观尺度有限元中的点。需要注意的是，对于线性位移边界条件，Hill-Mandel 条件是满足的。因此，式 (5.75) 局限于线性形函数。

周期性边界条件通常是 RVEs 中首选的边界条件。如图 5.42 所示，将 RVEs 边界的中点 (不一定是节点) 标记为点 a、b、c 和 d。顶部和底部点 (b 和 d) 的相对位移可以用下式与宏观尺度有限元的节点位移联系起来：

$$\Delta \tilde{u}_{d/b} = (N_I(x_d) - N_I(x_b))\, u_I \tag{5.76}$$

同样地，左侧和右侧点 (a 和 c) 的相对位移可表示为

$$\Delta \tilde{u}_{c/a} = (N_I(x_c) - N_I(x_a))\, u_I \tag{5.77}$$

将 RVE 上边界节点记为 T，下边界上周期对应的节点记为 B，则周期性边界条件可通过 T 相对于 B 的节点位移施加：

$$\tilde{u}_{\mathrm{T}} - \tilde{u}_{\mathrm{B}} = (N_I(x_d) - N_I(x_b))\, u_I \tag{5.78}$$

RVE 右边界节点 (记为 R) 相对于左边界节点 (记为 L) 的位移同样可表示为

$$\tilde{u}_{\mathrm{R}} - \tilde{u}_{\mathrm{L}} = (N_I(x_c) - N_I(x_a))\, u_I \tag{5.79}$$

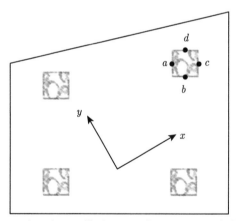

图 5.42　宏观有限元模型 (RVE 位于 2×2 正交点中心)

虽然 FE^2 方法已经应用于 RVE 尺寸与宏观尺度有限元尺寸之间没有明显尺度分离的情况，但通常情况下，它被用于解决微观尺度 RVE 比宏观尺度单元小几个数量级的问题，从而使微观长度尺度远远小于宏观载荷变化的特征长度。这也意味着宏观变形梯度可以假设在与 RVE 尺寸相关的空间尺度上是恒定的。利用高斯点处形函数的梯度 ∇N_I，可以将 Voight-Taylor 模型表示为

$$\tilde{u}_J - \tilde{u}_0 = \nabla N_I(x_0) \cdot (x_J - x_0)\, u_I \tag{5.80}$$

周期边界条件可表示为

$$\tilde{u}_{\mathrm{T}} - \tilde{u}_{\mathrm{B}} = \nabla N_I\left(x_0\right) \cdot \left(x_d - x_b\right) u_I \tag{5.81}$$

$$\tilde{u}_{\mathrm{R}} - \tilde{u}_{\mathrm{L}} = \nabla N_I\left(x_0\right) \cdot \left(x_c - x_a\right) u_I \tag{5.82}$$

其中，x_0 为宏观尺度有限元中高斯点和 RVE 中心的位置。

式 (5.76)~ 式 (5.82) 规定了 RVEs 边界上节点的相对位移。为了约束 RVEs 的刚体平移，还需要施加附加条件，每个 RVE 上的一个节点需要绑定到宏观单元上。例如，如果 RVE 中心的节点与宏观尺度单元中相应的正交点相关联，则附加条件为

$$\tilde{u}_0 = N_I\left(x_0\right) u_I \tag{5.83}$$

将式 (5.75)~ 式 (5.83) 指定为 MPCs 在商业有限元程序中进行使用。MPCs 将宏观自由度 (DOF) 的矢量 d 与微观 DOF 矢量 $\tilde{d}$ 联系起来，该联系通过式 (5.73) 中 L 矩阵的紧凑形式表示。需要强调的是，L 矩阵不需要明确地推导出来，因为 $\tilde{d}$ 和 d 之间的联系是通过商业有限元代码时通过 MPCs 建立的，但 L 矩阵是可以得到的。对于每个宏观尺度单元，d 是该单元所有宏观尺度节点位移 u_I 的向量，$\tilde{d}$ 是该单元内 RVE 的微观尺度节点位移 $\tilde{u}_I$ 的向量。对于每个宏观尺度单元，式 (5.75)~ 式 (5.83) 建立的 MPCs 数量超过了宏观尺度 DOF 的数量，即 d 的维度。如果宏观 DOF 数为 N，则只需要从所有 MPCs 中选取 N 个方程的子集来确定 L。从式 (5.75)~ 式 (5.83) 的表达式可以看出，这 N 个方程可以用矩阵形式表示为

$$A\tilde{d} = Md \tag{5.84}$$

由上式可得式 (5.73) 中的 L 矩阵可表示为

$$L = M^{-1}A \tag{5.85}$$

如果式 (5.75) 不在所选的 MPCs 中，则所选的 N 个方程必须包含式 (5.83)，否则 M 是奇异的。需要指出的是，式 (5.73) 中的全局 L 矩阵是一个稀疏矩阵，式 (5.85) 只给出了非零元素。

考虑到 $\tilde{K}^0$ 是单纯由 RVEs 的微观尺度 FE 网格乘以 $\bar{w}_\alpha$ 而得到的刚度矩阵，RVE 有限元网格的体积 $\left|V_\alpha^{\mathrm{mesh}}\right|$ 相对于宏观尺度的体积是增大的，因而式 (5.69) 中的 $\bar{w}_\alpha = 1$，即 RVE 网格与 FE 模型中宏观尺度单元的相对体积远大于 RVE 所代表的材料与宏观尺度单元的相对体积。由式 (5.69) 可知：

$$\left|V_\alpha^{\mathrm{mesh}}\right| = w_\alpha J_\alpha \tag{5.86}$$

在直接 FE² 分析中，微尺度网格和节点与宏观尺度单元的节点包含在同一个 FE 模型中。建立 MPCs 需要宏观尺度节点，但不需要包含宏观尺度网格。

在二维 FE² 分析中，当采用具有 2 × 2 高斯正交点的矩形单元进行宏观 FE 分析时，式 (5.70) 表明，RVE 网格的体积需要放大，使其体积为宏观单元体积的四分之一。对于二维分析，实现这种放大的一种简单方法是为 RVE 的有限单元指定比宏观尺度单元更大的厚度，从而实现式 (5.86)。对于三维分析，如果 RVE 网格的长度在所有 3 个维度上都按 k 缩放以满足式 (5.86)，则式 (5.75)~ 式 (5.82) 的右侧也必须按 k 进行缩放。

总之，在 FE² 分析中如果使用 Voight - Taylor 模型或周期性边界条件获得 RVE 计算的均匀化应力，就可以消除宏观尺度的 FE 分析。根据式 (5.86)，并通过 MPCs 对 RVE 施加合适的边界条件，就可以通过在微观尺度 FE 分析中对 RVE 网格的体积进行缩放直接开展 FE² 分析。

目前，直接 FE² 计算方法已经在复合材料、蜂窝等结构的力学性能模拟中得到广泛应用，为三维微点阵结构的多尺度计算分析提供了新的思路。但目前该方法主要适用于静力学问题和小变形分析，对于大变形冲击问题的计算分析还需要进一步研究 [31]。

参 考 文 献

[1] Deshpande V S, Fleck N A. Isotropic constitutive model for metallic foams[J]. J. Mech. Phys. Solids, 2000, 48: 1253-1283.

[2] Harte A M, Fleck N A, Ashby M F. Fatigue failure of an open cell and a closed cell aluminium alloy foam[J]. Acta Metallurgica et Materialia, 1999, 47 (8): 2511.

[3] Gioux G, Mccormack T M, Gibson L J. Failure of aluminum foams under multiaxial loads[J]. International Journal of Mechanical Sciences, 2000, 42(6):1097-1117.

[4] Xue Z, Hutchinson J W. Constitutive model for quasi-static deformation of metallic sandwich cores[J]. Int. J. Numer. Methods Eng, 2004, 61: 2205-2238.

[5] Chang F S, Song Y, Lu D X, et al. Unified constitutive equations of foam materials[J]. Journal of Engineering Materials & Technology, 1998, 120(3):212-217.

[6] Ayyagari R S, Vural M. Multiaxial yield surface of transversely isotropic foams: Part I—modeling[J]. Journal of the Mechanics & Physics of Solids, 2015, 74: 49-67.

[7] Li P, Guo Y B, Shim V P W. A constitutive model for transversely isotropic material with anisotropic hardening[J]. International Journal of Solids and Structures, 2018, 138: 40-49.

[8] Li P, Guo Y B, Shim V P W. A rate-sensitive constitutive model for anisotropic cellular materials—Application to a transversely isotropic polyurethane foam[J]. International Journal of Solids and Structures, 2020, 206: 43-58.

[9]   Smith M, Guan Z, Cantwell W J .Finite element modelling of the compressive response of lattice structures manufactured using the selective laser melting technique[J]. International Journal of Mechanical Sciences, 2013, 67:28-41.

[10] Guo H, Takezawa A, Honda M, et al. Finite element simulation of the compressive response of additively manufactured lattice structures with large diameters[J]. Comput Mater Sci, 2020, 175: 109610.

[11] Lee S, Barthelat F, Moldovan N, et al. Deformation rate effects on failure modes of open-cell Al foams and textile cellular materials[J]. Int J Solids Struct, 2006, 43:53-73.

[12] 李国举. TC6 钛合金复杂微观组织的三维模型构建及其静/动态力学行为数值模拟研究 [D]. 北京：北京理工大学，2017.

[13] Simpleware Ltd, Exeter, UK. Simpleware Software Solutions. 2024. http://www.simpleware.com/.

[14] Lu S L, Qian M, Tang H P, et al. Massive transformation in Ti–6Al–4V additively manufactured by selective electron beam melting[J]. Acta Materialia, 2016, 104:303-311.

[15] Banerjeea D. Perspectives on titanium science and technology[J]. Acta Materialia, 2013, 61(3):844-879.

[16] Jonas J J, Jr C A, Fall A, et al. Transformation softening in three titanium alloys[J]. Materials & Design, 2017, 113:305-310.

[17] Persenot T, Burr A, Martin G, et al. Effect of build orientation on the fatigue properties of as-built Electron Beam Melted Ti-6Al-4V alloy[J]. International Journal of Fatigue, 2019, 118: 65-76.

[18] Hernández-Nava E, Smith C, Derguti F, et al. The effect of defects on the mechanical response of Ti-6Al-4V cubic lattice structures fabricated by electron beam melting[J]. Acta Materialia, 2016, 108: 279-292.

[19] Karamooz Ravari M, Kadkhodaei M. A computationally efficient modeling approach for predicting mechanical behavior of cellular lattice structures[J]. Journal of Materials Engineering and Performance, 2015, 24(1): 245-252.

[20] Gramacki A. Nonparametric Kernel Density Estimation and Its Computational Aspects[M]. Cham: Springer, 2018.

[21] 张学哲. 电子束选区熔化 Ti-6Al-4V 点阵材料成形能力及性能研究 [D]. 沈阳: 东北大学, 2019.

[22] Cao X F, Jiang Y, Zhao T, et al. Compression experiment and numerical evaluation on mechanical responses of the lattice structures with stochastic geometric defects originated from additive- manufacturing[J]. Composites Part B: Engineering, 2020, 194: 108030.

[23] Luxner M H, Stampfl J, Pettermann H E. Finite element modeling concepts and linear analyses of 3D regular open cell structures[J]. Journal of Materials Science, 2005, 40(22): 5859-5866.

[24] Ferrigno A, Di Caprio F, Borrelli R, et al. The mechanical strength of Ti-6Al-4V

columns with regular octet microstructure manufactured by electron beam melting[J]. Materialia, 2019, 5: 100232.

[25] Zheng X Y, Smith W, Jackson J, et al. Multiscale metallic metamaterials[J]. Nature Materials, 2016, 15(10): 1100-1106.

[26] 段晟昱, 王潘丁, 刘畅, 等. 增材制造三维点阵结构设计、优化与性能表征方法研究进展 [J]. 航空制造技术,2022,65(14):36-48,57.

[27] 陈玉丽，马勇，潘飞，等. 多尺度复合材料力学研究进展 [J]. 固体力学学报, 2018, 39(1): 1-68.

[28] Feyel F. Application du calcul parallèle Aux modèles à grand nombre de variables internes[D]. Paris: Ecole National Superieure des Mines de Paris, 1998.

[29] Liu L, Kamm P, García-Moreno F, et al. Elastic and failure response of imperfect three-dimensional metallic lattices: the role of geometric defects induced by Selective Laser Melting[J]. Journal of the Mechanics and Physics of Solids, 2017, 107: 160-184.

[30] Tan V B C, Raju K, Lee H P. Direct FE2 for concurrent multilevel modelling of heterogeneous structures[J]. Computer Methods in Applied Mechanics and Engineering, 2020, 360: 112694.

[31] Liu K, Meng L, Zhao A, et al. A hybrid direct FE2 method for modeling of multiscale materials and structures with strain localization[J]. Computer Methods in Applied Mechanics and Engineering, 2023, 412: 116080.

第 6 章　微点阵材料传统力学设计方法

6.1　引　　言

微点阵结构的原始设计构型来源于金属原子的点阵结构，最常见的微点阵结构包含八角点阵结构、体心立方结构、面心立方结构、正菱形十二面体结构等。研究者们利用金属原子点阵结构设计点阵结构的目的是为实现结构轻量化，提高材料的利用效率。

微点阵结构广阔的应用前景推动着学者们继续深入研究微点阵结构的力学设计工作，以期获得具有更优力学性能的微点阵结构并将其应用于实际工程中。以原始金属点阵结构作为微点阵结构的设计基础，通过大量的研究与探索，学者们逐渐总结出面向微点阵结构的力学设计方法，这类基于经验的设计方法将在本章中系统介绍。内容包含前沿研究领域中微点阵结构的设计思路、性能测试手段、力学性能表征方法等。首先从微点阵结构的工作环境、外部荷载及约束条件出发，引入微点阵结构力学设计方法。依次介绍基于经验的极小曲面设计方法、梯度设计法、混杂设计法、多级设计法以及仿晶界设计方法。为读者理清微点阵结构材料力学设计的现有基本框架。

6.2　极小曲面设计方法

6.2.1　TPMS 设计方法研究现状

最小三维周期曲面结构 (TPMS) 是由一系列三角函数组成的公式定义的，具有零平均曲率和较大的曲面面积。TPMS 曲面将三维空间划分为两个体积相等的子域，构成连续的开放空间，其特殊的几何特征引发了学者们对于其多功能应用的研究。最小三维周期曲面结构主要可分为两类，一类是骨架型，即其中一个子域由固体填充，子域表面为空隙与固体的交界面；另一类是 TPMS 片形，它是通过增加 TPMS 曲面厚度形成的。TPMS 多孔材料具有优良的导电性、渗透性以及较高的强度和刚度，是优良的多孔材料。典型的 TPMS 多孔材料有 Primitive 型、Diamond 型、IWP 型和 Gyroid 型，如图 6.1 所示。

骨架型-IWP 骨架型-Diamond 骨架型-Gyroid

骨架型-基于TPMS的多孔材料

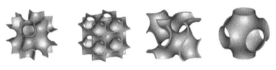

片型-IWP   片型-Diamond 片型-Gyroid 片型-Primitive

片型-基于TPMS的多孔材料

图 6.1 典型 TPMS 多孔材料：骨架型和片型

国内外学者的研究主要集中于 3D 打印金属材料 TPMS 和类 TPMS 多孔材料的各项力学性能。Jia 等 [1] 讨论了 P(Primate) 型 TPMS 多孔材料的壁厚及体积分数对多孔材料力学性能的影响，并根据均匀多孔材料的应力和刚度分布调整其壁厚，使多孔材料在重量几乎不变的条件下显著增强其整体的刚度和极限强度。通过数值模拟与实验对比，证明在有限元分析中，实体单元相比于壳单元准确度更高。Yang 等 [2] 对 SLM 打印的 G(Gyroid) 型 TPMS 多孔材料的压缩疲劳机理进行了实验研究，结果表明，相比于其他弯曲主导的多孔材料，G 型多孔材料具有更高的疲劳比，且其疲劳断裂呈 45° 剪切带。Bobbert 等 [3] 对 16 种不同的多孔生物材料进行了准静态拉伸实验和疲劳特性研究，并通过 SLM 打印的方式使用钛合金材料快速制备试样，研究表明 TPMS 多孔材料具有极高的抗疲劳性和渗透性，具备作为生物仿生材料的优秀潜质。Al-Ketan 等 [4] 基于 TPMS 多孔材料设计了孔隙率和胞元尺寸变化的梯度多孔材料，并分别在平行于梯度变化方向和垂直于梯度变化方向进行准静态压缩实验，结果表明，沿梯度方向加载时其变形模式为逐层变形，而垂直于梯度方向为剪切变形；沿梯度方向加载的多孔材料其弹性模量更小。Maskery 等 [5] 采用铝合金为基体材料，通过热处理的方式消除 TPMS 在压缩载荷下的脆性断裂和低应变状态下的失效。研究表明，TPMS 多孔材料表现出了出色的吸能能力，且胞元尺寸越大多孔材料的局部断裂现象越明显。Ma 等 [6] 对 316L 不锈钢材料不同孔隙率的 G 型 TPMS 多孔材料力学性能进行了研究，采用光学显微镜和 CT 扫描观察多孔材料的微观形态，并通过流体动力学仿真模拟了渗透性。结果表明，G 型多孔材料的弹性模量和屈服应力随孔隙率的降低而增加，且流动性较好，具有作为骨骼仿生材料的优秀潜质。Catchpole-Smith 等 [7] 对三种类型的 TPMS 多孔材料：P 型、G 型和 D(Diamond) 型进行导热性能分析，结果表明，P 型多孔材料的导热性能最佳。Yin 等 [8] 通过准静态实验与数值模拟结合的方法对四种不同类型的 TPMS 多孔材料的准静态力学性能和耐撞性能进行了研究。结果表明，当单胞尺寸固定时 (4mm)，$4 \times 4 \times 4$ 的胞元阵列足以描述其力学性能，且随着冲击速度的增加，多孔材料的吸能能力增强。Tran 和 Peng[9] 对 TPMS 夹芯板的抗冲击和抗爆性能进行了数值模拟研究，仿真结果表明 P 型夹芯板的抗爆性能最佳。本节将对均匀及梯度 G 型多孔材料的动静态力学性能进行介绍。

6.2.2   TPMS 多孔结构试样设计

Gyroid 曲面是通过数学的方法来定义的，即 $\Phi(x, y, z) = C$，具体定义如公式 (6.1) 所示。Gyroid 曲面即由三维空间内满足该三角函数公式的点组成。Gyroid 曲面将三维空间分割成两个连续的空间，当 C 等于 0 时，曲面分割的两个子域的体积相等。Gyroid 多孔材料 C 值均设为 0。

$$\Phi_G = \sin X \cos Y + \sin Y \cos Z + \sin Z \cos X = C \tag{6.1}$$

其中，$X = 2\pi x, Y = 2\pi y, Z = 2\pi z$, x、y、z 为空间坐标系。实体 Gyroid 多孔材料通过偏置曲面来形成，其公式为 $-t \leqslant \Phi_G(x, y, z) \leqslant t$, t 为多孔材料壁厚的 1/2。本节建立了单胞尺寸为 4mm 的多孔材料模型，胞元个数为 $5 \times 5 \times 5$，模型的总体尺寸为 20mm$\times$20mm$\times$20 mm，相对密度为 30%。相关数值模拟研究表明，当 TPMS 胞元个数大于等于 $4 \times 4 \times 4$ 时，多孔材料整体力学性能趋于稳定，如图 6.2 所示。

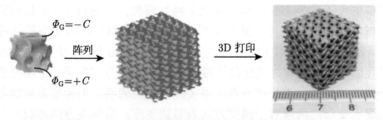

图 6.2   Gyroid 多孔材料的几何模型及打印试样

6.2.3   TPMS 多孔结构力学性能研究

Li 等 [10] 对 TPMS 在不同加载工况下的力学行为进行了系统的研究，图 6.3 为不同加载工况下相对密度为 30% 的 Gyroid 试样应力-应变曲线。由图 6.3 可知，不同加载应变率下的力学响应曲线具有相同的趋势，即主要包括三个阶段：初始线弹性段、应力平台段和密实段。在压缩初始阶段，试样呈现弹性变形，对应曲线为初始弹性段；弹性变形之后进入塑形变形，在此阶段，Gyroid 微点阵材料以一个相对平缓的应力值持续吸收能量；最后，当胞壁被压实之后，多孔材料进入密实段，由于较大的接触面积，应力值急速上升。在 SHPB 实验中，由于波长和冲击速度限制，压缩过程未能达到密实段。可以看出，相比于准静态与落锤实验，SHPB 实验具有较明显的应力波动，这是加载过程中微点阵材料中的应力反射造成的。准静态实验中，微点阵材料的屈服应力为 56.3MPa，而高速 SHPB 实验中屈服应力为 100.9MPa，可以得出，316L 不锈钢 Gyroid 微点阵材料具有较明显的应变率效应。

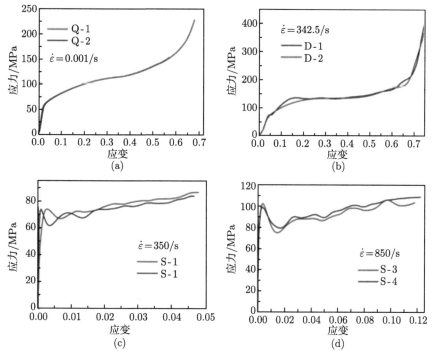

图 6.3　不同加载条件下微点阵材料的应力–应变曲线：(a) 准静态实验；(b) 落锤实验；
(c) 霍普金森杆实验 $\dot{\varepsilon} = 350/\text{s}$；(d) 霍普金森杆实验 $\dot{\varepsilon} = 850/\text{s}$

图 6.4~图 6.6 给出了微点阵材料在不同加载条件下的变形演化过程和对应的 2D-DIC 分析结果。在 DIC 分析中，每个子集包含 3~4 个像素点以保证 DIC 分析结果的准确性。从 DIC 分析中，可以得到在压缩载荷下加载试样的应变分布。如图所示，微点阵材料在准静态、落锤以及 SHPB 实验中均表现出相似的变形模式，即均匀变形模式。首先在中间层有较大的变形，然后是对称折叠的变形，在垂直加载方向 (水平方向) 上，微点阵材料在中间层有更大的变形；而在沿加载方向上，微点阵材料中间层的两侧有较大的变形。由于压缩过程中试样与上下压头之间有较大的接触面积，而压缩过程中存在摩擦，使微点阵材料最终呈现鼓状变形。

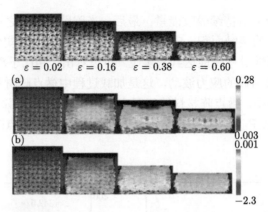

图 6.4　准静态变形模式及 DIC 处理：(a) 沿水平方向的应变；(b) 沿加载方向的应变

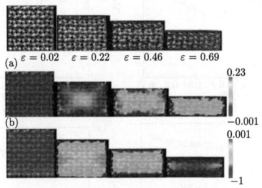

图 6.5　落锤实验中微点阵材料的变形演化过程及 DIC 处理结果：(a) 沿水平方向的应变；
(b) 沿加载方向的应变

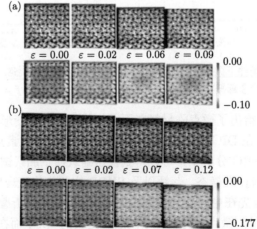

图 6.6　SHPB 实验中微点阵材料的变形演化过程及沿加载方向的应变：(a) $\dot{\varepsilon} = 350/\mathrm{s}$；
(b) $\dot{\varepsilon} = 850/\mathrm{s}$

通过 TPMS 试样的力学响应可以看出，其具有作为防护材料的优良潜质，因此，有必要讨论 Gyroid 微点阵材料在准静态及动态载荷下的吸能能力。为了对比 Gyroid 微点阵材料的吸能特性，对准静态加载下增材制造 316L 不锈钢材料制备的不同多孔材料比吸能值进行了对比分析，其中包括四面体微点阵材料、BCC 微点阵材料、骨架型 Gyroid 微点阵材料、开尔文 (Kelvin) 泡沫、Primitive 微点阵材料和 IWP 微点阵材料等。从图 6.7 中可知，在准静态加载下，不论是与微点阵材料还是其他类型 TPMS 多孔材料对比，相对密度为 30% 的 Gyroid 试样比吸能值最高，吸能能力最强，具有明显的吸能优势。

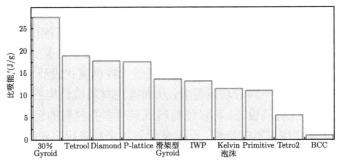

图 6.7　不同多孔材料的吸能特性对比

为了探究 Gyroid 微点阵材料的吸能机理，取仿真模型的 1/4 部分观测其变形演化过程，图 6.8 展示了其变形过程及塑性应变分布。由图可知，多孔材料是

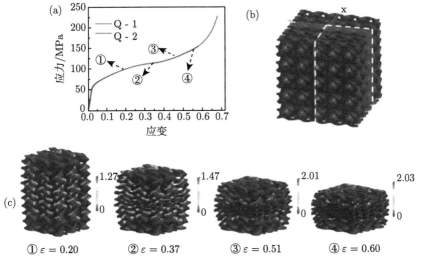

图 6.8　(a) 准静态应力-应变曲线；(b) 1/4 分割示意图；(c) 1/4 部分变形演化过程及塑性应变分布

从中间层开始产生折叠变形，之后变形对称扩展，直到密实阶段。Gyroid 微点阵材料较好的能量吸收能力主要得益于其较大面积的曲面折叠变形，在压缩载荷的作用下持续吸收能量。由于 Gyroid 微点阵材料具有较大的曲面面积和连续的内部结构，使得其在压缩载荷下几乎没有应力集中，展现了其良好的力学性能。

6.3　梯度设计方法

6.3.1　梯度设计方法研究现状

随着科技的快速发展，传统的均质材料逐渐难以满足装备结构轻量化及多功能一体化设计的要求。日本学者新野正之等 [11] 于 1987 年首次提出了功能梯度材料的概念，其主要是通过控制材料组分、微观组织等要素沿某一方向的连续梯度变化，使材料的性质和功能也呈梯度变化。通过功能梯度化设计，可以在单一材料或结构内不同位置满足不同的功能需求，从而提高材料或结构的整体性能 [12]。将梯度化概念引入多孔材料设计，可以使材料既具有多孔材料的轻质、吸能、降噪等功能，又具有功能梯度材料的特性，近年来受到越来越多研究者的广泛关注。就具体梯度微点阵材料的设计策略而言，目前的梯度设计方法可以分为两类，一类是通过改变杆件直径形成梯度材料 [13-19]，另一类是改变胞元尺寸赋予微点阵材料相对密度梯度变化，而不同的梯度设计策略则会带来不同的结构优化效果 [15,16,19-22]。

基于此，本节对比了具有阶跃式梯度和连续式梯度的两种 Ti-6Al-4V 微点阵材料，并详细介绍了梯度微点阵材料在静动态加载下的力学响应与能量吸收特性 [23,24]。

6.3.2　梯度微点阵结构试样设计

实验所用的梯度 Ti-6Al-4V 微点阵材料由西安铂力特激光成形技术有限公司采用激光选区快速熔融 (SLM) 方法制备，热处理主要分为以下两步：① 去应力退火：在真空环境中将材料加热至 600~850℃(±10℃) 并保温 2~4h，然后在氩气环境中随炉冷却；② 重结晶退火：在真空环境中将材料加热至 700~900℃(±10℃) 并保温 2h，然后在氩气环境中随炉冷却。

梯度 Ti-6Al-4V 微点阵材料单胞选用菱形十二面体结构，通过改变单胞在某一方向的尺寸来实现密度梯度设计，其中胞壁直径保持不变。通过不同密度排列，设计了两种密度梯度，且材料的相对密度仅在沿加载方向变化。图 6.9 给出了微点阵材料两种密度梯度设计的示意图。其中，阶跃密度梯度模型可以分为三个不同的区域，每个区域内单胞尺寸分别为 3mm×3mm×2mm、3mm×3mm×3mm 和 3mm×3mm×4mm，每个区域内都包含三层相同尺寸的单胞；连续密度梯度模型中单胞尺寸从 3mm×3mm×2mm 到 3mm×3mm×4mm 连续变化，沿加载方向上相邻两层单胞间尺寸差异为 0.25mm。两种梯度设计模型的整体尺寸均为

24mm×24mm×27mm，对应三个方向上的单胞数分别为 8、8 和 9 个。菱形十二面体单胞的相对密度可以表示为

$$\rho = \frac{1}{2}\pi d^2 \sqrt{2(l/2)^2 + (h/2)^2}\bigg/\left(\frac{1}{8}l^2 h\right) \tag{6.2}$$

其中，l 和 h 分别为单胞的长度 (或宽度) 和高度；d 为胞壁的直径即 0.37mm。通过计算，阶跃密度梯度模型中三个区域的相对密度分别为 0.139、0.166 和 0.224，连续密度梯度模型中每层单胞的相对密度分别为 0.139、0.144、0.150、0.157、0.166、0.176、0.188、0.204 和 0.224，两种模型的整体相对密度分别为 0.186 和 0.178，如图 6.10 所示。

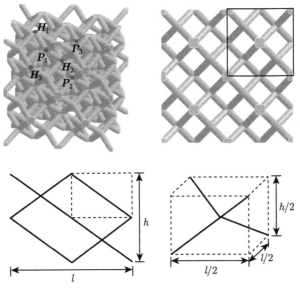

图 6.9　微点阵胞元几何参数示意图

6.3.3　梯度微点阵结构力学性能研究

图 6.11 给出了两种密度梯度 Ti-6Al-4V 微点阵材料的准静态压缩应力-应变曲线。由图中可以看出，在准静态加载下，梯度 Ti-6Al-4V 微点阵材料的应力-应变曲线与均匀多孔材料一致，主要分为弹性区、平台区和密实区三个部分。两种梯度微点阵材料应力达到初始峰值后出现明显下降，产生一现象主要是因为低密度区的胞壁发生局部破坏导致材料承载能力下降，当剩余完整胞壁开始承载时，材料应力进入平台区。和均匀 Ti-6Al-4V 微点阵材料不同，梯度 Ti-6Al-4V 微点阵材料的平台区有明显的应变硬化，而均匀 Ti-6Al-4V 微点阵材料的平台区几乎没有硬化现象。同时，由于准静态加载时试件两端受力平衡，两种梯度 Ti-6Al-4V 微点阵材料的力学性能没有明显的方向性。比较两种梯度结构可以看出，两种梯度分布方式对

微点阵材料的准静态力学行为基本没有影响，两者的初始坍塌强度均约为 40MPa，平台应力约为 35MPa，但是连续梯度材料对应的平台区更为光滑。这是因为阶跃梯度材料相邻两个梯度层密度差异较大，其相应的材料性能明显不同；而连续梯度材料相邻两层性质差异很小，从而降低了层间应力的不连续性。

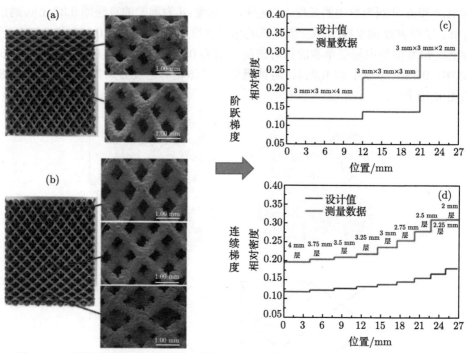

图 6.10　不同密度梯度 Ti-6Al-4V 微点阵材料示意图：(a) 阶跃梯度设计微点阵试样；
(b) 连续梯度设计微点阵试样；(c) 和 (d) 为相应的密度分布

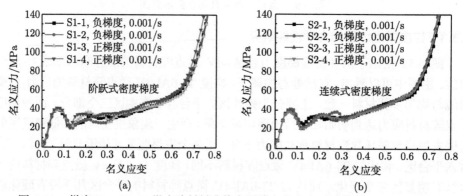

图 6.11　梯度 Ti-6Al-4V 微点阵材料准静态压缩名义应力-应变曲线：(a) 阶跃梯度；
(b) 连续梯度

图 6.12 给出了两种梯度 Ti-6Al-4V 微点阵材料在准静态压缩下的变形模式。由于加载方向对材料准静态变形模式没有影响，图中只给出了沿正梯度方向加载时对应的试件变形过程。从图中可知，两种梯度材料均从低密度区域开始发生剪切破坏，对应区域的单胞高度范围为 3~4mm。图 6.12(a) 显示跃阶梯度试件内部有两条角度不同的剪切带：在单胞高度为 4mm 区域，对应的剪切带角度约为 53°；在单胞高度为 3mm 区域，对应的剪切带角度约为 45°。从图 6.12(b) 可以看出，连续梯度试件内的剪切带角度并不恒定，在 45°~53° 的范围内连续变化。由于孔壁 P_1H_1、P_2H_2 和 P_3H_3(图 6.13) 上的弯矩不对称，导致正菱形十二面体多孔材料沿 $P_1P_2P_3$ 面断裂。对于此研究中的梯度 Ti-6Al-4V 多孔材料，当单胞高度为 4mm 时，$P_1P_2P_3$ 面与基面的夹角为 53°，当单胞高度为 3mm 时，相应的角

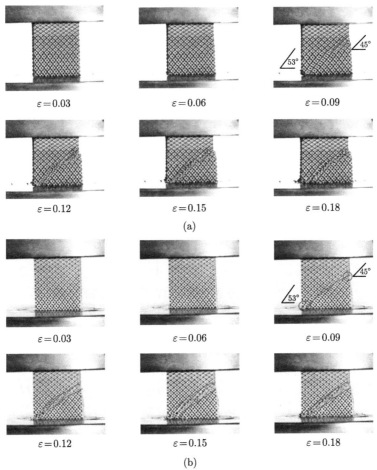

图 6.12　梯度 Ti-6Al-4V 微点阵材料准静态变形演化过程：(a) 阶跃梯度；(b) 连续梯度

度变为 45°，与实验结果十分吻合。随着变形量增加，断裂的胞壁相互接触，为低密度区域提供承载能力。然后，高密度区的胞壁发生塑性变形，对应的平台区应力逐渐上升。值得注意的是，所有的局部剪切破坏只在单胞高度大于 3mm 的区域产生，在单胞高度小于 3mm 的区域，材料变形较为均匀。造成这一现象的原因可能是单胞尺寸过小，导致孔壁表面未熔化或未完全熔化的粉末更容易相互接触，从而阻碍了局部变形。此外，当单胞尺寸较小时，胞壁连接处附近节点的转动也会对材料的变形机制产生重要的影响。最后，整个梯度试件被完全压实，对应的应力-应变曲线进入密实区。

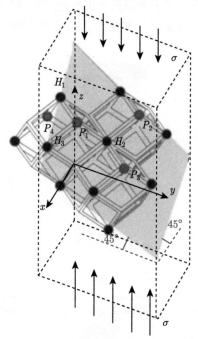

图 6.13　正菱形十二面体 Ti-6Al-4V 微点阵材料的失效机理

为了直观揭示材料的变形场分布，采用 DIC 方法对实验图片进行了分析。以连续梯度 Ti-6Al-4V 微点阵材料为例，图 6.14 给出了图 6.12(b) 相应的 DIC 应变云图。其中，由于材料的横向变形远远低于纵向变形，云图选用 von-Mises 有效应变代替纵向应变。与此同时，采用有效应变能够更直观地说明材料的变形机理。从图中可以看出，在加载初期，试件内应变分布较为均匀；随着外部名义应变增加，试件内部应变集中分布在高孔隙率区域并逐渐形成了沿 45°~53° 方向的剪切带。当外加应变 $\varepsilon = 0.12$ 时，图片中的像素点出现丢失，说明材料内部孔壁发生了断裂。

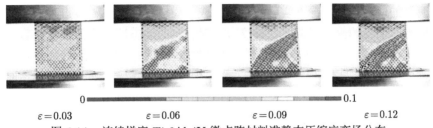

$\varepsilon=0.03$ $\varepsilon=0.06$ $\varepsilon=0.09$ $\varepsilon=0.12$

图 6.14 连续梯度 Ti-6Al-4V 微点阵材料准静态压缩应变场分布

图 6.15 为给出了在低速冲击条件下不同加载应变率下梯度 Ti-6Al-4V 微点阵材料的动态应力-应变曲线。由图中可以看出,在 500/s 和 1000/s 的动态应变率条件下,梯度 Ti-6Al-4V 微点阵材料的应力-应变曲线与准静态应力-应变曲线具有相同的形式:初始阶段应力-应变呈线性关系,当应力达到初始峰值后有明显的下降,然后进入应力平台区。由于霍普金森杆实验中单次脉冲的宽度较短,导致动态应力-应变曲线没有进入密实区。杆和试件界面的不匹配,造成应力-应变曲线初始屈服阶段

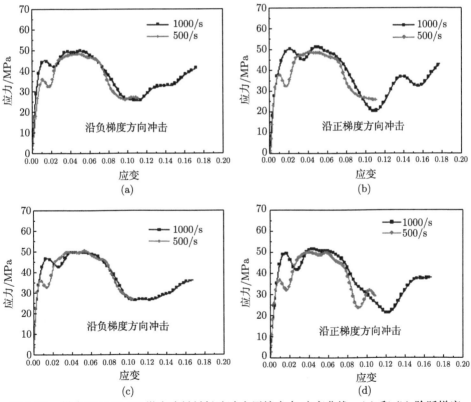

图 6.15 梯度 Ti-6Al-4V 微点阵材料低速冲击压缩应力-应变曲线: (a) 和 (b) 阶跃梯度; (c) 和 (d) 连续梯度

存在明显的震荡。和准静态实验结果相比较，梯度 Ti-6Al-4V 微点阵材料的动态坍塌应力有明显的提高。同时，梯度方向对材料的动态性能几乎没有影响。

　　研究表明，和均质多孔材料不同，梯度微点阵材料在冲击载荷作用下表现出不同的变形模式，并且和加载方向有关。沿负梯度方向加载，当冲击速度较低时，材料首先在支撑端密度最低的区域变形，并逐渐向加载端传播，此时材料的失效机理与准静态失效机理相同；当冲击速度较高时，材料在冲击端和支撑端均出现坍塌破坏，中间区域保持不变；当冲击速度继续增加并足够高时，由于惯性效应占主导作用，材料只在冲击端出现逐层坍塌破坏并向支撑端传播。沿正梯度方向加载时，由于将强度最低层置于冲击端附近，材料的失效始终率先在冲击端附近发生。

　　图 6.16 和图 6.17 给出了 SHPB 加载实验中不同应变率下不同方向加载时连续梯度 Ti-6Al-4V 微点阵材料的变形演化过程。从图中可以看出，当加载应变率为 500/s 和 1000/s 时，材料的变形模式和准静态加载时基本一致：加载过程中，材料主要在低密度区域发生局部剪切破坏，高密度区域基本没有明显变形。此外，尽管试件的局部剪切分布方式不完全一致，但是材料的总体变形模式保持不变。静动态加载时试件局部剪切带的差异，可能与试件内部随机分布的微缺陷以及动态加载时试件与波导杆之间的不匹配有关。

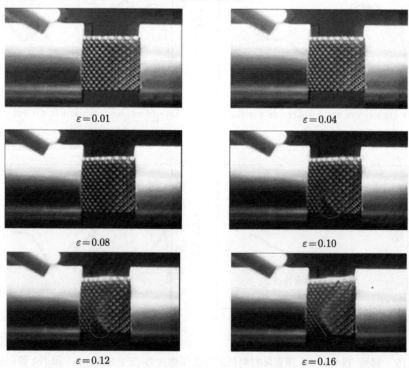

$\varepsilon = 0.01$　　　　　　　　　　　　$\varepsilon = 0.04$

$\varepsilon = 0.08$　　　　　　　　　　　　$\varepsilon = 0.10$

$\varepsilon = 0.12$　　　　　　　　　　　　$\varepsilon = 0.16$

图 6.16　应变率为 500/s 沿正梯度方向加载时连续梯度 Ti-6Al-4V 微点阵材料变形演化过程

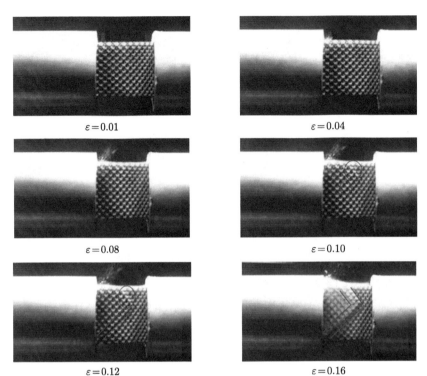

图 6.17 应变率为 1000/s 沿负梯度方向加载时连续梯度 Ti-6Al-4V 微点阵材料变形
演化过程

图 6.18 给出了对应图 6.16 和图 6.17 的 DIC 分析应变云图，用于揭示连续梯度 Ti-6Al-4V 微点阵材料内部的变形传播过程。从图中可知，加载初期，应变在极短时间内均匀分布在试件内部；随着试件开始塑性变形，低密度区域出现应变局部化。低速冲击时，试件表面的应变云图变化规律与准静态加载时较为一致，说明 SHPB 实验对应的应变率范围对梯度 Ti-6Al-4V 微点阵材料的变形机理没有影响。

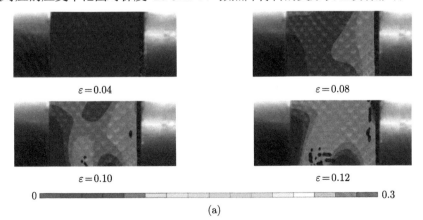

(a)

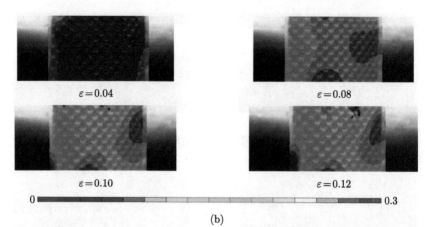

$$\varepsilon = 0.04 \qquad\qquad \varepsilon = 0.08$$

$$\varepsilon = 0.10 \qquad\qquad \varepsilon = 0.12$$

0   0.3

(b)

图 6.18　连续梯度 Ti-6Al-4V 微点阵材料低速冲击压缩应变场分布：(a) 应变率为 500/s 沿正梯度方向加载；(b) 应变率为 1000/s 沿负梯度方向加载

　　图 6.19 给出了梯度试件在不同应变率条件下的最终变形形态，可以看出，试件横向变形很不均匀，主要集中在低密度区域，所有被压缩试件最终形态均呈现为不规则的梯形。

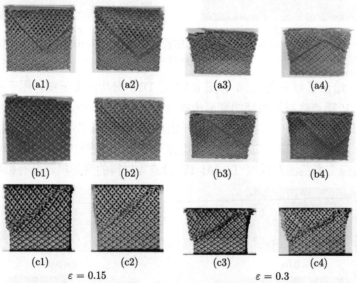

(a1)　　　　　(a2)　　　　　　(a3)　　　　　(a4)

(b1)　　　　　(b2)　　　　　　(b3)　　　　　(b4)

(c1)　　　　　(c2)　　　　　　(c3)　　　　　(c4)

$$\varepsilon = 0.15 \qquad\qquad\qquad \varepsilon = 0.3$$

图 6.19　不同应变率加载下 Ti-6Al-4V 微点阵材料的最终变形形态：(a1) 和 (a3) 为沿正梯度方向加载的阶跃梯度材料，应变率分别为 500/s 和 1000/s；(a2) 和 (a4) 为沿负梯度方向加载的阶跃梯度材料，应变率分别为 500/s 和 1000/s；(b1) 和 (b3) 为沿正梯度方向加载的连续梯度材料，应变率分别为 500/s 和 1000/s；(b2) 和 (b4) 为沿负梯度方向加载的连续梯度材料，应变率分别为 500/s 和 1000/s；(c1) 和 (c3) 为准静态压缩下的阶跃梯度材料；(c2) 和 (c4) 为准静态压缩下的连续梯度材料

图 6.20 给出了冲击速度为 100m/s 时梯度 Ti-6Al-4V 微点阵材料与透射杆界面处的载荷时程曲线。从图中可以看出，在高速冲击下两种梯度材料表现出不同的力学响应。对于连续梯度材料，其应力时程曲线较为平滑，只存在一个峰值，当载荷达到初始峰值后，载荷逐渐下降并保持在较低的水平，直至材料密实，应力开始急剧上升；和连续梯度材料相比，阶跃梯度材料的应力时程曲线可以明显分为三个部分，并且存在两个峰值，可能与差异较大的三个密度层有关。同时可以看出，加载方向对应力幅值有较大影响，但是不影响应力时程曲线的整体形状。

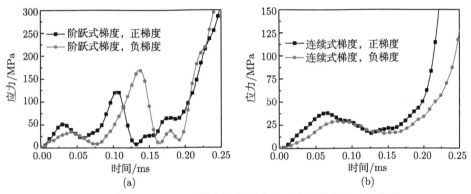

图 6.20　梯度 Ti-6Al-4V 微点阵材料高速冲击压缩应力时程曲线：
(a) 阶越梯度；(b) 连续梯度

图 6.21 和图 6.22 分别给出了连续梯度和阶跃梯度 Ti-6Al-4V 微点阵材料在高速冲击载荷作用下的变形演化过程。从图中可以看出，加载方向对材料的变形机制有较大影响。对于连续梯度材料，当沿正梯度方向加载时，由于惯性效应作用，材料发生局部化变形。由于冲击端附近材料的密度最小，对应的材料强度最低，材料首先在冲击端附近发生逐层坍塌破坏，随着加载进行，当每一层材料被压实且冲击应力达到下一层材料强度承载极限时，对应区域材料相继发生坍塌变形，局部变形带按此沿加载方向向支撑端传播 [图 6.21(a)]。当沿负梯度方向加载时，材料最先在冲击端附近发生变形图 [6.21(b)，t =0.05ms]；当应力波传播至支撑端后，由于支撑端附近区域材料的密度最低，支撑端附近胞元开始发生坍塌破坏 [图 6.21(b)，t =0.10ms]，之后在中间密度区域出现了剪切破坏 [图 6.21(b)，t =0.15ms]，此时支撑端的失效类似均匀微点阵材料的过渡变形模式。

对于阶跃梯度材料，当沿正梯度方向加载时，材料的变形模式与连续梯度材料一致，在高速冲击载荷作用下冲击端附近的胞元迅速坍塌并逐层向后传播 [图 6.22(a)]；当以高密度区域作为冲击端时，材料的初始变形主要表现为冲击端的整体变形 [图 6.22(b)，t =0.05ms]，然后支撑端附近的胞元开始坍塌 [图 6.22 (b)，t =0.10ms]，随着加载的进行，中间密度区域同样出现了由冲击模式向剪切模式转变的现象 [图 6.22(b)，t =0.15ms]。

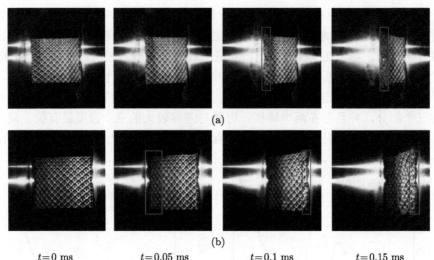

$t=0\ \text{ms}$　　　　　$t=0.05\ \text{ms}$　　　　　$t=0.1\ \text{ms}$　　　　　$t=0.15\ \text{ms}$

图 6.21　高速冲击下连续梯度 Ti-6Al-4V 微点阵材料的变形过程：(a) 沿正梯度方向；
(b) 沿负梯度方向

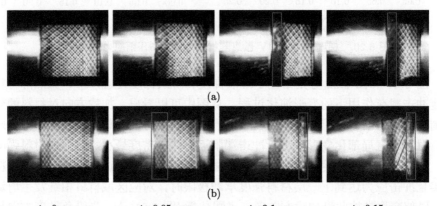

$t=0\ \text{ms}$　　　　　$t=0.05\ \text{ms}$　　　　　$t=0.1\ \text{ms}$　　　　　$t=0.15\ \text{ms}$

图 6.22　高速冲击下阶跃梯度 Ti-6Al-4V 微点阵材料的变形过程：(a) 沿正梯度方向；
(b) 沿负梯度方向

　　为了揭示梯度 Ti-6Al-4V 微点阵材料的变形演化过程，以阶跃梯度材料为例，采用 DIC 方法分析了不同时刻材料表面的应变云图。从图 6.23(a) 可以看出，沿正梯度方向加载时，由于惯性效应作用，材料的初始应变主要集中在冲击端附近 [图 6.23(a)，$t=0.02\text{ms}$]；随着加载进行，应力波逐渐传播至支撑端，应变强度沿加载方向明显不同 [图 6.23(a)，$t=0.05\text{ms}$]；冲击端附近存在明显的局部变形带，其应变强度明显大于远端的应变，在支撑端附近的应变一直处于较低的水平 [图 6.23(a)，$t=0.1\text{ms}$]。沿负梯度方向加载时，冲击端附近胞元在惯性效应作用下最先开始变形 [图 6.23(b)，$t=0.02\text{ms}$]；当应力波传播至支撑端后，材料内应变分

布较为均匀 [图 6.23(b)，t =0.05ms]；当加载至一定程度时，支撑端附近出现了明显的剪切带，与准静态实验结果较为一致 [图 6.23(b)，t =0.1ms]。和沿正梯度方向加载不同，沿负梯度方向加载时，材料内部没有出现明显的波阵面。

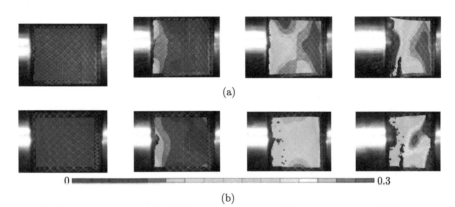

(a)

0 　　　　　　　　　　　　　　　　　　　　　　　0.3

(b)

$t=0$ ms　　　　　$t=0.02$ ms　　　　　$t=0.05$ ms　　　　　$t=0.1$ ms

图 6.23　阶跃梯度 Ti-6Al-4V 微点阵材料高速冲击压缩应变场分布：(a) 沿正梯度方向加载；(b) 沿负梯度方向加载

为了研究微点阵梯度方式对材料力学性能的影响，利用 SLM 制备了相同细观结构的均匀 Ti-6Al-4V 微点阵材料，并对其开展了准静态压缩实验。均匀试样的单胞尺寸为 3mm×3mm×3mm，相应的孔隙率为 85%，比梯度试件略高。图 6.24 给出了均匀 Ti-6Al-4V 微点阵材料的压缩应力-应变曲线。通过和梯度结构的曲线对比可知，均匀材料应力-应变曲线没有出现梯度材料应力平台区的应变硬化现象。

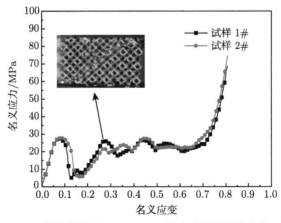

图 6.24　SLM 制备的均匀 Ti-6Al-4V 微点阵材料压缩应力-应变曲线

　　为了比较梯度材料和均匀材料力学性能的差异，计算了一些重要参数，主要包括坍塌强度、平台应力和吸能量。由于梯度 Ti-6Al-4V 微点阵试样与均匀试样的孔隙率稍有不同，因此采用密度将所有的参数进行归一化处理，见图 6.25。还可以看出，梯度 Ti-6Al-4V 微点阵材料的比平台应力要明显高于均匀微点阵材料，主要是由梯度微点阵材料应力平台区的应变硬化效应导致。因此，梯度试件的比吸能能力也要明显高于均匀试件。梯度 Ti-6Al-4V 微点阵试件的平均 SEA 为 0.022MJ/kg，均匀试件的平均 SEA 为 0.0172MJ/kg。

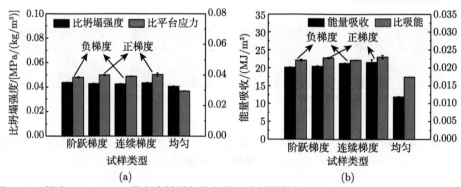

图 6.25　梯度 Ti-6Al-4V 微点阵材料与均匀微点阵材料性能对比：(a) 比强度和比平台应力；(b) 比吸能

　　将微点阵材料用作高速冲击防护材料时，需要重点关注传递至受保护物体的载荷情况。从 DHPB 的应力曲线可以看出，在高速冲击载荷作用下，两种梯度材料表现出不同的力学响应，并且和加载方向相关。沿负梯度方向加载时，两种梯度材料支撑端的初始应力均较沿正梯度方向加载时更低。图 6.26 给出了不同加载方向时，两种梯度材料支撑端的初始应力峰值以及最终的应力峰值对比。从

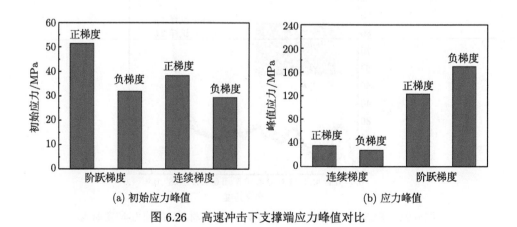

(a) 初始应力峰值　　　　　　　　　　(b) 应力峰值

图 6.26　高速冲击下支撑端应力峰值对比

图 6.26(a) 可以看出,沿正梯度方向加载时,支撑端的初始应力峰值均比沿负梯度方向加载时更高;和阶跃梯度材料相比,连续梯度材料支撑端的初始应力峰值更低。DHPB 实验结果表明,连续梯度材料的应力峰值出现在初始应力峰值处,而阶跃梯度材料的应力时程曲线上存在二次峰值。从图 6.26(b) 可以看出,沿负梯度方向加载时,阶跃梯度材料支撑端的应力峰值最高。

现在我们知道梯度 Ti-6Al-4V 微点阵材料在高速冲击加载时表现出不同的变形机理,下面结合材料的变形模式对梯度材料的高速冲击力学响应进行分析。如图 6.27 所示,考虑质量块 M 以速度 V 撞击具有三层不同密度的阶跃梯度长杆,三层区域分别用 "1"、"2" 和 "3" 表示,对应区域的密度、弹性模量和弹性波速分别表示为 $\{\rho_i, E_i, C_i\}(i = 1, 2, 3)$。

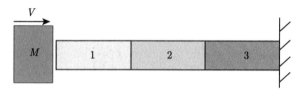

图 6.27　质量块 M 撞击阶跃梯度长杆

当杆左端受到撞击时,首先产生弹性波向右端传播。当弹性波传播至 1、2 区域界面层时,由于两层密度不同,弹性波会发生反射透射,根据波阵面动量守恒可得:

$$\frac{\sigma_{I1}}{\rho_1 C_1} - \frac{\sigma_{R1}}{\rho_1 C_1} = \frac{\sigma_{T2}}{\rho_1 C_1} \tag{6.3}$$

其中,σ_{I1}、σ_{R1} 和 σ_{T2} 分别表示入射波扰动、反射波扰动和传至区域 2 中的透射波扰动,$\sigma_{I1} = \rho_1 C_1 V$。由界面处的受力平衡可得:

$$\sigma_{I1} + \sigma_{R1} = \sigma_{T2} \tag{6.4}$$

联立以上两式,即可解得 σ_{R1} 和 σ_{T2} 为

$$\begin{cases} \sigma_{R1} = \dfrac{\rho_2 C_2 - \rho_1 C_1}{\rho_1 C_1 + \rho_2 C_2} \sigma_{I1} \\ \sigma_{T2} = \dfrac{2\rho_2 C_2}{\rho_1 C_1 + \rho_2 C_2} \sigma_{I1} \end{cases} \tag{6.5}$$

当弹性波传播至 2、3 区域界面层时,再次发生透射和反射,同样可得相应的

反射波扰动 σ_{R2} 和传至区域 3 中的透射波扰动 σ_{T3} 为

$$
\begin{cases}
\sigma_{R2} = \dfrac{\rho_3 C_3 - \rho_2 C_2}{\rho_2 C_2 + \rho_3 C_3}\sigma_{T2} = \dfrac{\left(1 - \frac{\rho_1 C_1}{\rho_2 C_2}\right)\left(1 - \frac{\rho_2 C_2}{\rho_3 C_3}\right)}{\left(1 + \frac{\rho_1 C_1}{\rho_2 C_2}\right)\left(1 + \frac{\rho_2 C_2}{\rho_3 C_3}\right)}\sigma_{I1} \\[4mm]
\sigma_{T3} = \dfrac{2\rho_3 C_3}{\rho_3 C_3 + \rho_2 C_2}\sigma_{T2} = \dfrac{2^2}{\left(1 + \frac{\rho_1 C_1}{\rho_2 C_2}\right)\left(1 + \frac{\rho_2 C_2}{\rho_3 C_3}\right)}\sigma_{I1}
\end{cases}
\tag{6.6}
$$

同理，当密度层增加至 n 层时，传播至第 n 层的透射波扰动 σ_{Tn} 可表示为

$$
\sigma_{Tn} = \dfrac{2^{n-1}}{\displaystyle\prod_{i=1}^{n-1}\left(1 + \rho_i C_i/\rho_{i+1} C_{i+1}\right)}\sigma_{I1} = T\sigma_{I1}
\tag{6.7}
$$

其中，σ_{Tn} 即为支撑端的应力；$T = 2^{n-1}\Bigg/\left[\displaystyle\prod_{i=1}^{n-1}\left(1 + \rho_i C_i/\rho_{i+1}C_{i+1}\right)\right]$ 为透射系数。

沿正梯度方向加载时，$\rho_i C_i < \rho_{i+1} C_{i+1}$，由上式则可得 $T > 1$，$\sigma_{Tn} > \sigma_{I1}$；反之，沿负梯度方向加载时，由于 $\rho_i C_i > \rho_{i+1} C_{i+1}$，则有 $T < 1$，$\sigma_{Tn} < \sigma_{I1}$。因此，沿正梯度方向加载时，支撑端的初始应力较沿负梯度方向加载时更大。

由变形模式可以看到，沿正梯度方向高速冲击加载时，材料在冲击端形成了明显的塑性波阵面，此时产生的弹性波应力强度 σ_{I1} 即为第一层的材料屈服强度 Y_1，对应支撑端的初始应力峰值即为

$$
\sigma_{Tn} = TY_1
\tag{6.8}
$$

由于阶跃梯度材料层间差异较大，相应的 T 较大，导致支撑端初始应力峰值要明显高于第一层材料的准静态屈服强度 [图 6.11(a) 和 6.20(a)]；连续梯度材料层间变化很小，对应支撑端的初始应力峰值与准静态屈服强度的差别较小 [图 6.11(b) 和 6.20(b)]。当应力波传至支撑端时发生反射卸载，导致支撑端应力在达到初始峰值后会急剧下降。同理，在阶跃梯度材料中，当塑性波阵面传播至第二层材料时，波阵面前方的应力即为第二层材料的屈服强度，并经过层间界面透射再次放大，对应支撑端应力的二次峰值。由于连续梯度材料中密度层数较多，弹性波的传播过程较为复杂，而且层间强度差距很小，支撑端应力没有出现明显的二次峰值。

沿负梯度方向加载时，材料首先在冲击端发生塑性变形，支撑端附近均为弹性变形。当塑性波传播至支撑端时，低密度层失效，对应支撑端初始应力峰值即为低密度层的平台坍塌强度。从图 6.26 可知，负梯度方向加载时，两种梯度材料

支撑端的初始应力峰值大致相当，和准静态实验结果一致。当支撑端附近胞壁开始坍塌破坏后，应力出现明显下降。阶跃梯度 Ti-6Al-4V 微点阵材料应力曲线中二次峰值应力明显高于正梯度方向加载时的二次峰值应力，可能与材料层间性质明显间断，当塑性变形传播至中间密度层时，塑性变形区撞击透射杆引起的惯性效应导致应力出现强化有关。

上述结果表明，当阶跃梯度 Ti-6Al-4V 微点阵材料用作高速冲击防护材料时，将最低密度层置于受保护物体一端，可以有效降低物体所受的初始应力峰值。但是，由于阶跃梯度材料层间性质差异较大，在冲击过程中会产生较高的二次峰值应力，在使用时需要加以注意；而连续梯度材料层间性质差异很小，避免了二次冲击现象，防护效果最佳。

6.4 混杂胞元设计方法

6.4.1 拼接式混杂设计方法研究现状

微点阵材料力学设计从单一种类胞元梯度设计发展到多种类胞元混杂设计，标志着微点阵材料设计逐渐向着胞元功能的复合化发展。通过对不同微点阵材料力学性能的广泛研究，研究者们已经发现不同的微点阵胞元表现出不一样的力学特性，而将不同的微点阵胞元组合成混杂微点阵材料可能会结合其各自的特点，实现更好的力学表现[25-30]。

Alberdi 等[25] 的研究中提到了"串联"和"并联"两种布局的层状混杂微点阵材料，从承载力曲线上来看，并联混杂微点阵材料的力学响应更符合能量吸收构件的要求。但是，就其变形模式而言，并联层状混杂微点阵材料在承受轴向载荷时极易出现横向的离轴扭曲，这可能是并联微点阵材料中胞元层受压发生的失稳现象造成的。这种扭曲的变形模式使得结构在受压时容易发生侧向倒塌，进而导致其无法发挥全部的吸能潜力。为了使混杂微点阵材料中不同胞元实现有效互动，Li 等[26] 参考目前众多吸能微点阵材料的变形特征，提出以诱导胞元协调变形为指导思路设计混杂微点阵材料 (图 6.28)。其中，协调变形概念的引入是为了使不同胞元之间实现有效的变形联动，避免混杂微点阵材料内部出现胞元变形的先后顺序从而降低整体吸能效率。该项工作揭示了节点连通性杂化分布引起混杂微点阵材料协调变形的内在机理，通过胞元空间布局设计实现了材料压缩响应曲线的整形，为拼接式混杂微点阵材料的设计提供了新的指导思路。

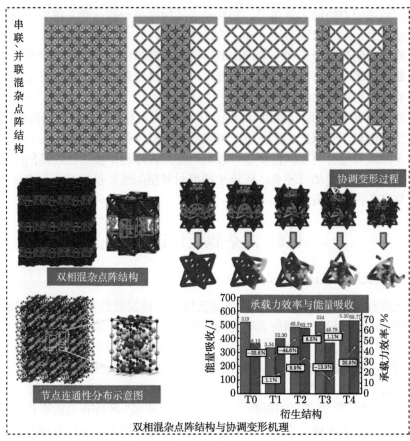

图 6.28　典型混杂点阵结构设计

6.4.2　拼接式混杂点阵结构试样设计

拼接式混杂点阵结构通常由两种及以上不同胞元混杂而成，如图 6.29(a)、(b) 所示为 MOD 胞元和八角点阵胞元。两种胞元的杆径 d 可调，以保证两种点阵结

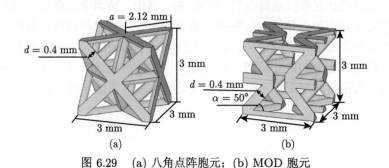

图 6.29　(a) 八角点阵胞元；(b) MOD 胞元

构具有相同的重量。根据前人研究所知，MOD 胞元和八角点阵胞元分别为弯曲主导结构和拉伸主导结构。拉伸主导单胞结构比弯曲主导单胞结构提供了更大的刚度和强度。因此，MOD 胞元可以作为混杂点阵结构中的软相，八角点阵胞元可以作为硬相。该研究将这两种类型的胞元有机地结合起来，形成混杂点阵结构。不同的混杂点阵结构具有不同的变形演化规律，有助于研究混杂点阵结构胞元排布策略对能量吸收表现的影响机理。

　　设计混杂点阵结构的关键在于将不同类型的胞元连接起来。图 6.30 展示了MOD 胞元和八角点阵胞元的连接方式。由于八角点阵胞元为立方对称，如图6.30(a) 所示，仅存在一种连接面来连接其他胞元，命名为 JPO。在 MOD 胞元的 6 个面中，存在如图 6.30(b) 和 (c) 所示的两种连接面，命名为 JPM-1 和JPM-2。因此，MOD 胞元和八角点阵胞元共存在两种连接方式：(JPO) + (JPM-1)和 (JPO) + (JPM-2)。按 (JPO) + (JPM-1) 方式连接时，连接节点如图 6.30(a)和 (b) 的红色圆圈所示，(JPO) + (JPM-2) 的连接节点如图 6.30(a) 和 (c) 中的深蓝色方框标记。此外，还提出了一种新的连接类型，即强化连接。这种连接类型是基于 (JPO) + (JPM-2) 设计的，其中在 JPM-2 连接面添加了两个额外的连接节点，图 6.30(c) 中的橙色框显示了需要结构调整的位置，在此位置上 MOD 胞元的杆件被延长。最后，如图 6.30(d) 所示，建立了八角点阵胞元与 MOD 胞元的新型连接形式 (增强连接)，增强了两种胞元之间的相互作用。

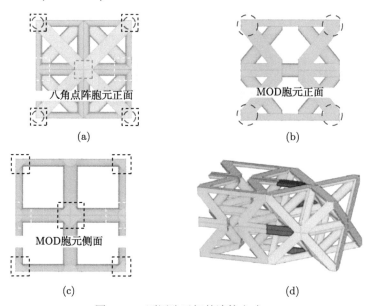

图 6.30　不同胞元间的连接方式

如图 6.31 所示为该研究提出的 5 种混杂点阵结构 (T0~T4)。

图 6.31(a) 和 (b) 所示的 T0 和 T1 都采用 JPO+(JPM-1) 来组装 MOD 胞元和八角点阵胞元。然而，T0 和 T1 的胞元排列方式不同。在 T0 中，第 3~4 层和第 6~7 层涉及 MOD 胞元和八角点阵胞元的连接问题，而第 1~2 层和第 8~9 层是由相同的八角点阵胞元组成，第 5 层是由 MOD 胞元组成。对于 T1，所有奇数层由八角点阵胞元组成，而 MOD 胞元占据所有偶数层。简而言之，T0 和 T1 都是层状混杂点阵结构类型。

图 6.31(c) 和 (d) 所示为 T2 和 T3 结构，其中两种胞元呈空间交错排列。有证据表明，空间交错排列的胞元布局可以增强点阵结构的平台应力，提升点阵结构的密实应变。这种类型的单胞排列通常是受到双相高熵合金或金属中的硬化机制的启发。在 T2 和 T3 中，八角点阵胞元和 MOD 胞元都是交替排列的，但它们的胞元连接方式不同。T2 采用 (JPO)+(JPM-2) 连接方式，而 T3 采用加强连接方式。通过对 T2 和 T3 两种结构的比较，可以验证胞元增强连接的有效性，也可以与下面的 T4 进行对比。

图 6.31(e) 为 T4 结构，图 6.32(a) ~(e) 详细展示了 T4 结构代表性体积单元的装配。首先将 6 个 MOD 胞元的 i 方向 [图 6.32(a)] 与八角点阵胞元的上、下、左、右、前、后表面 [图 6.32(b)] 连接。然后，8 个八角点阵胞元完成如图 6.32(c) 所示的代表性体积单元的装配。图 6.32(d) 为整体代表体积单元的胞元布局，其几何模型如图 6.32(e) 所示。与 T0~T3 不同，T4 的设计是基于增加节点连通性的多样性和节点分布的复杂性，而非模仿自然界中任何现有的结构。

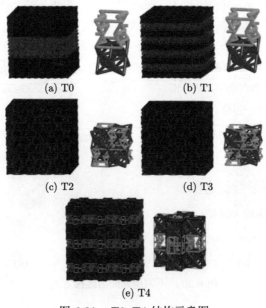

(a) T0　　　　　　　　　　(b) T1

(c) T2　　　　　　　　　　(d) T3

(e) T4

图 6.31　T0~T4 结构示意图

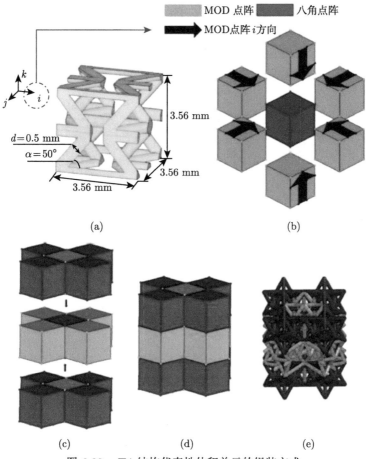

图 6.32 T4 结构代表性体积单元的组装方式

由于增材制造工艺的限制，使得 T4 结构的打印质量无法保证，因为 T4 中有很多悬挂的 "V" 梁，且混杂点阵结构中杆件的直径较小，这类杆件的打印质量较差，无法发挥既定的结构功能。综合上述分析，以 T0 结构作为验证结构，基

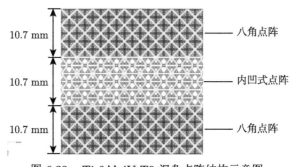

图 6.33 Ti-6Al-4V T0 混杂点阵结构示意图

于 EBM 增材制造工艺制造 Ti-6Al-4V T0 混杂点阵结构，并进行静动态力学性能测试。T0 结构的示意图与胞元尺寸如图 6.33 和图 6.34 所示。实际制造的平均尺寸为 31.92mm×32.40mm×33.40mm；八角点阵胞元与内凹六边形胞元中的杆径分别约为 0.64mm 和 0.66mm；质量约为 30.06g；相对密度约为 20%。

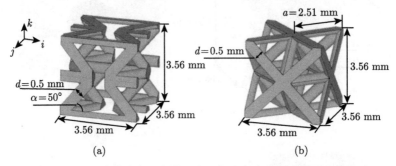

图 6.34　T0 结构中内凹六边形胞元与八角点阵胞元细观几何尺寸

6.4.3　拼接式混杂点阵结构力学性能研究

接下来针对 T0 结构进行一系列静动态加载测试，以获取能准确反映实验现象的仿真参数。T0 的准静态力-位移曲线如图 6.35 所示。一般来说，传统多孔材料的压缩曲线可以分为弹性、平台和致密化三个阶段，但这种混合点阵结构的压缩曲线则不同。T0 在压缩过程中呈现了三个承载力峰值，每个峰都是由于试样中一个或多个层的坍塌造成的。与准静态压缩曲线相比，图 6.35(b) 中的动态压缩曲线出现了更多的振荡和峰值，相较于准静态压缩实验，低速冲击压缩实验中的承载力水平有所提高。

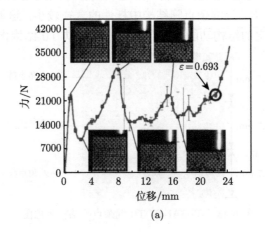

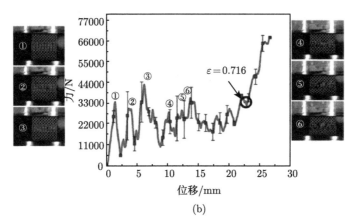

(b)

图 6.35 (a) T0 结构准静态压缩曲线与变形演化；(b) 低速冲击压缩曲线

　　下面利用 T0 的动态压缩实验结果验证仿真参数的可靠性。验证主要考虑以下两个方面：(a) 实验与仿真中锤头 (刚性壁) 位移-时间曲线的一致性，图 6.36(a) 分别为仿真中刚性壁曲线 (SM) 和实验中锤头曲线 (EX)；(b) 为实验中与仿真力-位移曲线的一致性。(a) 验证仿真中的加载条件与实验中的加载条件是否一致，(b) 验证仿真是否能够准确预测结构响应。此外，通过计算 T0 的平均力 (AF)、能量吸收 (EA)、峰值力 (PF) 和承载力效率 (CFE) 来评价吸能性能。从图 6.36(a) 可以看出，实验中的锤体下落速度略快于仿真中的刚性壁下落速度，但差异不显著。证明了仿真和实验中的 T0 结构处于相似的加载条件。仿真与实验的力-位移曲线对比如图 6.36(b) 所示，从平均承载力、峰值力以及承载力效率这三个方面来看，仿真和实验吻合较好。

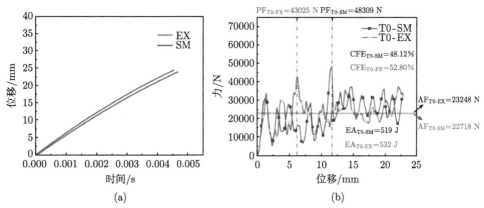

图 6.36 (a) 仿真中刚性壁位移-时间曲线 (SM) 与实验中锤头位移-时间曲线 (EX) 对比；(b) 实验中 T0 的力-位移曲线 (T0-EX) 与仿真力-位移曲线 (T0-SM) 的对比

层状混杂点阵结构 (T0 和 T1) 的仿真曲线如图 6.37(a) 所示。可以看出，两种曲线的总体趋势是相似的，它们都具有 "阶梯" 的曲线模式。不同的是，T0 曲线振荡更剧烈，T1 的承载力水平低于 T0，T1 的吸能能力明显较弱。这是因为 T1 具有更多的内凹六边形胞元，而这种胞元的屈服强度低于八角点阵胞元。因此，与 T0 相比，T1 曲线表现出更低的承载力水平。

T2 和 T3 采用类似的空间交错混合胞元布局，但 T3 采用内凹六边形胞元和八角点阵胞元的强化连接方式。T2 和 T3 的承载力-位移曲线如图 6.37(b) 所示。两条曲线的变化趋势表明，空间交错排列可以产生较好的承载力平台。然而，二者都呈现出了相较于承载力平台较高的初始峰值。若想要消除峰值，还需要进一步的结构优化。虽然 T3 比 T2 能吸收更多的能量，但较高的初始峰值和较低的承载力效率并不适合能量吸收。这意味着 T3 中不同胞元的强化连接会提升初始承载力峰值，但会削弱承载力效率。可以推断的是，由于 T3 中起强化连接作用的杆件均处于水平方向，垂直于加载方向，故仅限制了 T3 的横向变形。当 T3 横向变形达到一定程度后，起强化连接作用的杆件将发生以轴向拉伸为主的失效，导致 T3 力值过高，承载力效率降低。

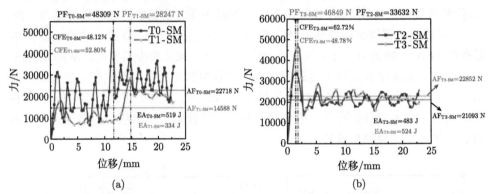

图 6.37   (a) 仿真 T0 (T0-SM) 和 T1(T1-SM) 的承载力-位移曲线对比；(b) 仿真 T2(T2-SM) 与 T3 (T3-SM) 的承载力-位移曲线对比

如图 6.38 所示为 T4 的承载力-位移曲线，图 6.39 (a) 和 (b) 总结了前述 5 种混杂点阵结构的吸能性能。图中所示表明，T4 结构在不损失能量吸收能力的情况下，拥有最高的承载力效率，说明 T4 的吸能性能最好。图 6.39(b) 总结了 T0 ~T4 结构的力-位移曲线。可以看出，T4 结构承载力-位移曲线相比其他结构更为平缓。T4 的能量吸收分别比 T0、T1、T2、T3 高 2.1%、37.0%、8.9%、1.1%；T4 的承载力效率分别比 T0、T1、T2、T3 高 31.0%、24.3%、10.0%、30.0%。

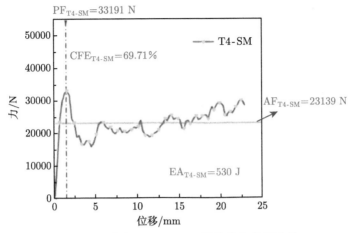

图 6.38　仿真 T4(T4-SM) 的承载力-位移曲线

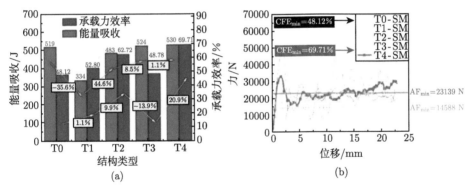

图 6.39　(a) T0 ~T4 的能量吸收综合表现；(b) T0 ~T4 承载力-位移曲线汇总

T4 混杂点阵结构的协调变形使其具有最佳的承载力-位移曲线。因此，研究 T4 混杂点阵结构的协调变形机制具有重要意义。第一步是确定 T4 结构协调变形的本质。

观察 T4 结构中八角点阵胞元的坍塌演化过程 [图 6.40(a)] 可以发现，T4 曲线拥有较高的承载力效率的关键是由于内部八角点阵胞元的坍塌模式发生转变。此外，对具有相同重量和尺寸的纯八角点阵结构进行压缩仿真。图 6.40(c) 展示了纯八角点阵结构的坍塌演化过程。

在图 6.40 (a) 中，T4 结构的八角点阵胞元上表面受力不均匀，导致单侧向下垮塌。图 6.40(b) 为 T4 结构中两个相邻八角点阵胞元的坍塌模式，与图 6.40(a) 相似。图 6.40(a) 和 (b) 显示了 T4 的结构设计导致其内部八角点阵胞元上表面承受非均匀荷载，致使内部杆件依次失效，而不是同时发生屈曲。图 6.40(c) 展示了纯八角点阵结构中胞元的坍塌模式。当结构被压缩时，大量的杆件同时发生屈曲，如图 6.40(c) 所示。这种坍塌模式会使结构拥有较高的坍塌强度，但后续的承载力曲线振荡会非常显著。很明显，T4 结构所采用的设计策略避免了纯八角点阵结构典型的坍塌模式。可见，T4 协调变形的实质是其内部杆件的有序破坏。

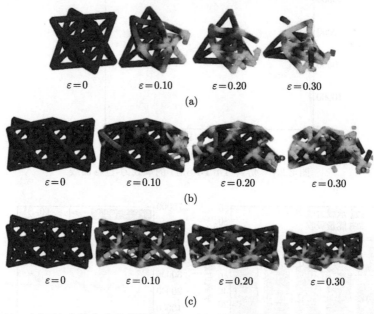

图 6.40   (a) T4 中单个八角点阵胞元和；(b) T4 中相邻八角点阵胞元的坍塌过程；
(c) 纯八角点阵结构中相邻胞元的坍塌过程

T4 的设计策略是基于增加节点连通性的多样性和节点分布的复杂性。通过将五种结构进行对比可以验证这种设计策略是有效的。

图 6.41(a)~(e) 为 T0~T4 的节点连通示意图，图 6.41(f) 为节点连通性图例。与 T1~T3 相比，T0 和 T4 的节点类型最多；虽然 T0 与 T4 具有相同数量的节点类型，但 T4 结构的节点分布更复杂。这是 T4 与其他结构之间最显著的区别。

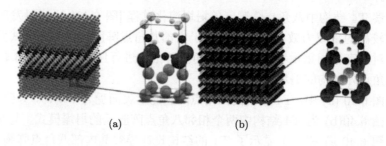

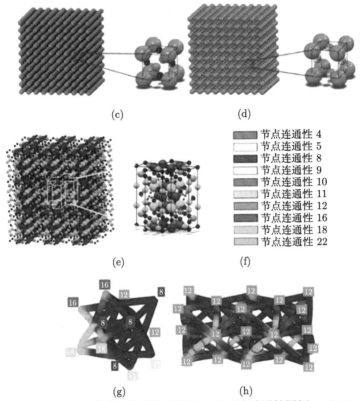

图 6.41 (a) ~(e) T0 ~T4 的节点连通性示意图；(f) 节点连通性图例；(g) T4 八角点阵胞元和 (h) 纯八角点阵胞元的节点连通分布

以上工作表明，恰当的胞元排列可以诱导结构发生协调变形。这种协调变形对结构的吸能表现至关重要。通过对 T4 混杂点阵结构和纯八角点阵结构的坍塌模式的比较，表明协调变形的本质是结构内杆件的有序破坏。这一现象证明了通过提升点阵结构节点连通的多样性和节点分布的复杂性来设计点阵结构的胞元布局是一种有效的方法。

6.4.4 内嵌式混杂点阵结构试样设计

值得注意的是，对于双相甚至多相的混杂微点阵材料，若设计不当，可能会使得材料的力学表现不适用于实际工程应用。其中的典型表现就是承载力响应曲线出现"双平台"甚至"多平台"趋势。这种曲线趋势是微点阵材料屈服后的硬化现象，有利于能量的吸收。但是，这种拥有"多平台"承载力曲线的材料在受到外部冲击时，其力学响应可能对被保护目标造成二次或多次冲击，需要结合具体的应用场景进行讨论分析。

除了通过不同胞元的拼接形成混杂微点阵材料以外，在单个胞元内利用不同胞元的组合也是一种常用的混杂方式。Xiao 等 [31] 提出了一种结合拉伸主导与弯曲主导胞元的混杂微点阵材料 [图 6.42(a)]，该材料中单胞结构是通过嵌套的方式综合了拉伸主导和弯曲主导胞元的力学特性，兼顾了能量吸收和承载能力。Sun 等 [32] 也采用嵌套胞元设计方法制备了微点阵材料，获得了与 Xiao 等工作中类似的结论，并建立了微点阵材料中杆件的打印角度与其力学性能之间的关系。Li 等 [33] 提出了一种由内部拉伸主导和外部弯曲主导相结合的嵌套微点阵胞元 [图 6.42(b)]，这种胞元构成的微点阵材料呈现出均匀破坏模式，应力分布更加均匀。除了微点阵单胞结构的嵌套外，Bhat 等 [34] 设计了三维曲面与微点阵相结合的嵌套微点阵胞元 [图 6.42(c)]，将传统的微点阵结构填入中空曲面结构当中。他们的研究表明，曲面-微点阵嵌套的设计方式可以提升结构的承载能力。而且，曲面-微点阵嵌套结构可以平缓传统曲面结构振荡的承载力曲线，提高承载力效率。

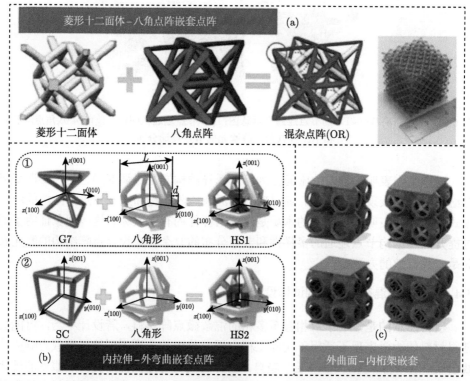

图 6.42 (a)、(b) 内嵌式点阵结构；(c) 曲面与微点阵嵌套结构

6.4.5 内嵌式混杂点阵结构力学性能研究

众所周知，节点连通性是影响点阵结构力学性能的重要因素。Deshpande 等根据节点连通性的不同，将点阵结构分为弯曲主导和拉伸主导两类。对于三维点阵结构，节点连通性较高 ($Z \geqslant 12$) 时，点阵中杆件变形以拉伸为主；节点连通性较低 ($Z < 12$) 时，杆件变形以弯曲为主。如图 6.42(a) 所示的八角点阵结构是由金属晶格衍生而来的典型正交异性 FCC 结构。Deshpande 等认为它具有较高的节点连通性 ($Z = 12$)，可以将其视为一种拉伸变形主导的点阵结构。因此，八角点阵结构具有较高的比刚度和比强度。然而，其中的杆件失稳屈曲会导致整体结构经过屈服点后出现显著的应力波动，从而降低结构的能量吸收能力。

如图 6.42(a) 所示的菱形十二面体 (RD) 结构也可以认为是 BCC 晶格结构的一种。各节点最大连通性 $Z = 8$ 使 RD 结构中杆件以弯曲为主要变形模式，可吸收大量能量。杆件的弯曲变形可以提供稳定的变形模式和平稳的屈服后承载力表现。

为提高点阵结构的比刚度和比强度，同时保持结构的吸能能力，本节提出了一种结合弯曲主导的 RD 结构和拉伸主导的八角点阵结构的内嵌式混合点阵结构，如图 6.42(a) 所示。混合结构中部分节点连通性 $Z > 12$，剩余节点的连通性 $Z = 4$，表明结构中弯曲和轴向变形同时存在。因此，这种设计可以防止杆件失稳屈曲，缓解应力波动。同时，在不明显牺牲刚度和强度的情况下，提高了点阵结构的能量吸收表现。

所有试样的准静态压缩应力-应变实测曲线如图 6.43(a) 所示。为了验证实验结果的可靠性，每种点阵结构都进行了两次重复实验。显然，所有的曲线都可分为三个部分。以混杂点阵结构 (Hybrid) 的实验结果为例，在到达坍塌应力之前，应力随应变线性增加，直至到达初始坍塌强度约为 1.75 MPa。之后，出现轻微软化，应力进入一个较长的平台阶段。可以看出，Hybrid 结构平台应力较为平滑，适合能量吸收。而相对密度几乎相同、不同单胞类型的点阵结构则表现出完全不同的屈服后行为。八角点阵结构具有最高的初始坍塌强度，其屈服后曲线波动最显著。在结构屈服之后，还观察到显著的应力下降，这是由于八角点阵单胞中的杆件屈曲导致。值得注意的是，八角点阵结构的应力下降值几乎是混杂点阵结构的 2 倍，它们分别下降了 60.6% 和 30.3%。在三种结构中，RD 点阵结构的初始屈服应力最低，但其屈服后响应最平滑，且有轻微的应变硬化，这是由于杆件弯曲引起的。混杂点阵的初始坍塌强度远高于 RD 点阵结构，略低于八角点阵结构。与八角点阵结构相比，混杂点阵结构的屈服后响应更平滑，具有与 RD 点阵结构相似的硬化行为，但平台应力略高。这可以解释为混杂点阵结构的变形模式不是仅由拉伸变形支配。

图 6.43(b) 为不同点阵试样在准静态压缩下的变形模式。RD 点阵结构最初经历均匀变形，并沿对角线方向转向局部化的变形模式 (45° 方向的 "X" 模式)。八角点阵结构的坍塌始于试样的支撑端，并伴随着随机分布的剪切变形。显然，混杂点阵结构呈现了 RD 点阵和八角点阵的混合变形模式。在混杂点阵试样中，试样边缘的破坏和沿 45° 方向的剪切破坏并存。此外，八角点阵试样的密实应变最大，这是由内部杆件局部屈曲引起的，杆件之间的接触被延迟。由于复杂的胞腔结构，混杂点阵结构内部杆件更容易相互接触。

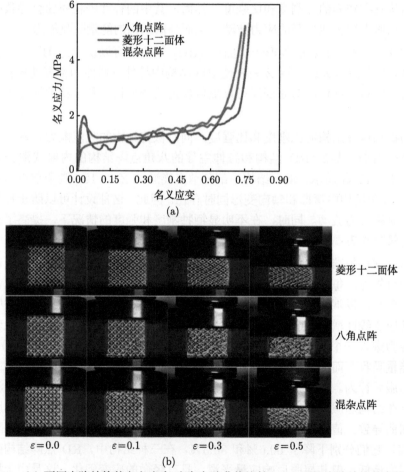

图 6.43　(a) 不同点阵结构的名义应力-应变实验曲线比较；(b) 不同点阵结构的变形演化
(红色实心曲线标记为变形试样中的局部区域)

由于实验中试样的相对密度相近，可以直接用能量吸收来评价结构的吸能能力。三种点阵试件吸收能量的对比如图 6.44 所示。与八角点阵结构相比，混杂结构具有相对稳定的屈服后行为，且平台应力高于 RD 结构，因此具有最高的能量吸收。尽管八角点阵试样的坍塌强度远高于 RD 试样，但其最终能量吸收甚至略低。这是由于八角点阵试样在达到初始坍塌强度后出现了显著的应力下降，随后出现了与平台阶段相对应的应力波动。RD 试样具有最低的初始强度，但其稳定的屈服后性能和轻微的硬化导致了与八角点阵试样相似的平台应力。

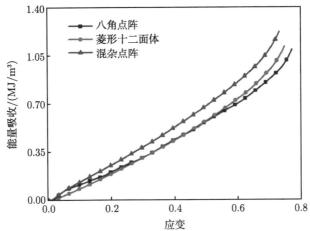

图 6.44   试件的吸能能力：黑色、红色和蓝色曲线分别表示 Octet、RD 和 Hybrid 点阵结构

接下来对点阵结构的胞元拓扑结构对压缩行为的影响进行了对比模拟。考虑了八角点阵、RD 和混杂点阵结构三种构型。一种情况是所有点阵试样保持相对密度为 0.05；另一种情况是考虑三种点阵结构杆径均为 0.38 mm，得到了 RD 点阵、八角点阵和混杂点阵的相对密度分别为 0.028、0.023 和 0.05。图 6.45(a) 显示了相同相对密度下试样的力学响应。RD 点阵结构在屈服后呈现出光滑的平台状行为，在屈服后出现轻微硬化，而八角点阵和混合点阵结构在初始坍塌强度后出现明显的振荡和应力急剧下降。与八角点阵应力-应变曲线上具有多个应力峰值的振荡平台阶段相比，混杂点阵结构最明显的特征是相对光滑的屈服后响应。

图 6.45(b) 为相同杆径不同点阵试件的工程名义应力-应变曲线。虽然相对密度较低的八角点阵结构的弹性模量和初始强度与混杂点阵结构相当，但初始坍塌强度后应力的急剧下降及后续响应的波动使得八角点阵结构的平台区低于混杂点阵结构。毫无疑问，RD 点阵的刚度和强度远低于混杂点阵和八角点阵结构。从图 6.45(b) 中可以看出，混杂点阵的屈服后应力甚至高于 RD 和八角点阵结构的叠加。可以认为，这可能来源于混杂点阵结构内部一些节点的强化机制，这些节点的连通性 $Z > 12$。同时，这些节点间的距离变短，使得变形更加稳定，应力波动可以缓解。

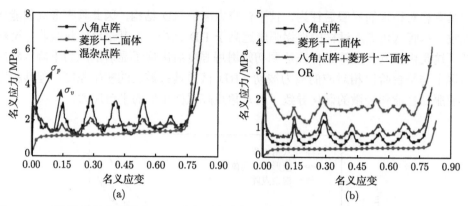

图 6.45　点阵结构的力学响应：(a) 在相对密度相同的情况下，不同胞体拓扑结构的工程名义应力-应变曲线；(b) 相同杆径下三种点阵结构的工程名义应力-应变曲线

从上述研究可以看出，微点阵嵌套式混合也是一种有效的单胞设计方法。但是，对于部分嵌套微点阵单胞结构的拉伸主导与弯曲主导相结合的设计思路仍然存在争议。根据 Maxwell 原理，三维点阵中节点连通性大于或等于 12 时才可以认为接入该节点杆件的变形模式为拉伸主导。部分内嵌式混杂微点阵单胞结构降低了原本为拉伸主导胞元中节点的连通性，使其不符合 Maxwell 原理中拉伸主导胞元的定义。此外，关于内嵌式混杂微点阵材料胞元中杆件的变形机理相关研究仍然很少，即缺乏从细观结构层面解释混杂微点阵材料为何具有优势。

6.4.6　胞间填充式混杂点阵结构试样设计

为了进一步挖掘混杂点阵结构的设计潜力，Wang 等 [35] 通过填充体心立方 (BCC) 微点阵胞间间隙的方式构造了一种胞间填充式多级混杂微点阵材料，在能量吸收、平均承载力和变形过程等方面均优于传统微点阵材料，具体的几何拓扑结构和设计过程如图 6.46 所示。与经典的 BCC 点阵不同，该研究的 BCC 点阵结构是通过胞元杆件沿 x_1 轴旋转，然后沿 z_2y_2 平面镜像而产生的 [图 6.46(a)]。在此基础上，设计了一种基于 BCC 点阵结构的多级点阵结构单胞 (BCCH)。BCC 点阵内部的子结构和 BCC 点阵外部结构分别记作 slave-cell 和 master-cell。首先将子结构填入母结构中，然后以相应的角点为基础向内延伸杆件连接子结构。因此，构造了一阶 BCCH。子结构的数量可以增加，但受限于母结构的大小。当满足尺寸要求时，可以按照上述步骤迭代构造任意阶的点阵结构。多级设计具有通用性和灵活性，适用于不同几何构型的点阵结构。

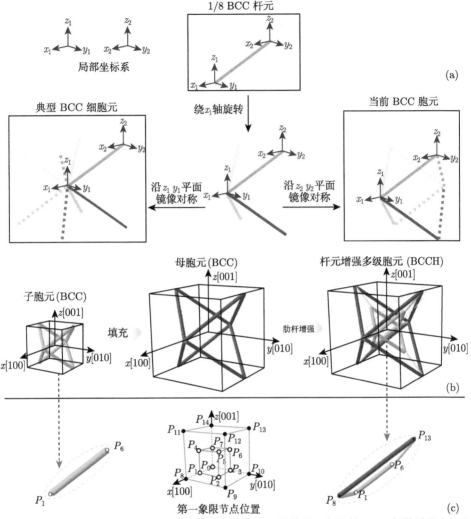

图 6.46 结构设计：(a) 经典 BCC 结构与现有 BCC 结构的几何比较；(b) 杆件增强多级胞元的几何示意图；(c) 空间关系。BCCH 是在主 BCC 结构的基础上，填充附属 BCC 结构并对连接杆进行加肋强化

　　针对所提出的多级点阵结构，构造了多级点阵结构单胞结构的数学特征。几何参数包括杆径直径、杆径数目、杆径长度和杆径方向。由于该点阵结构具有严格的对称性，故在此用 1/8 胞元来表示。选取直角坐标系的第一象限。图 6.46(b) 展示了点阵结构的几何空间关系，这些关系通过坐标系中的位置点进行解释。1/8 单胞的轮廓尺寸记为 a，子结构和母结构的杆径分别记为 d 和 D。引入参数 λ (子结构与母结构尺寸的比值) 和 $\eta = d/D$，其中 $\lambda \in (0, 1)$。$\lambda = 0$ 和 $\lambda = 1$ 被认为是 BCCH 的两种极端模式。当 $\lambda = 0$ 时，子结构消失，然后形成水平和垂直相

交的杆件；当 $\lambda = 1$ 时，子结构与母结构重合。图 6.47 显示了具有不同 λ 和 η 的单胞结构。实体特征之间可能存在部件间的重叠效应。为了保证支柱之间不相互干扰，子结构杆件和母结构杆件之间的距离必须大于两个支柱半径的总和。

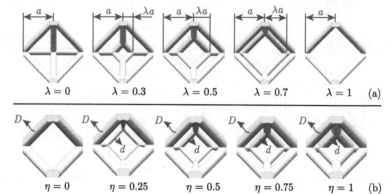

图 6.47　具有不同 λ 和 η 的单胞结构，BCCH 的空间关系和尺寸配置分别主要由 λ 和 η 调节

　　采用 SLM 技术制备了传统的 BCC 和多级的 BCCH 点阵结构。试样采用 316L 不锈钢作为基体材料。为了确定在相对密度和长径比相同的情况下，点阵结构的力学一致性，该研究包括两组不同胞元尺寸 (5 mm 和 10 mm) 和杆件直径 (0.5 mm 和 1 mm) 的试件。其他几何参数设计为 $\lambda = 0.5$ 和 $\eta = 1$。BCC #1 和 BCCH#1 的相对密度和长径比分别与 BCC#2 和 BCCH#2 相同。所有点阵试样均为 $4 \times 4 \times 4$ 排列。各组 BCC 和 BCCH 质量比均为 0.58。制备的样品如图 6.48 所示，单胞特征清晰可见。因此，可以确定制造工艺的可靠性。

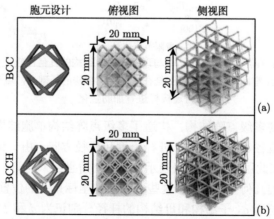

图 6.48　胞元设计及试样展示：(a) BCC#1；(b) BCCH # 1，通过增材制造可以实现小杆径点阵结构的稳定制造

6.4.7 胞间填充式混杂点阵结构力学性能研究

该研究将比载荷 (σ_L) 作为评价不同质量的点阵结构力学响应的客观指标。定义为 $\sigma_\mathrm{L} = 8aF_i/M$。根据实验数据绘制的 BCC#1 和 BCCH#1 的比载荷-变形率曲线如图 6.49 所示。实验所得比载荷-变形率曲线不仅反映了力响应的演化和波动趋势，曲线和水平轴围成的面积也反映了比能量吸收水平。

所有试样都在 1mm/min 的加载速率下进行压缩实验。BCC #1 和 BCCH#1 的演化过程相似。所有点阵试样都经历了初始弹性阶段、平台阶段和最终密实化阶段三个经典阶段。在弹性阶段，承载力迅速增加，直到结构开始屈服。平台阶段经历渐进崩塌和大变形。在最终密实化阶段，点阵承载力急剧上升。由于 BCC 点阵在单轴压缩作用下内部杆件以弯曲变形为主，因此峰值应力不明显，在平台阶段呈现稳定的压缩过程。总体而言，在 10% ~35% 的变形率范围内，点阵试件呈现出较长的平台曲线。值得注意的是，当变形率大于 35% 时，比载荷增大。在这一阶段，所有点阵试样的压缩响应都出现了明显的波动，这可能与金属材料的变形强化和压缩过程中点阵几何结构的变化有关。

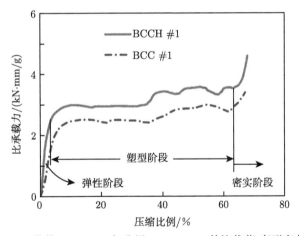

图 6.49　传统 BCC# 1 与分层 BCCH# 1 的比载荷-变形率曲线

图 6.50 为所有点阵试件的压缩应力-应变曲线。可以看出，组 1 和组 2 对应的结构 (BCC#1 与 BCC#2、BCCH#1 与 BCCH#2) 曲线基本一致。这证实了具有相同相对密度和杆件长径比的点阵结构具有相同的力学性能，尺寸效应对力学性能的影响不显著。常规 BCC 点阵和对应的多级 BCCH 点阵在相同的应变下进入致密化阶段，这表明它们具有相同的压缩行程。而对于全局尺寸不同的点阵试样，其密实阶段是在不同的应变下进入的。与 BCC#1 和 BCC#2 相比，BCCH#1 和 BCCH#2 的比能量吸收分别提高了 22.40% 和 20.64%。BCCH#1

和 BCCH#2 的平均力分别比 BCC #1 和 BCC #2 高 111.75% 和 108.87%。多级格结构的比吸能和平均承载力值的增大表明层级设计有助于性能的提高。

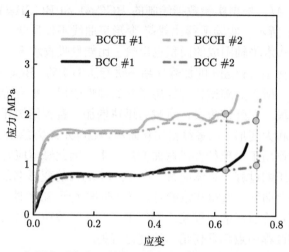

图 6.50　相同相对密度下不同尺寸点阵结构力学性能的一致性验证

BCC#2 和 BCCH#2 在不同压缩应变下的变形特征如图 6.51 所示 (应变记为 ε)。所有试样在初始压缩阶段均表现出均匀稳定的变形。在 $\varepsilon = 0.4$ 附近，第一层和最后一层出现了明显的局部变形。随后，中间层逐渐坍塌，直至到达密实阶段。在整个压缩过程中，内部杆件主要受轴向弯曲变形。

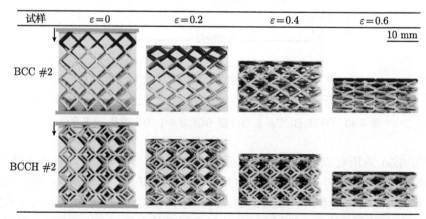

图 6.51　BCC# 2 和 BCCH# 2 在不同压缩应变下的变形特征

点阵结构的能量吸收主要通过压缩过程中的塑性变形来实现。变形机理决定了能量吸收能力。图 6.52(a) 为应变为 0.25 时 BCC 和 BCCH 结构中胞元的 von

Mises 应力分布。BCCH 继承了 BCC 点阵的变形特性，即外部塑性铰分布在母结构的杆件上。不同的是，在 BCCH 点阵结构中，子结构的杆件并没有出现应力集中的现象，塑料铰链分布在整个子胞元结构中。图 6.52(b) 为塑性铰线形成的简化表示。与其他高应力分布节点不同，在纵向连接杆件与子结构胞元的交点处出现低应力区域，且在这些节点处未形成塑性铰。与这类节点连接的三个杆件可以看作是一个 Y 形结构。这些 Y 形塑性铰线由子结构构成。由于母结构空间的合理填充，相邻塑性铰之间的相互作用导致子结构内部杆件高应力区连续分布。因此，多级的 BCCH 点阵可以吸收更多的能量。

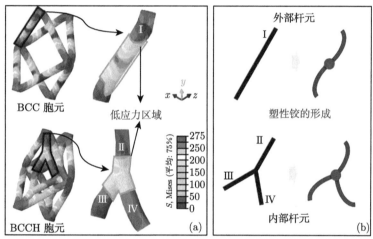

图 6.52 代表晶胞的变形过程和机制：(a) BCC 和 BCCH 胞元结构在 0.25 应变时的 von Mises 应力分布 ($D = 0.5$ mm, $d = 0.5$ mm, $a = 2.5$ mm，$\lambda = 0.5$)；(b) 塑性铰线形成的简化表示

图 6.53(a) 为 BCC 和 BCCH 未变形单胞的简化图。单胞在 x 轴、y 轴和 z 轴方向上的位移增量和变形模式 ($\varepsilon = 0.5$) 如图 6.53(b) 所示。根据节点坐标增量值计算变形后节点间的距离。BCCH 节点 1 与节点 2 在 z 轴方向上的距离为 1.41 mm，小于 BCC 节点，而 BCC 与 BCCH 节点 5 与节点 6 之间的距离近似相等。因此，BCCH 单胞的变形向一侧倾斜。由于内部加筋塑性铰的存在，四分之三的杆件产生较大的 S 曲线弯曲度，其余四分之一的杆件弯曲度较小。多级单胞的特殊变形方式决定了全局 X 形变形带的形成。

可以看出，BCC 点阵在变形过程中出现了明显的胀形现象，胞元的横向 (x 轴) 位移和纵向 (y 轴) 位移分别增加了 0.74 mm 和 0.96 mm。相比之下，BCCH 点阵的横向位移保持不变，仅纵向位移增加了 1.52 mm。图 6.53 中标记的 BCC 节点 3 和节点 4 沿 x 轴方向移动，但 BCCH 节点 3 和节点 4 由于横向连接支柱的加强效应，在 x 轴上方向不动，且发生较大的塑性变形。这些是 BCC 点阵和 BCCH 点阵位移变化的差异，显然 BCCH 具有更强的抗变形能力。

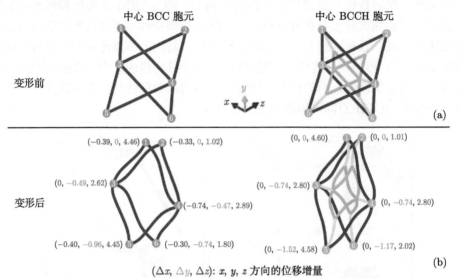

$(\Delta x, \Delta y, \Delta z)$: x, y, z 方向的位移增量

图 6.53　BCC 和 BCCH 单胞结构简化图 ($D = 0.5$ mm，$d = 0.5$ mm，$a = 2.5$ mm，$\lambda = 0.5$)：(a) 未变形的形式；(b) 变形的形式

实验和数值计算结果表明，与常规 BCC 点阵相比，有内部多级增强的 BCCH 点阵具有良好的载荷和能量吸收能力。子结构、连接杆件和母结构之间的相互作用有助于提高力学性能。

6.5　多级设计方法

6.5.1　自相似多级点阵结构

在自然界中，如骨骼和海绵骨架等呈现的多级骨架构造，使得生物体拥有突出的力学表现。为了将此类生物的结构优势应用于多孔结构设计，研究人员将传统微点阵胞元的杆件用一系列子结构代替以实现结构优化[36-41]。Yin 等[42] 基于上述仿生的设计思想，提出了一种自相似的多级八角点阵结构。建立了考虑复杂节点微观结构影响的分析模型。推导了多级点阵材料强度的上下界，并与非多级点阵材料强度的上下界进行了比较。

首先，采用递归方法设计了一种多级八角点阵结构如图 6.54 所示。具体来说，一个一阶八角点阵胞元 [图 6.54(b)] 需沿母结构杆件长度方向排布 [图 6.54(c)]，重复数量为 Q，形成了一个分形的二阶自相似几何结构 [图 6.54(d)]。需要注意的是，在此构造过程中，一阶八角点阵胞元与二阶胞元的局部坐标系保持一致。以上步骤可以进行迭代，以创建任意阶次的多级化点阵结构。事实上，该方法具有足够的通用性，可广泛地用于构建多级胞元几何模型。

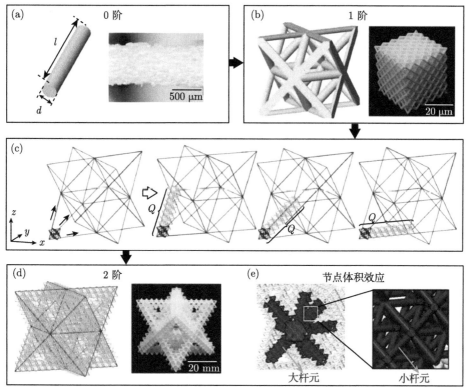

图 6.54 计算机辅助设计 (CAD) 构造的多级八角点阵结构及打印试样：(a) 零阶重复性杆件单元；(b) 一阶八角点阵胞元；(c) 二阶胞元成型方法示意图；(d) 二阶多级八角点阵胞元示意图；(e) 由于结构复杂性产生的节点体积效应

非多级化的八角点阵结构相对密度公式如下：

$$\bar{\rho}^{(1)} = \frac{3\sqrt{2}\pi}{2} \left(\frac{d_1}{l_1}\right)^2 \tag{6.9}$$

其中，d_1、l_1 为胞元中杆件直径、杆件长度。然而，对于那些相对密度较高 (>0.1) 的点阵结构，节点处的体积重合部分则必须考虑。根据 CAD 模型计算的相对密度曲线进行拟合，可增加三次修正项如下：

$$\bar{\rho}^{(1)} = \frac{3\sqrt{2}\pi}{2} \left(\frac{d_1}{l_1}\right)^2 - 6.825 \left(\frac{d_1}{l_1}\right)^3 \tag{6.10}$$

对于多级点阵单胞，由八角点阵胞元组成的母结构"杆件"将在节点处形成复杂的超级节点，如图 6.54(e) 所示，因此需要考虑节点体积效应。同理，二阶多级八角点阵胞元的相对密度 $\bar{\rho}^{(2)}$ 为

$$\bar{\rho}^{(2)} = \frac{36Q - 92}{Q^3} \left[\frac{25\sqrt{2}\pi}{16} \left(\frac{d_2}{l_2} \right)^2 - 5.922 \left(\frac{d_2}{l_2} \right)^3 \right] \tag{6.11}$$

其中，d_2 和 l_2 为子结构杆件的直径和长度。

接下来推导非多级八角点阵结构压缩特性的分析模型，以下分析模型包含了节点体积效应和弯曲变形效应，如图 6.55 所示。单个杆件的变形是基于横向变形 δ_x、δ_y 来分析的，如图 6.55(b) 所示，沿八角点阵单胞 z 方向施加 δ_z 的位移，那么根据泊松比效应，结构在 x 和 y 方向上的侧向位移有 $\delta_x = \delta_y = \delta_z/3$，考虑拉伸和弯曲变形，杆件的轴向和剪切力可以根据铁摩辛柯梁理论得到：

$$F_{\mathrm{A}}^{(1)} = \frac{E_{\mathrm{S}}\pi d_1^2 \left(\delta_z \sin\omega - \delta_x \cos\omega \right)}{4l_1'} \tag{6.12}$$

$$F_{\mathrm{S}}^{(1)} = \frac{12P_{\mathrm{T}}^{(1)} E_{\mathrm{S}} I_1 \left(\delta_z \cos\omega + \delta_x \sin\omega \right)}{l_1'^3} \tag{6.13}$$

其中，ω 为杆件倾斜角；$l_1' = l_1 - \sqrt{2}d_1$ 是杆件依赖于点阵节点体积的等效长度；I_1 是梁截面的惯性矩，$I_1 = \pi d_1^4/64$；$P_{\mathrm{T}}^{(1)} = 1/\left(1 + 12E_{\mathrm{S}}I_1/\kappa G A_1 l_1'^2 \right)$ 是铁摩辛柯梁的修正系数，其中 κ 是剪切系数，G 是剪切模量，$A_1 = \pi d_1^2/4$ 是一阶杆件的截面面积。对于圆形截面梁，$\kappa = \left(6 + 12\nu + 6\nu^2 \right) / \left(7 + 12\nu + 4\nu^2 \right)$，其中 ν 是材料的泊松比。

相应地，轴向压缩下的模量 $E_z^{(1)}$ 可以推导为

$$E_z^{(1)} = \frac{\sqrt{2}\pi d_1^2}{6l_1^2} E_{\mathrm{S}} \lambda_{\mathrm{N}}^{(1)} \lambda_{\mathrm{B}}^{(1)} \tag{6.14}$$

其中，$\lambda_{\mathrm{N}}^{(1)} = l_1/l_1'$ 和 $\lambda_{\mathrm{B}}^{(1)} = 1 + 1.5P_{\mathrm{T}}^{(1)} \left(d_1/l_1' \right)^2$ 分别代表节点体积效应和弯曲效应的影响。节点体积效应和弯曲效应是 d_1/l_1 的一阶和二阶量，当相对密度较小时可以忽略。

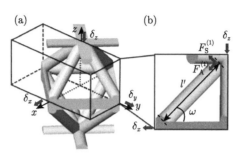

图 6.55 (a) 一阶八角点阵单胞周期性结构示意图；(b) 单个杆件的加载情况

以拉伸为主的点阵结构在压缩载荷作用下可能发生欧拉屈曲或塑性屈服破坏，其破坏取决于杆件支柱的 d_1/l_1。相应地，对应的一阶八角点阵结构的破坏强度 $\sigma_z^{(1)}$ 可以表示为

$$
\sigma_z^{(1)} = \begin{cases}
\sigma_{\text{buckling}}^{(1)} = \dfrac{\sqrt{2}n^2\pi^3 d_1^4}{32 l_1^4} E_{\text{S}} \left(\lambda_{\text{N}}^{(1)}\right)^2 \lambda_{\text{B}}^{(1)}, & \dfrac{d_1}{l_1}\lambda_{\text{N}}^{(1)} < \sqrt{\dfrac{16\sigma_{ys}}{\pi^2 E_{\text{S}}}} \\
\sigma_{\text{yielding}}^{(1)} = \dfrac{\sqrt{2}\pi d_1^2}{2 l_1^2}\sigma_{ys}\lambda_{\text{B}}^{(1)}, & \dfrac{d_1}{l_1}\lambda_{\text{N}}^{(1)} \geqslant \sqrt{\dfrac{16\sigma_{ys}}{\pi^2 E_{\text{S}}}}
\end{cases}
\tag{6.15}
$$

其中，n 由点阵杆件的边界条件决定，$n=1$ 为销接杆件，$n=2$ 为固定端杆件。这里节点体积效应 $\lambda_{\text{N}}^{(1)}$ 在 $\sigma_{\text{yielding}}^{(1)}$ 的表达式中等于 1，因为 l_1' 的修正可以由轴向应力补偿。

二阶八角点阵胞元压缩刚度与强度预测与非多级八角点阵胞元的理论推导类似，为了便于分析，提取了多级八角点阵胞元中的二阶杆件，如图 6.56 所示。假定所有的点阵构件都是压缩的，且两端都是铰接的，因此忽略了任何微小的弯曲变形。对于多级点阵结构，由于节点处微观结构的复杂性 [图 6.54(e)]，节点体积的影响较为明显，在任何理论分析中都需要考虑。这里引入等效胞元数量 Q' [图 6.56(c)、(d)] 以及一阶杆件长度 l_2'[图 6.56(e)、(f)] 来考虑节点体积效应。对于图 6.56(a) 中 z 向施加的位移 δ_z，泊松比作用下的侧向变形为 $\delta_x = \delta_z/3$，即沿二级杆件的轴向变形为 $\delta_{\text{A}} = \delta_z\sin\omega - \delta_x\cos\omega$，其中对于 FCC 结构 $\omega =45°$。

二阶杆件中的代表性子结构如图 6.56(d) 所示,对于这种子结构的轴向位移可以表示为 $\delta_\alpha = \delta_{\text{A}}/2Q'$。在子结构中存在三种类型的杆件，三种杆件相对加载方向的角度分别为 $\theta_1 = 0°$、$\theta_2 = 90°$、$\theta_3 = 60°$。利用桁架系统分析理论，三种杆件中对应的轴力分别为：$F_{\text{I}} = \pi d_2^2 E_{\text{S}}\delta_\alpha\cos\theta_1/4l_2'\cos\theta_3$，$F_{\text{II}} = 0$ 和 $F_{\text{I}} = \pi d_2^2 E_{\text{S}}\delta_\alpha\cos\theta_3/4l_2'$。因此，二阶多级八角点阵单胞的压缩刚度可以表示为

$$
E_z^{(2)} = \frac{5\sqrt{2}\pi E_{\text{S}}}{4}\left(\frac{d_2}{Ql_2}\right)^2 \lambda_{N_Q}^{(2)}\lambda_{N_l}^{(2)}
\tag{6.16}
$$

其中，$\lambda_{N_Q}^{(2)} = Q/Q'$ 和 $\lambda_{N_l}^{(2)} = l_2/l_2'$ 分别代表节点体积效应和一阶及二阶杆件的贡

献。值得注意的是，上述分析只考虑轴向变形，忽略了杆杆弯曲变形 (称为弯曲效应) 对压缩性能的贡献，以简化分析。

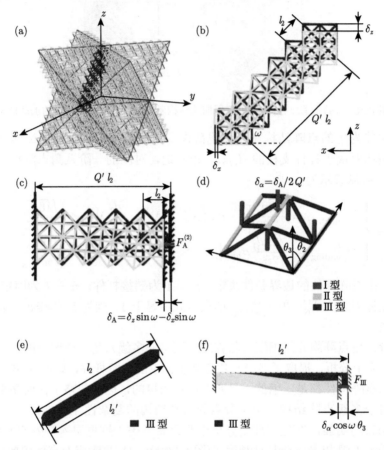

图 6.56　(a)～(c) 单轴压缩条件下多级点阵结构二级杆件；(d) 二级杆件中的代表性子结构；
(e) 考虑节点效应的 Ⅲ 型杆件等效长度；(f) Ⅲ 型杆件变形简图

在单轴压缩过程中，多级八角点阵结构存在更多潜在的破坏模式，包括一阶杆件的欧拉屈曲、二阶杆件的欧拉屈曲以及二阶多级单胞的塑性屈服，对应的结构强度可以推导为

$$\sigma_{\text{buckling}}^{(2)} = \frac{15\sqrt{2}\pi^3 E_S}{64Q^2} \left(\frac{d_2}{l_2}\right)^4 \lambda_{N_Q}^{(2)} \left(\lambda_{N_l}^{(2)}\right)^2 \tag{6.17}$$

$$\sigma_{\text{buckling}}^{(2)} = \frac{3\sqrt{2}\pi^3 E_S d_2^2 (d_2^2 + 2l_2^2)}{16Q^4 l_2^4} \left(\lambda_{N_Q}^{(2)}\right)^2 \lambda_{N_l}^{(2)} \tag{6.18}$$

$$\sigma_{\text{yielding}}^{(2)} = \frac{15\sqrt{2}\pi d_2^2}{4Q^2 l_2^2} \sigma_{ys} \lambda_{N_Q}^{(2)} \lambda_{N_l}^{(2)} \tag{6.19}$$

图 6.57 给出了不同预测模型下分级和非分级八角点阵材料的实验刚度和强度值。由图 6.57(a) 可以直接发现,对于非多级八角点阵材料,节点体积效应对刚度的贡献大于弯曲效应;与此同时,后者从实验结果来看对强度并没有产生太大的影响。

对于多级八角点阵材料,其抗压刚度和强度分别与两个几何参数有关,即一级杆件的 d_2/l_2 和较大杆件的重复单元数。总体而言,考虑节点体积效应的刚度和强度模型能够提高预测精度。

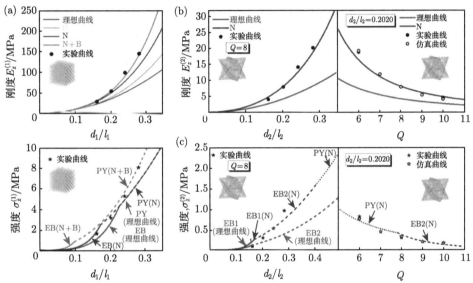

图 6.57 抗压刚度和强度随几何形状的变化:(a) d_1/l_1 对一阶八角点阵材料压缩性能的影响;(b) d_2/l_2 和 Q 对二级八角点阵材料抗压刚度的影响;(c) d_2/l_2 和 Q 对二级八角点阵材料强度的影响 (EB-欧拉屈曲;PY-塑性屈服;N-考虑节点体积效应的模型;B-考虑弯曲效应的模型;N+B-考虑节点体积和弯曲效应的模型;Ideal-既不考虑节点效应也不考虑弯曲效应的模型)

6.5.2 非自相似多级点阵结构

采用上一节所述的递归方法设计多级点阵结构[43],结构中二阶杆件由一阶胞元阵列组成,如图 6.58 所示。其中八角点阵单胞被称为一阶点阵材料,随后沿着二阶单胞杆件的方向排列阵列,阵列周期长度为 L,共重复阵列 Q 次,最终形成二阶多级点阵材料。各阶单胞结构中的长径比保持一致来共同构造高阶点阵材料。

进一步地,选择三种宏观构型来构建二阶多级点阵材料,如图 6.59 所示,包含不同的刚性与节点连通性 Z:① 八角点阵单胞,$Z=12$,② 八面体单胞,$Z=8$ 以及 ③ 十四面体单胞,$Z=4$。图 6.59(i) 中的拓扑周期性材料是八角点阵单胞的一半,共重复 8 次。最后,得到的多级点阵材料分别命名为八角点阵单胞的多级八角点阵材料 OT-OT、八角点阵单胞的八面体多级结构 (ON-OT) 以及八角点阵单胞的十四面体多级点阵材料 TN-OT。

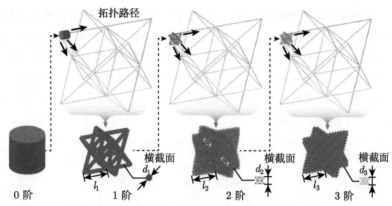

图 6.58　等长径比的多级八角点阵胞元的计算机辅助设计 (CAD) 方法

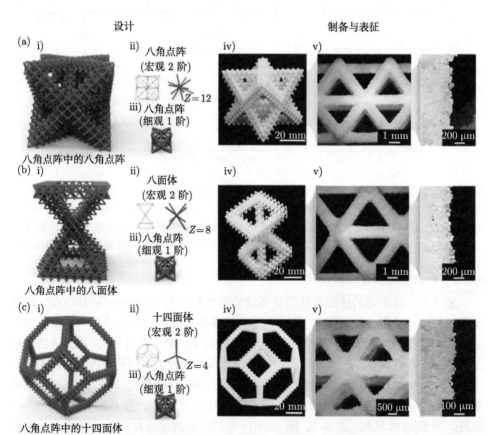

图 6.59　三种类型的多级点阵结构：(a) OT-OT；(b) ON-OT 以及 (c) TN-OT. 图 i) 为整体结构的 CAD 模型；ii) 为宏观构型及其节点连通性 Z；iii) 为细观点阵单胞构型；iv) 为 SLS 3D 打印制备的多级化点阵材料；v) 为节点和支柱处的微结构示意图

三种多级点阵结构的相对密度分别如下:

OT-OT:

$$\bar{\rho}_2^{(OT-OT)_2} = \frac{36Q - 92}{Q^3}\left[\frac{25\sqrt{2}\pi}{16}\left(\frac{d_1}{l_1}\right)^2 - 5.922\left(\frac{d_1}{l_1}\right)^3\right] \tag{6.20}$$

ON-OT:

$$\bar{\rho}_2^{(ON-OT)_2} = \frac{32Q - 48}{Q(Q+1)^2}\left[\frac{25\sqrt{2}\pi}{16}\left(\frac{d_1}{l_1}\right)^2 - 5.922\left(\frac{d_1}{l_1}\right)^3\right] \tag{6.21}$$

TN-OT:

$$\bar{\rho}_2^{(TN-OT)_2} = \frac{72Q - 24}{8Q^3}\left[\frac{25\sqrt{2}\pi}{16}\left(\frac{d_1}{l_1}\right)^2 - 5.922\left(\frac{d_1}{l_1}\right)^3\right] \tag{6.22}$$

多级八角点阵材料的设计不仅限于各向同性材料, 为了进一步探讨杆件几何形状对力学性能的影响, 对不同杆件几何形状的 OT-OT 点阵材料进行了理论分析。根据桁架系统分析理论, 二阶多级八角点阵材料的压缩刚度可表示为

$$\begin{aligned}E_Z = &\frac{3\sqrt{2}\pi d_1^2 E_S}{2Q^2 l_1^2}\lambda_{N_1}\lambda_{N_2}\left(\sin^3\theta - \frac{1}{3}\sin^2\theta\cos\theta\right)\\&\times\left(\sqrt{2}\cos^4\theta - \frac{3\sqrt{2}}{4}\cos^2\theta + \frac{1}{2}\cos\theta + \frac{19\sqrt{2}}{8}\right)\end{aligned} \tag{6.23}$$

二阶点阵材料不同破坏模式下的压缩强度可进行以下推导: (i) 一阶胞元中杆件的欧拉屈曲 (EB1), (ii) 宏观二阶杆件的欧拉屈曲 (EB2), (iii) 一阶胞元中杆件的塑性屈曲 (PB1) 以及 (iv) 一阶胞元中杆件的塑性屈服 (PY1)。推导如下:

(i)

$$\begin{aligned}\sigma_{EB1} = &\frac{3\sqrt{2}\pi^3 E_S}{32Q^2}\left(\frac{d_1}{l_1}\right)^4\left(\frac{l_1}{l_1'}\right)^2\\&\times\sin\theta\left(\sqrt{2}\cos^4\theta - \frac{3\sqrt{2}}{4}\cos^2\theta + \frac{1}{2}\cos\theta + \frac{19\sqrt{2}}{8}\right)\end{aligned} \tag{6.24}$$

(ii)

$$\sigma_{EB2} = \frac{3n^2\pi^3 E_S d_1^2\left(d_2^2 + 4\sin^2\theta l_1^2\right)\cos^2\theta\sin\theta}{4Q^2 Q'^2 l_1^4} \tag{6.25}$$

(iii)

$$\sigma_{\mathrm{PB1}} = \frac{3\sqrt{2}\pi^3 E_t}{32Q^2}\left(\frac{d_1}{l_1}\right)^4\left(\frac{l_1}{l_1'}\right)^2 \tag{6.26}$$

(iv)

$$\sigma_{\mathrm{PY1}} = \frac{3\sqrt{2}\pi d_1^2 \sigma_{\mathrm{S}}}{4Q^2 l_1^2}\left[\sin\theta\left(\sqrt{2}\cos^4\theta - \frac{3\sqrt{2}}{4}\cos^2\theta + \frac{1}{2}\cos\theta + \frac{19\sqrt{2}}{8}\right)\right] \tag{6.27}$$

其中，d_1、l_1 为一阶点阵杆件的直径和长度；Q' 和 l_1' 分别为考虑节点体积效应的一阶胞元沿二阶杆件的等效重复数和一阶杆件的等效长度；E_t 和 σ_{S} 分别为基体材料的切线模量和屈服强度。

同时，将不同二阶杆件倾角 (30°~60°) OT-OT 仿真和实验得到的比刚度及比强度与理论预测进行对比。如图 6.60 所示，可以发现理论与仿真结果吻合较好。

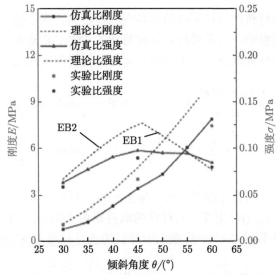

图 6.60　不同二阶杆件倾斜角度的多级点阵结构仿真/实验与理论对比 (比刚度与比强度)

除了将桁架式微点阵胞元作为子结构以外，Yin 等利用一系列 TPMS 胞元作为子结构代替 OT 微点阵单胞杆件，构造出 OT-TPMS 多级微点阵结构，并将其与传统八角点阵结构和泡沫铝进行了比较，发现多级微点阵材料的耐撞性更优。

6.5.3　新型多级点阵结构

Wang 等 [44] 提出了一种新的多级点阵设计方法，通过形成更多的塑性铰来提高能量吸收能力，其中将原始的面心立方 (FCC) 点阵中的直杆替换为一系列具有曲率或圆环等几何特征的细观结构。通过有限元模拟、理论建模和实验测试，研究点阵的准静态压缩特性。具体设计策略如图 6.61 所示。

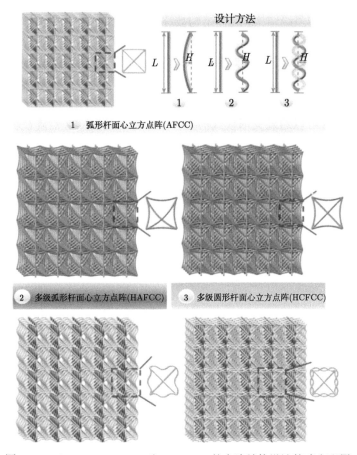

图 6.61 AFCC、HAFCC 和 HCFCC 的点阵结构设计策略和配置

在第一种设计方法中，引入圆弧杆来替换原始的直杆。圆弧杆曲率 $k = H/L$，L 是单胞边长，H 是圆弧高度。曲率可以作为一个塑性铰的启动机制，使杆件在倒塌过程中更有利于塑性铰的形成，从而降低初始峰值力。这种结构被称为拱形面心立方 (AFCC) 点阵。在常规 FCC 点阵结构中，边缘垂直杆件和对角斜杆件在压缩过程中起主要的能量吸收作用。图 6.62(a) 为拱形杆件替换对角直杆和不替换拱形杆件的 AFCC 点阵结构的应力-应变曲线对比。由此可见，引入对角拱形杆件会显著降低平台应力，增加应力振荡，不利于能量吸收应用。因此，在接下来的研究中，对角杆保持为直杆。虽然在 AFCC 点阵结构中可以降低初始峰值应力，但在该设计中，一个杆件只能形成两个塑性铰，并且在塑性铰以外的区域

基本没有被利用，限制了吸能能力。

　　因此，一些学者进一步提出了一种新颖的多级设计，将杆件替换为一串多拱/圆环的多级杆件。在胞元边长 L 内的拱/圆环数量记为 N。首先，我们研究了 S 形拱形杆件的多级结构，这种结构被称为多级拱形面心立方 (HAFCC) 点阵。从图 6.62(b) 所示的变形模式可以看出，HAFCC 点阵的多个拱形杆件将整体向一个方向弯曲，不利于成为良好的吸能构件。采用一串圆环形结构代替 S 拱形杆件，圆环两侧相互约束，可以抑制整体屈曲。我们将这种结构称为多级圆环面心立方 (HCFCC) 点阵。在图 6.62(b) 中，HCFCC 点阵的比吸能是 HAFCC 点阵的 3 倍以上，这可以通过变形模式的差异来解释。HCFCC 点阵在坍塌过程中可以形成更多的塑性铰，因而具有更好的吸能性能。

　　此外，通过对 AFCC 点阵和 HCFCC 点阵进行参数化分析，研究了圆环曲率 k 和圆环数目 N 对变形模式和吸能能力的影响。当 $N = 1$ 时，HCFCC 格变为 AFCC 格。所提出的点阵结构的仿真模型包含一个由 125 个胞元组成的 5×5×5 阵列。为了降低实验成本，实验试样包含一个 3×3×3 的 27 单元细胞阵列。点阵杆件的截面均为圆形，半径为 $R = 0.72$ mm，胞元长度为 $L = 24$ mm。

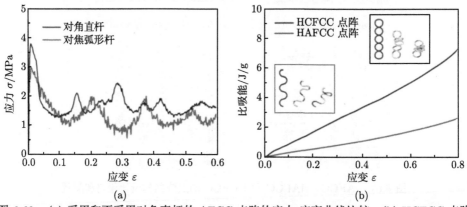

图 6.62　(a) 采用和不采用对角直杆的 AFCC 点阵的应力-应变曲线比较；(b) HCFCC 点阵与 HAFCC 点阵的比较，并展示了边缘杆件的变形模式

　　将三个试样的仿真应力-应变曲线与实验应力-应变曲线进行对比，如图 6.63 (a)∼ (c) 所示。结果表明，$N = 5$ 的 HCFCC 点阵比常规 FCC 和 $N = 7$ 的 HCFCC 点阵的应力振荡要小得多，由于峰值应力对被保护层不利，HCFCC 点阵具有更好的吸能能力。

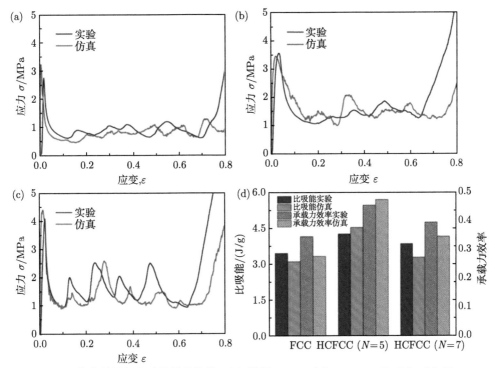

图 6.63　仿真结果与实验结果的比较: (a) 常规 FCC; (b) $N = 5$ HCFCC; (c) $N = 7$
HCFCC 测试点阵样品的应力-应变曲线; (d) 比吸能和承载力效率对比

6.6　仿晶界设计方法

鉴于单晶和点阵结构之间的相似性,可以通过引入类似于晶体材料中的硬化机制来开发抗损伤的点阵结构[45]。在宏观或细观尺度上模拟晶体微观结构,以实现微观硬化机制和点阵结构的结合。裁剪非同向的两个相邻的宏观单胞,在它们之间创建一个类似于两个相邻晶粒之间的边界。因为原子可以与新的相邻原子结合,而物理节点不能,所以多晶体和宏观仿多晶体点阵结构之间有明显的区别。可以选择冶金学中一个很好理解的现象来验证多晶体关系是否适用于宏观仿多晶结构的点阵结构: 孪生双晶体中的对称滑移 [图 6.64(a)]。为了研究这一现象,设计并 3D 打印一种由孪生边界分隔包含两种取向的点阵结构。可以观察到形成的剪切带在孪晶边界上是对称的,证实了宏观仿孪晶点阵结构中的剪切带行为与晶体孪晶中的滑移活动相似 [图 6.64(a)、(b)]。

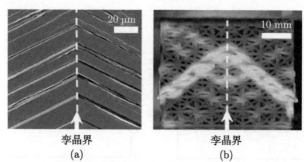

孪晶界　　　　　　　　　　孪晶界
(a)　　　　　　　　　　　(b)

图 6.64　晶格取向对晶体金属和微点阵材料变形行为的影响：(a) 多晶金属中的孪晶界；
(b) 仿晶体微点阵材料中的类似孪晶界

在多相金属中，如马氏体不锈钢，硬相提供高强度以增强承载能力，而软相容纳塑性变形。由于一个晶相是由它的晶格类型定义的，因此可以通过将不同的晶格类型分配给不同的宏观点阵域来模拟多个相。研究者提出了一种由两相组成的点阵结构 (FCC 在顶层和底层，BCC 在中间层)，如图 6.65 所示。

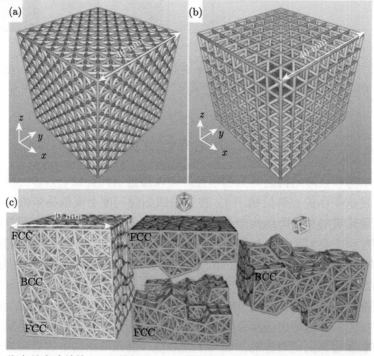

图 6.65　仿多晶点阵结构：(a) 单相 FCC 点阵结构；(b) 单相 BCC 点阵结构；(c) 双相多
晶结构

三种结构的压缩曲线如图 6.66 所示，由于 FCC 宏观点阵结构比 BCC 点阵结构具有更高的连通性和更高的密度，因此 FCC 点阵相比 BCC 更强 (图 6.66，灰色实线和虚线)。与多相晶体的行为类似，多相点阵结构的强度主要来自 FCC 相的强度 (图 6.66，黑色和灰色实线)，而塑性变形主要由软 BCC 相容纳，导致剪切带主要限制在中间层 (图 6.66，左上插图)。因此，软硬结构相的混合提供了沿着结构材料内部特定路径调整和控制剪切带特性的额外手段。

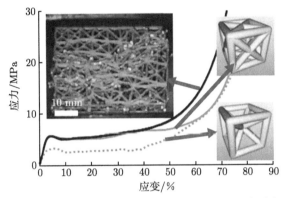

图 6.66　单相力学行为 (灰实线，FCC；灰色虚线，BCC) 与多相 (黑线) 材料

参 考 文 献

[1] Jia H, Lei H S, Wang P D, et al. An experimental and numerical investigation of compressive response of designed Schwarz Primitive triply periodic minimal surface with non-uniform shell thickness[J]. Extreme Mechanics Letters, 2020, 37: 100671.

[2] Yang L, Yan C Z, Cao W C, et al. Compression‐compression fatigue behaviour of gyroid-type triply periodic minimal surface porous structures fabricated by selective laser melting[J]. Acta Materialia, 2019, V181: 49-66.

[3] Bobbert F S L, Lietaert K, Eftekhari A A, et al. Additively manufactured metallic porous biomaterials based on minimal surfaces: A unique combination of topological, mechanical, and mass transport properties[J]. Acta Biomater, 2017, V53: 572-584.

[4] Al-Ketan O, Lee D W, Rowshan R, et al. Functionally graded and multi-morphology sheet TPMS lattices: Design, manufacturing, and mechanical properties[J]. J Mech Behav Biomed Mater, 2020, 102: 103520.

[5] Maskery I, Aremu A O, Parry L, et al. Effective design and simulation of surface-based lattice structures featuring volume fraction and cell type grading[J]. Materials & Design, 2018, 155: 220-232.

[6] Ma S, Tang Q, Feng Q X, et al. Mechanical behaviours and mass transport properties of bone-mimicking scaffolds consisted of gyroid structures manufactured using selective laser melting[J]. J Mech Behav Biomed Mater, 2019, V93: 158-169.

[7] Catchpole-Smith S, Selo R R J, Davis A W, et al. Thermal conductivity of TPMS lattice structures manufactured via laser powder bed fusion[J]. Additive Manufacturing, 2019, V30: 100846.

[8] Yin H F, Liu Z P, Dai J L, et al. Crushing behavior and optimization of sheet-based 3D periodic cellular structures[J]. Composites Part B: Engineering, 2020, V182: 107565.

[9] Tran P, Peng C X. Triply periodic minimal surfaces sandwich structures subjected to shock impact[J]. Journal of Sandwich Structures & Materials, 2020, 23(6): 2146-2175.

[10] Li X, Xiao L J, Song W D. Compressive behavior of selective laser melting printed Gyroid structures under dynamic loading[J]. Additive Manufacturing, 2021, V46: 102054

[11] 新野正之，平井敏雄，渡边龙三. 倾斜功能材料 [J]. 日本复合材料学会志，1987; 13(6): 257-264.

[12] 黄德进. 各向异性功能梯度平面梁的弹性力学解 [D]. 浙江: 浙江大学, 2009. (Huang D J. Elasticity solutions for anisotropic functionally graded plane beams[D]. Zhejiang: Zhejiang University, 2009. (in Chinese))

[13] Maskery I, Hussey A, Panesar A, et al. An investigation into reinforced and functionally graded lattice structures[J]. Journal of Cellular Plastics, 2017, 53(2): 151-165.

[14] Wu Z, Xia L, Wang S, et al. Topology optimization of hierarchical lattice structures with substructuring[J]. Computer Methods in Applied Mechanics and Engineering, 2019, 345: 602-617.

[15] Bai L, Gong C, Chen X, et al. Mechanical properties and energy absorption capabilities of functionally graded lattice structures: Experiments and simulations[J]. International Journal of Mechanical Sciences, 2020, 182: 105735.

[16] Rodrigo C, Xu S, Durandet Y, et al. Crushing behavior of functionally graded lattice[J]. JOM, 2021, 73: 4130-4140.

[17] Yang J, Chen X, Sun Y, et al. Compressive properties of bidirectionally graded lattice structures[J]. Materials & Design, 2022, 218: 110683.

[18] 黄垲轩，丁喆，张严，等. 高承载梯度分层点阵结构的拓扑优化设计方法 [J]. 力学学报，2023, 55(02): 433-444. (Huang K X, Ding Z, Zhang Y, et al. Topological optimization design method of layer-wise graded lattice structures with high load-bearing[J]. Chinese Journal of Theoretical and Applied Mechanics, 2023, 55(02): 433-444. (in Chinese))

[19] Plocher J, Panesar A. Effect of density and unit cell size grading on the stiffness and energy absorption of short fibre-reinforced functionally graded lattice structures[J]. Additive Manufacturing, 2020, 33: 101171.

[20] Rodrigo C, Xu S, Durandet Y, et al. Quasi-static and dynamic compression of additively manufactured functionally graded lattices: Experiments and simulations[J]. Engineering Structures, 2023, 284: 115909.

[21] Zhang P, Qi D, Xue R, et al. Mechanical design and energy absorption performances of rational gradient lattice metamaterials[J]. Composite Structures, 2021, 277: 114606.

[22] 张武昆，谭永华，高玉闪，等. 多层尺寸梯度面心立方点阵结构力学性能研究 [J]. 西安交通大学学报，2023, 57(09): 1-10. (Zhang W K, Tan Y H, Gao Y S, et al. Study on

the mechanical behavior of multilayer size-graded face centre cubic lattice structures[J]. Journal of Xi'an Jiaotong University, 2023, 57(09): 1-10. (in Chinese))

[23] Xiao L, Song W. Additively-manufactured functionally graded Ti-6Al-4V lattice structures with high strength under static and dynamic loading: Experiments[J]. International Journal of Impact Engineering, 2018, 111: 255-272.

[24] Xiao L, Song W, Xu X. Experimental study on the collapse behavior of graded Ti-6Al-4V micro-lattice structures printed by selective laser melting under high speed impact[J]. Thin-Walled Structures, 2020, 155: 106970.

[25] Alberdi R, Dingreville R, Robbins J, et al. Multi-morphology lattices lead to improved plastic energy absorption[J]. Materials & Design, 2020, 194: 108883.

[26] Li S, Zhu H, Feng G, et al. Influence mechanism of cell-arrangement strategy on energy absorption of dual-phase hybrid lattice structure[J]. International Journal of Impact Engineering, 2023, 175: 104528.

[27] Lei H, Li C, Zhang X, et al. Deformation behavior of heterogeneous multi-morphology lattice core hybrid structures[J]. Additive Manufacturing, 2021, 37: 101674.

[28] Yang X, Gong Y, Zhao L, et al. Compressive mechanical properties of layer hybrid lattice structures fabricated by laser powder bed fusion technique[J]. Journal of Materials Research and Technology, 2023, 22: 1800-1811.

[29] Li S, Hu M, Xiao L, et al. Compressive properties and collapse behavior of additively-manufactured layered-hybrid lattice structures under static and dynamic loadings[J]. Thin-Walled Structures, 2020, 157: 107153.

[30] Xiao L, Xu X, Song W, et al. A multi-cell hybrid approach to elevate the energy absorption of micro-lattice materials[J]. Materials, 2020, 13(18): 4083.

[31] Xiao L, Xu X, Feng G, et al. Compressive performance and energy absorption of additively manufactured metallic hybrid lattice structures[J]. International Journal of Mechanical Sciences, 2022, 219: 107093.

[32] Sun Z P, Guo Y B, Shim V P W. Deformation and energy absorption characteristics of additively-manufactured polymeric lattice structures—Effects of cell topology and material anisotropy[J]. Thin-Walled Structures, 2021, 169: 108420.

[33] Li L, Yang F, Li P, et al. A novel hybrid lattice design of nested cell topology with enhanced energy absorption capability[J]. Aerospace Science and Technology, 2022, 128: 107776.

[34] Bhat C, Kumar A, Lin S C, et al. Design, fabrication, and properties evaluation of novel nested lattice structures[J]. Additive Manufacturing, 2023, 68: 103510.

[35] Wang Z, Zhou Y, Wang X, et al. Compression behavior of strut-reinforced hierarchical lattice—Experiment and simulation[J]. International Journal of Mechanical Sciences, 2021, 210: 106749.

[36] Yin S, Guo W, Wang H, et al. Strong and tough bioinspired additive-manufactured dual-phase mechanical metamaterial composites[J]. Journal of the Mechanics and Physics of Solids, 2021, 149: 104341.

[37] Al Nashar M, Sutradhar A. Design of hierarchical architected lattices for enhanced energy absorption[J]. Materials, 2021, 14(18): 5384.

[38] Calleja-Ochoa A, Gonzalez-Barrio H, López de Lacalle N, et al. A new approach in the design of microstructured ultralight components to achieve maximum functional performance[J]. Materials, 2021, 14(7): 1588.

[39] Musenich L, Stagni A, Libonati F. Hierarchical bioinspired architected materials and structures[J]. Extreme Mechanics Letters, 2023, 58: 101945.

[40] Yin H, Meng F, Zhu L, et al. Optimization design of a novel hybrid hierarchical cellular structure for crashworthiness[J]. Composite Structures, 2023, 303: 116335.

[41] Wang Y, Xu F, Gao H, et al. Elastically isotropic truss-plate-hybrid hierarchical microlattices with enhanced modulus and strength[J]. Small, 2023: 2206024.

[42] Sha Y, Jiani L, Haoyu C, et al. Design and strengthening mechanisms in hierarchical architected materials processed using additive manufacturing[J]. International Journal of Mechanical Sciences, 2018, 149: 150-163.

[43] Yin S, Chen H, Li J, et al. Effects of architecture level on mechanical properties of hierarchical lattice materials[J]. International Journal of Mechanical Sciences, 2019, 157: 282-292.

[44] Wang P, Yang F, Ru D, et al. Additive-manufactured hierarchical multi-circular lattice structures for energy absorption application[J]. Materials & Design, 2021, 210: 110116.

[45] Pham M S , Liu C , Todd I ,et al.Damage-tolerant architected materials inspired by crystal microstructure[J].Nature, 2019, 565(7739):305.

第 7 章　基于拓扑优化的微点阵结构设计
与力学行为研究

7.1　引　　言

近年来，增材制造技术的发展给三维微点阵材料带来了极大的设计空间，研究人员提出了越来越多的新型三维点阵构型，并对其力学性能进行表征和分析，以期获得具有更优异力学性能与轻量化水平的点阵胞元构型。现有基于几何的构型设计方法首先通过几何设计来获得胞元构型，再通过理论、实验或数值方法对其进行力学性能表征，属于正向设计方法。如何设计点阵结构的细观构型使结构的性能最优或满足某一性能指标，这是一个典型的逆向设计问题，无法通过传统结构设计方法解决这一问题，而拓扑优化方法给出了解决这一问题的途径。先设定期望的力学性能，再通过拓扑优化方法来迭代优化获得相应胞元构型，能获得不同于传统设计的新颖构型和更优异的力学性能，近年来获得了广泛的关注。

7.2　拓扑优化设计方法介绍

拓扑优化方法在点阵结构微结构设计领域占有十分重要的地位，其始于 1904 年 Michell 结构的轻量化问题 [1,2]。早期基于均匀化的拓扑优化方法 [3] 用于在工程领域中设计具有刚度最优或质量最轻的离散结构 [4] 或连续结构 [5]。随后，经过几十年来的不断发展，国内外的学者不断提出新的拓扑优化方法来寻求指定约束条件下拥有最大刚度的结构。应用比较广泛的拓扑优化方法包括基于罚函数的各向同向固体材料变密度法 [6,7]、水平集法 [8-10]、双向进化结构优化法 [11] 以及大连理工大学郭旭教授 [13,14] 提出的移动可变形组件优化方法等。拓扑优化方法不仅可以用来设计具有最大化刚度的结构，还可以用来设计具有特定性质的点阵结构的微结构。点阵结构胞元内一点的力学性能可通过均匀化方法对点阵结构细观结构进行计算获得，反之根据点阵结构的力学性能设计点阵结构胞元新的细观构型就转变为一个优化问题。基于拓扑优化设计点阵结构的计算流程如下：①设定需要最大化或最小化的点阵结构的物理性质 (即目标函数)；②使用均匀化方法对点阵结构的等效性能进行评估，然后使用拓扑优化方法重新对材料的位置进行分布 (即生成新构型)；③对计算过程②不断循环，直到满足目标物理性质。上述流程通常称为逆均匀化方法 (inverse homogenization approach)。1994 年 Sigmund[7]开创性地采用逆均匀化方法成功设计了具有负泊松比性能点阵结构的微结构，开创了该研究领域的先河。此后，大量设计点阵结构细观构型以获取优异力学性能的工作取得了巨大进展 [15-21]。拓扑优化可以将材料的不同性质作为目标函数，如刚度 (stiffness)[22]、泊松比 [23]、能量吸收 [12]、体积模量和剪切模量等 [24]。Gao 等 [25] 采用水平集方法设计得到了一系列具有特定力学性质的点阵结构的拓扑结构，如最大化体积模量、最大化剪切模量以及负泊松比。Huang[18] 等应用双向渐进结构优化方法设计得到了一系列满足体积约束，且具有最大化体积模量或剪切模量的二维和三维点阵结构的微结构，如图 7.1 所示。Zheng 等 [26] 将点阵结构的负泊松比性质设定为优化目标函数，通过使用双向进化结构优化方法设计二维点阵的微结构。采用增材制造的方式制备了点阵结构，并进行了拉伸实验和压缩实验以验证设计得到点阵结构具有负泊松比的性质。Song 等 [27] 使用 Ansys workbench 软件中内置的拓扑优化程序求解了单轴压缩载荷作用下以最大化刚度为优化目标，以体积为约束的拓扑优化问题，获得了一种能够有效抵抗压缩载荷的点阵结构。

图 7.1　拓扑优化点阵结构的细观构型

7.3　基于 ABAQUS 的拓扑优化方法

7.3.1　能量均匀化方法

在开展拓扑优化之前，通常要采用均匀化方法给出微点阵材料的等效力学性质，下面针对这一过程进行介绍。

弹性体在小变形时，本构关系可写成下式：

$$\sigma = C \cdot \varepsilon \tag{7.1}$$

其中，σ 是应力矢量；ε 代表应变矢量；而 C 是弹性矩阵。弹性矩阵随着弹性体

性质的不同会表现出不同的形式。各向异性弹性材料的弹性矩阵为

$$
\begin{bmatrix}
C_{11} & C_{12} & C_{13} & C_{14} & C_{15} & C_{16} \\
 & C_{22} & C_{23} & C_{24} & C_{25} & C_{26} \\
 & & C_{33} & C_{34} & C_{35} & C_{36} \\
 & & & C_{44} & C_{45} & C_{46} \\
 & & & & C_{55} & C_{56} \\
 & \text{sym} & & & & C_{66}
\end{bmatrix}
\tag{7.2}
$$

上式中，C_{ij} $(i, j \in [1, 6])$ 为 21 个独立的弹性常数。具有立方对称性的弹性材料的弹性矩阵为

$$
\begin{bmatrix}
C_{11} & C_{12} & C_{12} & 0 & 0 & 0 \\
 & C_{11} & C_{12} & 0 & 0 & 0 \\
 & & C_{11} & 0 & 0 & 0 \\
 & & & C_{44} & 0 & 0 \\
 & & & & C_{44} & 0 \\
 & \text{sym} & & & & C_{44}
\end{bmatrix}
\tag{7.3}
$$

上式中，C_{11}、C_{12} 和 C_{44} 为 3 个独立弹性常数。各向同性弹性材料的弹性矩阵为

$$
\begin{bmatrix}
C_{11} & C_{12} & C_{12} & 0 & 0 & 0 \\
 & C_{11} & C_{12} & 0 & 0 & 0 \\
 & & C_{11} & 0 & 0 & 0 \\
 & & & \dfrac{C_{11} - C_{12}}{2} & 0 & 0 \\
 & & & & \dfrac{C_{11} - C_{12}}{2} & 0 \\
 & \text{sym} & & & & \dfrac{C_{11} - C_{12}}{2}
\end{bmatrix}
\tag{7.4}
$$

上式中，C_{11} 和 C_{12} 为 2 个独立弹性常数。

点阵结构通常具有周期性，将在二维或三维方向上最小的重复细观结构称为代表性体积单元 (representative volume element，RVE)，在 RVE 的表面施加周期性边界条件 (periodic boundary condition，PBC)，再结合均匀化方法 (homogenization method) 便可以得到 RVE 的宏观弹性性质。为了建立点阵结构 RVE 的细观力学变量与宏观力学变量之间的联系，通常将细观量的 RVE 体积平均与宏观量相联系。例如，平均应力 (average stress) 和平均应变 (average strain)。

平均应力的定义为

$$
\overline{\sigma}_{ij} = \frac{1}{V_0} \int_{V_0} \sigma_{ij} \mathrm{d}V
\tag{7.5}
$$

平均应变的定义为

$$\bar{\varepsilon}_{ij} = \frac{1}{V_0} \int_{V_0} \varepsilon_{ij} dV \tag{7.6}$$

其中，V_0 表示 RVE 的体积；$\bar{\sigma}_{ij}$ 表示宏观平均应力分量；σ_{ij} 表示局部应力分量；$\bar{\varepsilon}_{ij}$ 是宏观平均应变分量；ε_{ij} 是局部应变分量。根据 Hill-Mandel 条件可得宏微观能量平衡，即

$$\frac{1}{V_0} \int_{V_0} \sigma \cdot \varepsilon dV = \bar{\sigma} \cdot \bar{\varepsilon} \tag{7.7}$$

一般来说，点阵结构通常具有立方对称性，其 RVE 的等效宏观弹性矩阵可以写成类似于具有立方对称性弹性材料的弹性矩阵的形式 [式 (7.3)]，即

$$C^{\mathrm{H}} = \begin{bmatrix} C_{11}^{\mathrm{H}} & C_{12}^{\mathrm{H}} & C_{12}^{\mathrm{H}} & 0 & 0 & 0 \\ & C_{11}^{\mathrm{H}} & C_{12}^{\mathrm{H}} & 0 & 0 & 0 \\ & & C_{11}^{\mathrm{H}} & 0 & 0 & 0 \\ & & & C_{44}^{\mathrm{H}} & 0 & 0 \\ & & & & C_{44}^{\mathrm{H}} & 0 \\ & \mathrm{sym} & & & & C_{44}^{\mathrm{H}} \end{bmatrix} \tag{7.8}$$

其中，上标 H 表示均匀化后的物理量。类似于式 (7.1)，平均应力矢量 $\bar{\sigma}$ 和平均应变矢量 $\bar{\varepsilon}$ 之间可通过宏观等效弹性矩阵联系在一起，即

$$\bar{\sigma} = C^{\mathrm{H}} \cdot \bar{\varepsilon} \tag{7.9}$$

根据上式，RVE 的宏观应变能密度可表示为

$$w = \frac{1}{2} \bar{\sigma} \cdot \bar{\varepsilon} = \frac{1}{2} \bar{\varepsilon}^{\mathrm{T}} \cdot C^{\mathrm{H}} \cdot \bar{\varepsilon} \tag{7.10}$$

从上式发现，RVE 的宏观等效弹性矩阵可通过宏观应变能密度表示。

RVE 的宏观等效弹性矩阵的独立分量可通过三组独立宏观应变计算得到，分别为 $\bar{\varepsilon}_1 = [1,0,0,0,0,0]^{\mathrm{T}}$、$\bar{\varepsilon}_2 = [1,1,0,0,0,0]^{\mathrm{T}}$ 和 $\bar{\varepsilon}_3 = [0,0,0,1,0,0]^{\mathrm{T}}$。以 C_{11}^{H} 为例，说明计算点阵结构 RVE 宏观等效弹性矩阵分量的过程。将 $\bar{\varepsilon}_1 = [1,0,0,0,0,0]^{\mathrm{T}}$ 代入应变能密度的表达式 (7.10)，得

$$w^{11} = \frac{1}{2} \bar{\varepsilon}_1^{\mathrm{T}} \cdot C^{\mathrm{H}} \cdot \bar{\varepsilon}_1 = \frac{1}{2} C_{11}^{\mathrm{H}} \tag{7.11}$$

其余分量可通过另外两组独立宏观应变计算得到。获得点阵结构 RVE 的宏观等效弹性矩阵后，等效体积模量 (effective bulk modulus)K、等效剪切模量 (effective shear modulus)G 和等效弹性模量 (effective elastic modulus)E 可分别表示为

$$
\begin{aligned}
K &= \frac{1}{9}\left(C_{11}^{\mathrm{H}} + C_{12}^{\mathrm{H}} + C_{13}^{\mathrm{H}} + C_{21}^{\mathrm{H}} + C_{22}^{\mathrm{H}} + C_{23}^{\mathrm{H}} + C_{31}^{\mathrm{H}} + C_{32}^{\mathrm{H}} + C_{33}^{\mathrm{H}}\right) \\
&= \frac{1}{9}\left(3C_{11}^{\mathrm{H}} + 6C_{12}^{\mathrm{H}}\right) \\
&= \frac{1}{3}\left(C_{11}^{\mathrm{H}} + 2C_{12}^{\mathrm{H}}\right)
\end{aligned}
\tag{7.12}
$$

$$
\begin{aligned}
G &= \frac{1}{3}\left(C_{44}^{\mathrm{H}} + C_{55}^{\mathrm{H}} + C_{66}^{\mathrm{H}}\right) \\
&= \frac{1}{3}\left(3C_{44}^{\mathrm{H}}\right) \\
&= C_{44}^{\mathrm{H}}
\end{aligned}
\tag{7.13}
$$

$$
E = \frac{\left(C_{11}^{\mathrm{H}}\right)^2 + C_{11}^{\mathrm{H}}C_{12}^{\mathrm{H}} - 2\left(C_{12}^{\mathrm{H}}\right)^2}{C_{11}^{\mathrm{H}} + C_{12}^{\mathrm{H}}}
\tag{7.14}
$$

当点阵结构不仅是立方对称, 还是各向同性时, 式 (7.8) 中的三个变量 C_{11}^{H}、C_{12}^{H} 和 C_{44}^{H} 将不再两两独立。各向同性点阵结构 RVE 的宏观等效弹性矩阵可写成类似于式 (7.4) 的形式, 即

$$
\begin{bmatrix}
C_{11}^{\mathrm{H}} & C_{12}^{\mathrm{H}} & C_{12}^{\mathrm{H}} & 0 & 0 & 0 \\
 & C_{11}^{\mathrm{H}} & C_{12}^{\mathrm{H}} & 0 & 0 & 0 \\
 & & C_{11}^{\mathrm{H}} & 0 & 0 & 0 \\
 & & & \dfrac{C_{11}^{\mathrm{H}} - C_{12}^{\mathrm{H}}}{2} & 0 & 0 \\
 & & & & \dfrac{C_{11}^{\mathrm{H}} - C_{12}^{\mathrm{H}}}{2} & 0 \\
 & \mathrm{sym} & & & & \dfrac{C_{11}^{\mathrm{H}} - C_{12}^{\mathrm{H}}}{2}
\end{bmatrix}
\tag{7.15}
$$

对比式 (7.15) 和式 (7.8) 不难发现, 各向同性点阵结构 RVE 的宏观等效弹性矩阵的分量 C_{44}^{H} 可由 C_{11}^{H} 和 C_{12}^{H} 表示为 $C_{44}^{\mathrm{H}} = \left(C_{11}^{\mathrm{H}} - C_{12}^{\mathrm{H}}\right)/2$。不失一般性, 三者之间的关系改写为

$$
2\left(C_{11}^{\mathrm{H}} + C_{22}^{\mathrm{H}} + C_{33}^{\mathrm{H}}\right) - \left(C_{12}^{\mathrm{H}} + C_{13}^{\mathrm{H}} + C_{21}^{\mathrm{H}} + C_{23}^{\mathrm{H}} + C_{31}^{\mathrm{H}} + C_{32}^{\mathrm{H}}\right) - 4\left(C_{44}^{\mathrm{H}} + C_{55}^{\mathrm{H}} + C_{66}^{\mathrm{H}}\right) = 0
\tag{7.16}
$$

其中, $C_{22}^{\mathrm{H}} = C_{33}^{\mathrm{H}} = C_{11}^{\mathrm{H}}$; $C_{13}^{\mathrm{H}} = C_{21}^{\mathrm{H}} = C_{23}^{\mathrm{H}} = C_{31}^{\mathrm{H}} = C_{32}^{\mathrm{H}} = C_{12}^{\mathrm{H}}$; $C_{55}^{\mathrm{H}} = C_{66}^{\mathrm{H}} = C_{44}^{\mathrm{H}}$。

Zener 于 1948 年引入了 Zener 各向异性指数 (Zener anisotropy index) 来量化立方晶体的各向异性性质, 该指标得到了广泛的应用。Zener 各向异性指数的

定义为

$$A = \frac{2C_{44}^{\mathrm{H}}}{C_{11}^{\mathrm{H}} - C_{12}^{\mathrm{H}}} \tag{7.17}$$

其中，C_{11}^{H}、C_{12}^{H} 和 C_{44}^{H} 是具有立方对称性的点阵结构 RVE 的宏观等效弹性矩阵 (7.8) 中的独立分量。

7.3.2　考虑体积约束的最大化体积模量优化问题

本节基于双向渐进结构优化方法 (Bi-directional evolutionary structural optimization, BESO) 建立了在体积约束下最大化体积模量的优化问题的计算方法，该优化问题的数学表示形式为

$$\text{Maximize} \quad f = K \tag{7.18}$$

$$\text{Subject to} \quad V^* - \sum_{i=1}^{n} V_i x_i = 0 \tag{7.19}$$

$$x_i = x_{\min} \text{ 或 } 1 \tag{7.20}$$

其中，f 表示待优化的目标函数；V^* 表示目标体积；V_i 表示单个单元的体积；x_i 表示单元密度，可取值为 1 或 $x_{\min}$。此处，$x_{\min}$ 取 0.001。

为了便于使用有限元方法进行计算，采用带有罚函数的材料插值模型对赋予单元的基体材料的弹性模量进行插值，插值后单元的弹性模量为

$$E(x_i) = E_1 x_i^p \tag{7.21}$$

其中，E_1 表示基体材料的杨氏模量，在本文中取 1；p 表示惩罚指数，此处取 3。

由式 (7.12) 和式 (7.13) 可知，等效体积模量和等效剪切模量可通过宏观等效弹性矩阵的分量表达。由式 (7.11) 可知，宏观等效弹性矩阵的分量可通过应变能密度表达。因此，等效体积模量和等效剪切模量也完全可由应变能密度表达。点阵结构 RVE 的应变能 C 对于单元 i 的敏感数 (sensitivity number) 为

$$\frac{\mathrm{d}C}{\mathrm{d}x_i} = \frac{1}{2} u_i^{\mathrm{T}} p x_i^{p-1} k_0 u_i = \frac{p}{x_i} C_i \tag{7.22}$$

其中，u_i 为单元位移向量；k_0 是单元密度为 1 的单元的单元刚度矩阵；C_i 为单元的应变能。由上式，点阵结构 RVE 的应变能密度对于单元 i 的敏感数为

$$\frac{\mathrm{d}w}{\mathrm{d}x_i} = \frac{1}{V} \frac{p}{x_i} C_i = \frac{v_i}{V} \frac{p}{x_i} w_i \tag{7.23}$$

其中，V 为 RVE 的体积；v_i 为单元 i 的体积；w_i 为单元 i 的应变能密度。通过式 (7.23) 可计算得到优化目标函数对于单元 i 的敏感数为

$$\alpha_i = \frac{\mathrm{d}K}{\mathrm{d}x_i} \tag{7.24}$$

为了避免优化结果出现棋盘效应 (checkerboard) 和降低网格依赖性，采用一种过滤算法修正单元的初始敏感数 [式 (7.24)]，过滤后的敏感数表示为

$$\bar{\alpha}_i = \frac{\sum_j w\left(d_{ij}\right) \alpha_j}{\sum_j w\left(d_{ij}\right)} = \sum_j \xi_j \alpha_j \tag{7.25}$$

其中，ξ_j 表示单元 j 的敏感数对单元 i 的敏感数的影响权重；$w(d_{ij})$ 是在过滤半径 r_{filter} 内的单元 j 对单元 i 的权函数，具体表达式为

$$w\left(d_{ij}\right) = \max\left(0, r_{\text{filter}} - d_{ij}\right) \tag{7.26}$$

其中，r_{filter} 是过滤半径 (filter radius)；d_{ij} 是两个单元体心之间的距离。

图 7.2 是上述过滤算法在二维时的计算过程示意图。图中的黑色虚线圆圈表示对单元 i 有影响的区域，圆圈的圆心为单元 i 的面心，圆圈的半径为 r_{filter}，c_i 和 c_j 表示两个单元的面心位置，d_{ij} 表示这两个单元之间的距离。当单元 j 与单元 i 之间的距离 d_{ij} 小于等于 r_{filter} 时，认为该单元对单元 i 有影响，否则认为

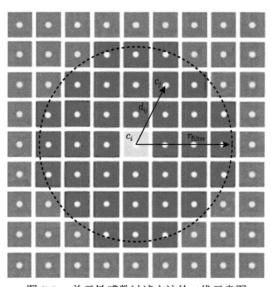

图 7.2 单元敏感数过滤方法的二维示意图

没有影响。圆圈内的单元 j(红色单元,圆心为黄色) 的敏感数对单元 i(绿色单元,圆心为黄色) 的敏感数的权函数为 $w(d_{ij}) = r_{\text{filter}} - d_{ij}$,圆圈外的单元 (蓝色单元,圆心为灰色) 对单元 i 没有影响,权函数为 $w(d_{ij}) = 0$。当由二维变化到三维情况时,对单元 i 有影响的单元区域由圆形区域变成以单元 i 的体心为球心、r_{filter} 为半径的球体,其余情况与上述说明中的情形相同。

为了使优化过程能够稳定进行,提高算法的收敛性,采用了 Huang 和 Xie 提出的敏感数历史平均算法,即

$$\hat{\alpha}_i = \frac{\overline{\alpha}_i^k + \overline{\alpha}_i^{k-1}}{2} \tag{7.27}$$

每次优化从全设计域开始计算,每轮迭代后的体积为

$$V^{k+1} = V^k (1 - \text{ER}) \tag{7.28}$$

其中,V^k 表示当前迭代步的体积;V^{k+1} 为下一个迭代步的体积;ER 表示进化比 (evolutionary ratio, ER)。下一个迭代步的体积最终表达式为

$$\hat{V}^{k+1} = \max\left(V^{k+1}, V^*\right) \tag{7.29}$$

将式 (7.27) 计算得到的单元的敏感数进行排序,再根据式 (7.29) 计算下一个迭代步的体积,确定单元在下一个迭代步中应为实体单元还是空单元的阈值。将单元敏感数大于该阈值的单元的单元密度置 1,否则为 0.001,从而更新点阵结构 RVE 的拓扑构型。

当目标体积在迭代过程中得到满足后,整个循环计算的终止条件由下面的收敛准则决定:

$$\text{error} = \frac{\left|\sum_{i=1}^{5} f_{k-i+1} - \sum_{i=1}^{5} f_{k-i-4}\right|}{\sum_{i=1}^{5} f_{k-i+1}} \leqslant \tau \tag{7.30}$$

其中,τ 为可以接受的收敛误差 (convergence tolerance),此处取为 0.001。

7.3.3 考虑体积和各向同性约束的最大化体积模量优化问题

本节基于 BESO 建立了在体积和各向同性联合约束下最大化体积模量的优化问题的计算方法,该优化问题的数学表示形式为

$$\text{Maximize} \quad f = K$$
$$V^* - \sum_{i=1}^{n} V_i x_i = 0 \tag{7.31}$$

$$\text{Subject to} \quad C_{\text{iso}} = 0$$
$$x_i = x_{\min} \text{ 或 } 1 \tag{7.32}$$

其中，C_{iso} 为各向同性约束，其具体形式为式 (7.16)。

Huang 和 Xie 的研究结果表明，在 BESO 优化算法中除体积约束外，其余约束可通过拉格朗日乘子引入待优化的目标函数中。使用该方法将各向同性约束引入目标优化函数后，等效目标函数成为

$$f_1 = f + \Lambda C_{\text{iso}} \tag{7.33}$$

其中，$\Lambda \in (-\infty, +\infty)$ 表示拉格朗日乘子。为了便于确定 Λ 的取值范围，写出式 (7.33) 的等效形式

$$f_1 = (1 - |\lambda|) f + \lambda C_{\text{iso}} \tag{7.34}$$

其中，$\Lambda \in (-1, 1)$。

此时，式 (7.31) 和式 (7.32) 所描述的优化问题可写成下面的形式：

$$\text{Maximize} \quad f_1 = (1 - |\lambda|) K + \lambda C_{\text{iso}} \tag{7.35}$$

$$\text{Subject to} \quad V^* - \sum_{i=1}^{n} V_i x_i = 0$$
$$x_i = x_{\min} \text{ 或 } 1 \tag{7.36}$$

目标函数 f_1 对于单元密度 x_i 的敏感数为

$$\alpha_i = \frac{\mathrm{d} f_1}{\mathrm{d} x_i} = (1 - |\lambda|) \frac{\mathrm{d} K}{\mathrm{d} x_i} + \lambda \frac{\mathrm{d} C_{\text{iso}}}{\mathrm{d} x_i} \tag{7.37}$$

由于 K 和 C_{iso} 均可由应变能密度表达，因此等效目标函数 f_1 对于单元密度的敏感数可通过式 (7.23) 进行求解。

式 (7.37) 中含有拉格朗日乘子 λ，因此在计算单元的敏感数之前，需要先确定拉格朗日乘子的值。拉格朗日乘子可根据在下一个迭代步的各向同性条件 C_{iso}^{k+1} 相比于当前迭代步的各向同性条件 C_{iso}^{k} 更接近于 0 这一准则来确定，即 $|C_{\text{iso}}^{k+1}| \leqslant |C_{\text{iso}}^{k}|$。下一个迭代步的各向同性约束的值可由当前迭代步的各向同性约束的值结合下一个拓扑构型近似表达，其表达式为

$$C_{\text{iso}}^{k+1} \approx C_{\text{iso}}^{k} + \sum_{i=1}^{n} \frac{\mathrm{d} C_{\text{iso}}^{k}}{\mathrm{d} x_i} \Delta x_i \tag{7.38}$$

其中，C_{iso}^{k+1} 为下一个构型的各向同性约束的估计值；C_{iso}^{k} 为当前构型的各向同性约束的值；Δx_i 为单元 i 的单元密度在当前迭代步的构型和下一个迭代步的构型之间的变化量。在确定拉格朗日乘子的过程中，先设置初始 λ 为 0，代入式 (7.37) 后获得等效优化目标函数对单元的敏感数，再采用式 (7.25) 和 (7.27) 对初始单元敏感数进行处理。根据体积约束条件 (7.29) 更新点阵结构 RVE 的拓扑构型，再

由式 (7.38) 计算 C_{iso}^{k+1}，如果 $C_{\mathrm{iso}}^{k+1} \geqslant 0$，则在 $(-1, 0]$ 之间寻找最终的 λ；如果 $C_{\mathrm{iso}}^{k+1} \leqslant 0$，则在 $[0, 1)$ 之间寻找最终的 λ。不断重复上述寻值过程，直到寻值区域的长度小于等于 10^{-5} 后结束寻值，即可确定拉格朗日乘子 λ。

当收敛准则 (7.30) 得到满足时，整个优化过程结束，获得点阵结构 RVE 最终的拓扑构型。

7.3.4　基于 Abaqus 软件求解拓扑优化问题的过程

本节中，基于商用有限元软件 Abaqus 对前两节所述两类优化问题的实现过程进行说明。Abaqus 是一款优秀的非线性有限元软件，不仅提供了丰富的材料模型、单元、分析步和求解器，还提供了用于前后处理的应用程序界面 (application programming interface, API)，即基于 Python 语言的 Abaqus 脚本界面 (Abaqus scripting interface，ASI)。

第一类优化问题的具体计算步骤包括：

(1) 指定优化过程中需要的参数，包括 $x_{\min} = 0.001$、ER$= 0.02$、$p = 3$、r_{filter} 和体积分数 $V_{\mathrm{f}} = V^*/V$。

(2) 使用 8 节点实体单元离散 RVE，在 RVE 的每条边上均匀分布 40 个单元。对离散后的 RVE 网格模型施加周期性边界条件，分别施加 $\bar{\varepsilon}_1$、$\bar{\varepsilon}_3$ 和 $\bar{\varepsilon}_3$ 这三种独立的宏观应变场。给定 RVE 中各个单元的初始单元密度 x_i，将 RVE 中心的 216 个单元的密度设置为 $x_{\min}$，其余单元的密度设置为 1，如图 7.3 所示。

(3) 提交上述 RVE 模型进行有限元求解。从 Abaqus 的结果文件 (.odb 文件) 中读取每个单元的应变能密度，根据 7.3.1 节中的能量均匀化方法计算宏观弹性矩阵中的分量。

(4) 使用式 (7.24) 计算目标函数对于单元的敏感度，根据式 (7.25) 和式 (7.27) 得到最终的单元敏感数。

(5) 根据式 (7.28) 和式 (7.29) 更新单元的密度，使 RVE 满足体积约束，获得 RVE 在下一个迭代步的拓扑构型。

(6) 循环步骤 (3)~(5)，直到收敛准则式 (7.30) 也同时得到满足，结束迭代。获得点阵结构 RVE 最终的拓扑优化构型。

第二类优化问题的具体计算步骤包括：

(1) 指定优化过程中需要的参数，包括 $x_{\min} = 0.001$、ER$= 0.02$、$p = 3$、r_{filter} 和体积分数 $V_{\mathrm{f}} = V^*/V$。

(2) 使用 8 节点实体单元离散 RVE，在 RVE 的每条边上均匀分布 40 个单元。对离散后的 RVE 网格模型施加周期性边界条件，分别施加 $\bar{\varepsilon}_1$、$\bar{\varepsilon}_2$ 和 $\bar{\varepsilon}_3$ 这三种独立的宏观应变场。给定 RVE 中各个单元的初始单元密度 x_i，将 RVE 中心的 216 个单元的密度设置为 $x_{\min}$，其余单元的密度设置为 1，如图 7.3 所示。

(3) 提交上述 RVE 模型进行有限元求解。从 Abaqus 的结果文件 (.odb 文件) 中读取每个单元的应变能密度，根据 7.3.1 节中的能量均匀化方法计算宏观弹性矩阵中的分量。

(4) 使用式 (7.24) 分别计算 $\dfrac{\mathrm{d}K}{\mathrm{d}x_i}$ 和 $\dfrac{\mathrm{d}C_{\mathrm{iso}}}{\mathrm{d}x_i}$，通过式 (7.25) 和式 (7.27) 计算得到原优化目标函数 K 最终的单元敏感数，令 $\lambda = 0$。

(5) 将 λ 代入式 (7.37) 计算得到当前 λ 所对应的等效优化目标函数 f_1 对于单元密度的敏感数。

(6) 根据式 (7.29) 更新单元的密度，使得体积约束得到满足，获得下一个迭代步的拓扑构型。

(7) 通过式 (7.38) 计算各向同性约束 C_{iso}^{k+1} 在下一个构型中的估计值，如果 $C_{\mathrm{iso}}^{k+1} \geqslant 0$，则使用二分查找算法 (binary search algorithm) 在 $(-1, 0]$ 之间寻找下一个 λ；如果 $C_{\mathrm{iso}}^{k+1} < 0$，则使用二分查找算法在 $[0, 1)$ 之间寻找下一个 λ。

(8) 循环步骤 (5)~(7)，直到所寻找区间的长度小于 10^{-5}。

(9) 循环步骤 (3)~(8)，直到收敛准则式 (7.30) 也得到满足，结束迭代。获得点阵结构 RVE 最终的拓扑优化构型。

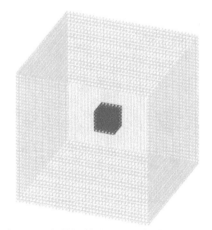

图 7.3　空白和实体单元在 RVE 中的初始分布，红色单元代表空白单元，其余单元表示实体单元

从上述两类优化问题的计算流程可以发现，基于 Abaqus 的拓扑优化问题的求解过程十分简洁明了。优化问题的计算流程所涉及的更新有限元计算模型、提交计算任务、读取有限元计算结果乃至整个优化迭代过程均可通过定制化 Python 脚本实现完全自动化。相比于基于 MATLAB 计算平台编写的优化程序，基于 Abaqus 软件开发的 Python 优化脚本降低了求解优化问题的门槛，并且具有广泛的拓展空间。

7.4　拓扑优化点阵结构的力学性能表征

7.4.1　拓扑优化点阵结构设计

图 7.4 展示了以体积模量为目标优化函数，RVE 的体积分数、体积模量和各向异性指数随迭代次数的演化规律。图中的进化比 ER 为 0.02、r_{filter} 为 2.6 和目标体积分数 V_{f} 为 0.2。其中，图 7.4(a) 仅考虑了体积约束，图 7.4(b) 同时考虑了体积约束和各向同性约束，图 7.4(c) 为两种约束问题中点阵结构 RVE 的各向异性指数的演化规律。同时，图中还附上了相应迭代数处的点阵结构 RVE 的构型。从图 7.4(a) 和 (b) 中可以看出，随着迭代数的增加，点阵结构 RVE 的体积模量和体积分数均不断下降。当体积分数达到最终约束体积分数时，体积分数保持在约束体积分数值不再继续下降。与此同时，点阵结构 RVE 的体积模量也停止下降，数值开始稳定。当体积模量收敛后，整个优化过程结束。图 7.4(c) 展示了在两种优化问题中 RVE 的各向异性指数随着迭代次数的演化历史。从图中可知，在考虑了各向同性约束的优化问题中，各向异性指数在整个优化历史中一直在 1 附近轻微波动；在没有考虑各向同性约束的优化问题中，各向异性指数的波动范围较大，并且出现了由大于 1 转变为小于 1 的现象。上述结果表明，通过在仅考

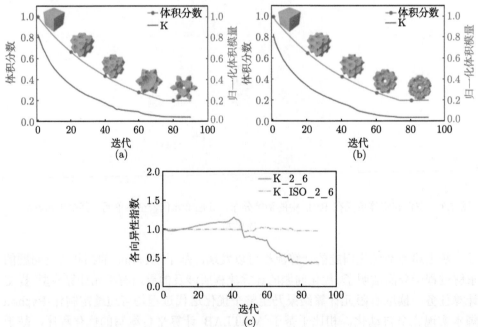

图 7.4　RVE 的体积模量、体积分数和各向异性指数在优化过程中的演化历史：(a) 仅考虑体积约束；(b) 同时考虑体积约束和各向同性约束；(c) 各向异性指数

虑体积约束的优化问题中引入各向同性约束能够有效控制点阵结构的各向异性性质，从而可通过拓扑优化方法获得具有各向同性性质的点阵结构的细观构型。

在经典的 BESO 优化算法中，过滤半径的提出是为了避免优化结果中出现棋盘效应，以及降低优化结果对于网格的依赖性。在本节中，为了获得不同几何特征的拓扑优化点阵结构，将过滤半径同样作为优化参数。本节的优化目标函数为体积模量，约束函数包括体积约束和各向同性约束，目标体积分数为 0.2，过滤半径 r_{filter} 分别为 1.2、1.6、2.1、2.6 和 3，进化比 ER= 0.02，惩罚指数 $p = 3$。

图 7.5 是通过上述拓扑优化方法以最大化体积模量为优化目标得到的相对密度为 20% 的点阵结构 RVE 的细观结构。其中，图 7.5(A) 中展示的构型为以最大化体积模量为优化目标，仅以体积为约束条件优化得到；图 7.5(B) 中展示的构型为以最大化体积模量为优化目标，同时以体积约束和各向同性约束为约束条件优化得到。图 7.5(A) 和 (B) 中构型 (a)~(e) 所对应的过滤半径 r_{filter} 分别 1.2、1.6、2.1、2.6 和 3。上述结果表明，在优化过程中通过改变过滤半径 r_{filter} 从而改变了单元的影响域，优化得到了具有不同尺寸特征的 RVE 细观结构。通过观察图中 RVE 的细观结构可以发现，这些 RVE 均具有立方对称性，这与 Huang 的结论相同。此外，还可以发现上述 RVE 的细观结构具有丰富的基本构成元素，如以板元素为主的 K-A、K-C 和 K-D 构型，以壳元素为主的 K-B 和 K-E 构型，以板元素和壳元素混合构成的 K-ISO-A、K-ISO-B 和 K-ISO-C 构型，以及以杆元素为主的 K-ISO-D 和 K-ISO-E 构型。值得注意的是，拓扑优化结果不仅可以获得与目前研究的热门点阵结构类似的构型，如 K-B 类似于三周期极小曲面 Schwarz P 结构，还可以获得在以往研究中未关注的新型点阵结构的细观结构。这极大地拓展了点阵结构拓扑构型的设计空间，使设计具有不同细观构型以满足不同功能需求的点阵结构成为可能。

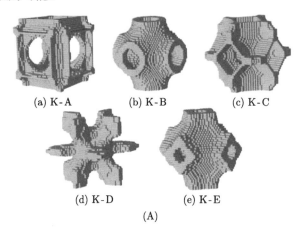

(a) K-A   (b) K-B   (c) K-C

(d) K-D   (e) K-E

(A)

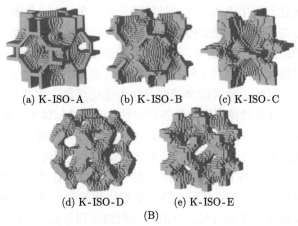

(a) K-ISO-A　　　(b) K-ISO-B　　　(c) K-ISO-C

(d) K-ISO-D　　　(e) K-ISO-E
(B)

图 7.5　点阵结构 RVE 的细观结构

7.4.2　拓扑优化点阵结构 RVE 的弹性性质

在应用拓扑优化算法设计点阵结构 RVE 细观结构的过程中，可方便地获得 RVE 的等效宏观弹性矩阵，再由式 (7.12) 和式 (7.13) 可分别计算得到宏观体积模量和剪切模量。图 7.6 展示了点阵结构 RVE 使用 $E = 1$ 归一化后的体积模量和剪切模量，图中蓝色和红色柱状图分别代表拓扑优化点阵结构和传统点阵结构的归一化体积模量和剪切模量。从图中可观察到，以体积模量 K 为优化目标获得的点阵结构的体积模量 K 均大于其剪切模量 G。此外，拓扑优化点阵结构的体积模量也优于两种典型的传统点阵结构。上述结果表明，采用拓扑优化方法设计得到的点阵结构的力学性能优于传统点阵结构，因此具有潜在的应用前景。

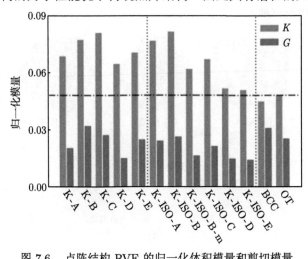

图 7.6　点阵结构 RVE 的归一化体积模量和剪切模量

图 7.7 展示了拓扑优化点阵结构和两种传统点阵结构 RVE 的各向异性指数以及三种典型拓扑优化点阵结构 RVE 的弹性模量空间分布图。从图 7.7(a) 可知，没有考虑各向同性约束所获得的点阵结构 RVE 的各向异性指数无稳定的规律，其值既可能大于 1，也可能小于 1；考虑各向同性约束所获得的点阵结构 RVE 的各向异性指数均在 1 左右轻微浮动；两种传统点阵结构 RVE 的各向异性指数均大于 1。相同相对密度下，BCC 点阵结构 RVE 的各向异性明显强于 OT 点阵结构 RVE，这与已有文献中的结果吻合。此外，由于构型 K-ISO-B 具有封闭的几何结构，对其进行开孔设计后获得的 K-ISO-B-m 的各向异性指数也在图中进行了展示。从图 7.7(a)中可以看出，几何结构的轻微改变的确改变了点阵结构的各向同性性质，各向异性指数由 0.98(K-ISO-B) 变为 0.70(K-ISO-B-m)。从拓扑优化点阵结构 RVE 的构型中，分别选取了各向异性指数小于 1 的 K-A、各向异性指数等于 1 的 K-ISO-A 以及各向异性指数大于 1 的 K-B 构型，并将构型和其相应弹性模量在空间上的分布图绘制在图 7.7(b)~(d) 中。从上述三幅子图中可以发现，当各向异性指数小于 1 时，弹性模量在空间中的三个坐标方向 (x、y 和 z 轴) 上的值大于其他方向的值；当各向异性指数大于 1 时，弹性模量在空间三个坐标方向 (x、y 和 z 轴) 上的值小于其他方向的值；当各向异性指数等于 1 时，弹性模量对空间方向没有依赖性。

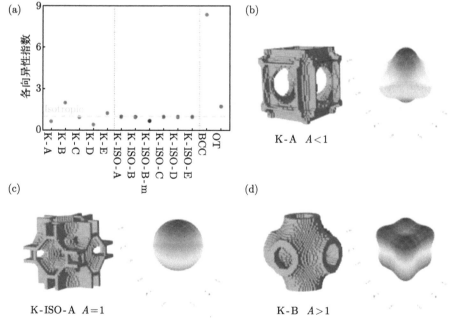

图 7.7 点阵结构 RVE 的各向异性指数及三种典型拓扑优化点阵结构 RVE 的弹性模量空间分布图：(a) 点阵结构 RVE 的各向异性指数；(b) 各向异性指数小于 1；(c) 各向异性指数等于 1；(d) 各向异性指数大于 1

7.4.3　增材制造拓扑优化点阵结构的准静态实验结果

利用 3D 打印技术完成优化点阵结构的制备，并通过准静态压缩实验研究其力学性能。图 7.8 展示了所有增材制造拓扑优化点阵结构在准静态载荷作用下的名义应力-应变曲线。其中，图 7.8(a) 是仅考虑体积约束时拓扑优化点阵结构以及两种传统点阵结构的名义应力-应变曲线，图 7.8(b) 是同时考虑体积约束和各向同性约束时拓扑优化点阵结构以及两种传统点阵结构的名义应力-应变曲线。从图 7.8 可知，通过拓扑优化设计得到的点阵结构在准静态载荷作用下的名义应力-应变曲线与传统点阵结构类似，同样可划分为三个阶段，即线性段、平台段以及密度段。由图 7.8(a) 可知，虽然 5 种具有立方对称性的点阵结构的相对密度相同，但是由于细观构型的差别，相应的名义应力-应变曲线表现出明显的构型依赖性。例如，K-D 点阵结构的初始峰值应力最高，K-C 点阵结构平台段的应力波动幅度最小，而 K-A 点阵结构同时具有高初始峰值应力以及稳定的平台段。将上述具有立方对称性的点阵结构与两种传统点阵结构进行对比，5 种点阵结构线性段的斜率 (弹性模量) 均远远大于 BCC 点阵结构，部分与 OT 点阵结构相当，甚至超过 OT 点阵结构。其中，K-A 与 K-D 两种点阵结构的弹性模量和初始峰值应力均大于 OT 点阵结构，因此更适合用于轻质承载领域。同时，这两种点阵结构在平台段的应力幅值也较 OT 点阵结构高，这表明它们也有望应用于能量吸收领域。值得注意的是，本章 BCC 点阵结构的名义应力-应变曲线的应变值仅在 0.2 左右，这与使用金属增材制造 BCC 点阵结构具有长且平缓的应力-应变曲线不同。这是由于在压缩过程中 BCC 点阵结构出现了明显的垮塌，点阵结构中的局部变形使点阵结构发生断裂，完全失去了承载能力。由图 7.8(b) 可知，5 种点阵结构的弹性模量均显著高于 BCC 点阵结构，甚至有部分点阵结构的弹性模量达到或超过了 OT 点阵结构，如 K-ISO-C 点阵结构。与 OT 点阵结构的名义应力-应变曲线相比，该图中的 5 种拓扑优化点阵结构的名义应力-应变曲线平台段的应力波动幅度更小，平台段更加平稳。该图中的 5 种点阵结构中，K-ISO-C 的表现最好，同时拥有较高的弹性模量、初始峰值应力和平台应力。

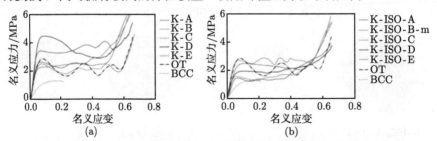

图 7.8　增材制造拓扑优化点阵结构在准静态载荷作用下的名义应力-应变曲线

图 7.9 是仅考虑体积约束时，采用拓扑优化方法得到的点阵结构在准静态载荷作用下的变形模式。当名义应变为 0.1 时，5 种点阵结构的变形均十分均匀，当名

义应变达到 0.3 时，5 种点阵结构的中间部位的变形较点阵结构与上下压头接触的部分的变形更加明显。这是由于点阵结构中间部位的约束明显低于两端，更易发生横向位移。此时点阵结构中已经出现了轻微的断裂。当名义应变为 0.5 时，点阵结构的孔壁发生大范围的接触现象，并且部分点阵结构发生了十分明显的断裂现象。

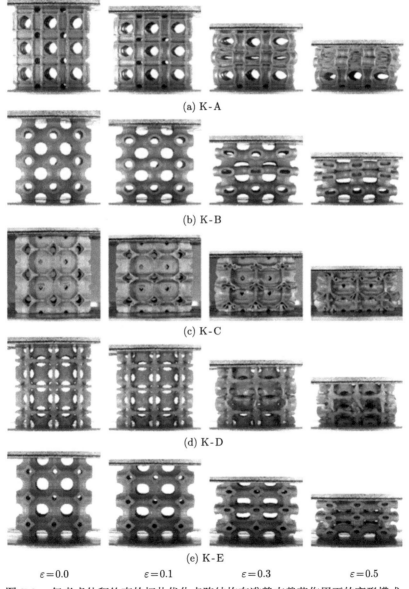

(a) K-A

(b) K-B

(c) K-C

(d) K-D

(e) K-E

$\varepsilon=0.0$ $\varepsilon=0.1$ $\varepsilon=0.3$ $\varepsilon=0.5$

图 7.9 仅考虑体积约束的拓扑优化点阵结构在准静态载荷作用下的变形模式

　　图 7.10 是同时考虑体积约束和各向同性约束时,采用拓扑优化方法所得到的点阵结构在准静态载荷作用下的变形模式。图中点阵结构的变形模式与图 7.9 中点阵结构的变形特征类似,即当应变较小时,点阵结构发生均匀的整体变形,随着应变的增大,点阵结构的中间部位发生明显的横向变形,当应变达到 0.5 时,点阵结构的胞壁或杆件发生大范围接触并断裂。

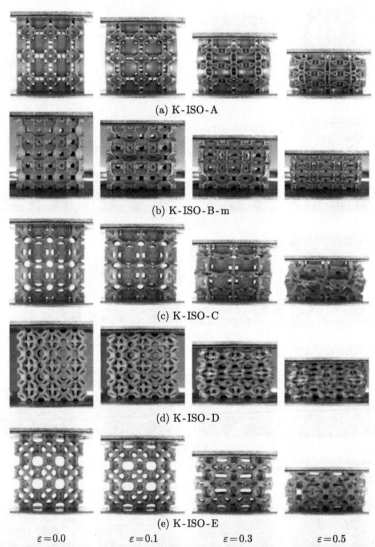

(a) K-ISO-A

(b) K-ISO-B-m

(c) K-ISO-C

(d) K-ISO-D

(e) K-ISO-E

$\varepsilon=0.0$　　　　　　$\varepsilon=0.1$　　　　　　$\varepsilon=0.3$　　　　　　$\varepsilon=0.5$

图 7.10　同时考虑体积约束和各向同性约束的拓扑优化点阵结构在准静态载荷作用下的变形模式

　　图 7.11 展示了 OT 和 BCC 这两种具有代表性的传统点阵结构在准静态载

荷作用下的变形模式。在图 7.11(a) 中，当应变为 0.1 时，OT 点阵结构的部分杆件发生了屈曲。这对应于图 7.8 中点阵结构在发生屈曲之前，OT 点阵结构的承载能力不断上升，一旦载荷超过了点阵结构的临界载荷，点阵结构的名义应力-应变曲线便开始下降。当应变为 0.3 时，OT 点阵结构部分杆件发生接触，集中的变形区域使点阵结构表现出了一个水平方向的变形带。最后当应变为 0.5 时，OT 点阵结构的所有胞元均发生了变形。这对应于图 7.8 中点阵结构应力-应变曲线的最后一个峰值。在图 7.11(b) 中，当名义应变小于 0.2 时，在 BCC 点阵结构材料中没有发生明显的变形带。但是，当名义应变约为 0.22 时，BCC 点阵结构完全丧失了承载能力。这是由于在实验中 BCC 点阵结构发生了灾难性的断裂失效现象。将点阵材料发生失效后的较大残块展示在最后一个子图中。如图 7.11(b) 的第四个子图所示，BCC 点阵结构主要在节点处发生了断裂，而两个节点之间的杆件上没有明显的残余变形，且破损区域的连线均为 45°，这符合已有研究中的 BCC 点阵结构的失效模式。出现这种变形模式的原因是 BCC 点阵结构是典型的弯曲主导型点阵结构，节点处的应力明显高于杆件中的应力。

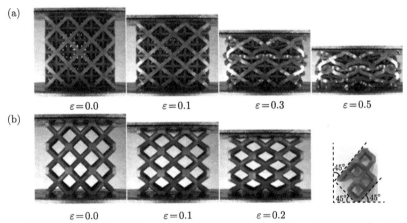

图 7.11　两种传统点阵结构在准静态载荷作用下的变形模式：(a) OT 点阵结构；(b) BCC 点阵结构

图 7.12 展示了金属增材制造 BCC 点阵结构在准静态载荷作用下的变形模式与破坏形式。从图中可知，两种金属 BCC 点阵结构均表现出了 45° 局部变形带。由于基体材料 316 不锈钢的塑性优于 Ti-6Al-4V，因此，图 7.12(a) 中的点阵结构表现出明显的断裂失效现象。图 7.12(a) 中点阵结构局部变形带发生断裂失效后的结果如图 7.12(c) 的 (1) 所示。从该图中能够明显看到断裂主要发生在节点处，且发生失效的部分沿 45° 方向。7.12(c) 的 (2) 是数值模拟对 BCC 点阵结构的塑性应变分布的预测结果，从图中可知，该点阵结构的塑性应变主要集中在节点处，而节点间的杆件上的塑性应变几乎为 0，这与失效主要发生在节点处的现象吻合。

图 7.12(c) 的 (3) 是 BCC 点阵结构中主应力分布的数值模拟，结果证明 BCC 点阵结构单胞变形是弯曲变形主导的。

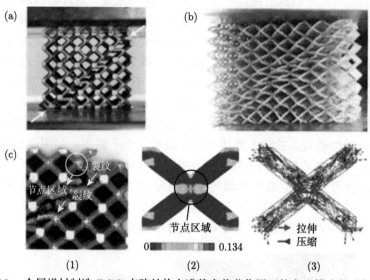

图 7.12　金属增材制造 BCC 点阵结构在准静态载荷作用下的变形模式与破坏形式：
(a) Ti-6Al-4V BCC 点阵结构；(b) 316L 不锈钢 BCC 点阵结构；(c) Ti-6Al-4V 点阵结构
变形模式放大图及单胞应力和应变分布图

　　为了评估拓扑优化点阵结构和传统点阵结构在准静态载荷作用下的力学行为，采用杨氏模量 (Young's modulus)、屈服应力 (yield stress)、初始峰值应力 (initial peakstress)、平台应力 (plateau stress)、撞击力效率 (crushing force efficiency，CFE) 和比吸能 (specific energy absorption，SEA) 对点阵结构的力学性能进行表征。杨氏模量是点阵结构名义应力-应变曲线中性段的斜率。将塑性耗散能达到弹性应变能 10% 时所对应的名义应力定义为点阵结构的屈服应力。图 7.13 展示了点阵结构上述力学性能指标的计算结果，各子图中的红色点画线是相同评价指标下 OT 点阵结构的值。需要说明的是图中 BCC 点阵结构的部分力学性能为空，这是因为部分指标的计算需要初始密实化应变，而 BCC 点阵结构的名义应力-应变曲线没有达到密实化阶段，因此空白位置处的 BCC 横坐标仅起到占位的作用。从图中可知，BCC 点阵结构的所有力学性能指标均最小。从图 7.13(a) 中可知，仅具有立方对称性的拓扑优化点阵结构的杨氏模量均高于 OT 点阵结构，具有各向同性性质的 K-ISO-C 点阵结构的杨氏模量也高于 OT 点阵结构，K-ISO-B-m、K-ISO-D 和 K-ISO-E 点阵结构的杨氏模量略低于 OT 点阵结构。从图 7.13(b) 可知，K-A、K-D 和 K-ISO-C 点阵结构的屈服应力大于 OT 点阵结构。从图 7.13(c) 可知，仅 K-A 和 K-D 两种点阵结构的初始峰值应力大于 OT 点阵结构。从图

7.13(d) 可知，K-A、K-C、K-D、K-E、K-ISO-C 和 K-ISO-E 这几种点阵结构的平台应力大于 OT 点阵结构。从图 7.13(e) 可知，K-A 和 K-ISO-C 这两种点阵结构的 CFE 最接近于 1，表明这两种点阵结构的名义应力-应变曲的线性段与平台段较稳定。从图 7.13(f) 可知，K-A、K-D 和 K-ISO-C 这三种点阵结构的比吸能大于 OT 点阵结构，表明在该加载方向的准静态载荷作用下，这三种点阵结构的吸能特性优于 OT 点阵结构。上述结果表明，可以通过拓扑优化方法对点阵结构的细观结构进行设计以获得力学性能优于传统点阵结构的新型点阵结构。

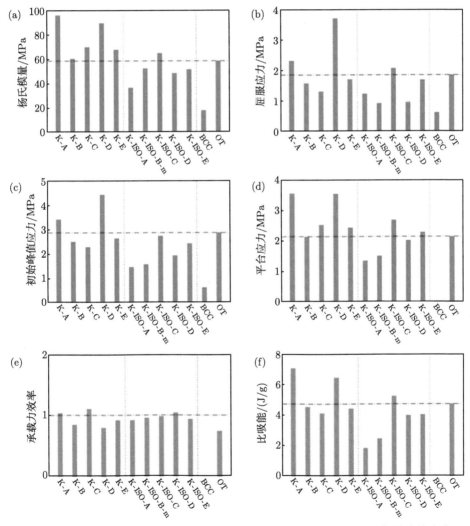

图 7.13　点阵结构准静态力学特性：(a) 杨氏模量；(b) 屈服应力；(c) 初始峰值应力；
(d) 平台应力；(e) 承载力效率 (CFE)；(f) 比吸能 (SEA)

7.4.4　拓扑优化点阵结构力学性能对方向的依赖性

点阵结构的各向异性既可以通过各向异性指数来评价，也可以通过点阵结构在三个主轴方向的弹性模量来评估，在本节中对点阵结构在三个主轴方向的力学性能进行研究。选取 K-A 和 K-ISO-C 点阵结构作为两类拓扑优化点阵结构的代表。采用有限元方法 (finite element method，FEM) 研究这两种拓扑优化点阵结构的力学性能对于方向的依赖性。点阵结构的三个主轴方向采用密勒指数 (Miller indices)，可分别表示为 [1, 0, 0]、[1, 1, 0] 和 [1, 1, 1]，如图 7.14 所示。

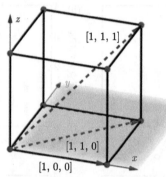

图 7.14　点阵结构的三个主方向

为了获得点阵结构在 [1,1,0] 主方向上加载时的几何构型，需要先将点阵结构的单胞在 x 和 y 方向上延拓，然后将点阵结构绕 z 轴顺时针方向旋转 45°，再从延拓后的点阵结构几何模型中取出尺寸为 36mm×36mm×36 mm 的点阵结构。类似地，为了获得点阵结构在 [1,1,1] 主方向上加载时的几何构型，需要先将点阵结构的单胞在 x、y 和 z 方向上延拓，然后将点阵结构绕 z 轴顺时针方向旋转 45°，再绕 y 轴顺时针旋转 $(\arctan(1/\sqrt{2}))°$，最后从延拓后的点阵结构几何模型中取

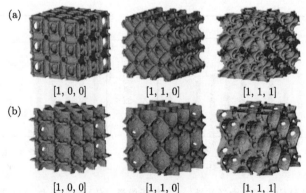

图 7.15　两种点阵结构在三个主方向上的拓扑构型：(a) K-A 点阵结构；(b) K-ISO-C
点阵结构

出尺寸为 36mm×36mm×36 mm 的点阵结构。图 7.15 展示了 K-A 和 K-ISO-C 经上述过程得到的点阵结构在三个主方向上加载时的几何模型。将这些几何模型导入 Abaqus 软件中进行数值计算。从 7.4 节可知，当应变超过 0.3 后，点阵结构开始发生断裂。由于断裂是高度非线性行为且依赖断裂发生的具体位置，因此在数值模拟中仅对点阵结构发生失效前 ($\varepsilon \leqslant 0.3$) 的力学行为进行了预测。

图 7.16 是 K-A 和 K-ISO-C 两种点阵结构在 [1, 0, 0] 方向准静态载荷作用下的力学行为。其中，图 7.16(a) 和图 7.16(c) 是两种点阵结构的实验和数值模拟的名义应力-应变曲线的对比图，图 7.16(b) 和图 7.16(d) 是这两种点阵结构的杨氏模量和屈服应力。从图 7.16(a) 和 (c) 可知，两种点阵结构的数值模拟预测的名义应力-应变曲线与实验结果在线性段和平台段具有一致的趋势，数值模拟结果复现了实验结果。图 7.16(b) 和 (d) 展示了对图 7.16(a) 和 (c) 中的名义应力-应变曲线进行处理后，得到的两种点阵结构的杨氏模量和屈服应力。对于 K-A 点阵结构而言，数值模拟预测得到的杨氏模量与实验结果之间的差别为 13.19%，屈服应力之间的差别为 2.58%。对于 K-ISO-C 点阵结构而言，杨氏模量之间的差别为 4.69%，屈服应力之间的差别为 1.44%。上述结果表明，数值模型能够有效准确地预测点阵结构在准静态载荷下的力学行为。

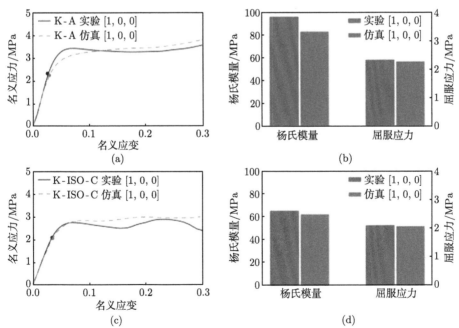

图 7.16 两种点阵结构在 [1, 0, 0] 方向加载时的力学行为：(a) K-A 点阵结构的实验和数值模拟名义应力-应变曲线；(b) K-A 点阵结构的杨氏模量和屈服应力；(c) K-ISO-C 点阵结构的实验和数值模拟名义应力-应变曲线；(d) K-ISO-C 点阵结构的杨氏模量和屈服应力

图 7.17 展示了两种点阵结构在三个主方向上准静态载荷作用下的力学行为的数值模拟结果，图中曲线上的实心圆点表示点阵结构在该加载方向上的屈服应力。图 7.17(a) 是 K-A 点阵结构在三个主方向上的名义应力-应变曲线。从图中可以看出，K-A 点阵结构的弹性段表现出明显的方向依赖性。K-A 点阵结构在 [1,0,0] 方向上具有最大的弹性模量，在 [1,1,1] 方向上具有最小的弹性模量。这与图 7.17(b) 中的结果吻合。图 7.17(a) 中的名义应力-应变曲线所对应的点阵结构的杨氏模量与屈服应力如图 7.17(b) 所示。以 [1, 0, 0] 方向上点阵结构的力学性能作为参考计算点阵结构力学性能在不同方向上的差别：$(V_{[1,0,0]} - V_{\min})/V_{[1,0,0]} \times$ 100%。不同方向杨氏模量之间的最大差别为 44.40%，屈服应力之间的最大差别为 24.23%。此外，为了表征点阵结构在非线性阶段的应力对于方向的依赖性，定义了平均应力为

$$\sigma_{\mathrm{mean}} = \frac{\int_{\varepsilon_y}^{0.3} \sigma(\varepsilon)\,\mathrm{d}\varepsilon}{0.3 - \varepsilon_y} \tag{7.39}$$

其中，ε_y 为屈服应力所对应的应变。K-A 点阵结构在三个方向上的平均应力分别为 3.36MPa、2.27MPa 和 2.38MPa，平均应力之间的最大差别为 32.44%。图 7.17(c) 是 K-ISO-C 点阵结构在三个主方向上的名义应力-应变曲线。从图中可以看出，虽然点阵结构的名义应力-应变曲线在弹性段存在一定的差别，但相比于 K-A 点阵结构，曲线对方向的依赖已明显降低。K-ISO-C 点阵结构在 [1, 0, 0] 方向上的杨氏模量最大，在 [1, 1, 1] 方向上的杨氏模量最小。图 7.17(c) 中点阵结构的名义应力-应变曲线所对应的杨氏模量和屈服应力如图 7.17(d) 所示。同样以 [1, 0, 0] 方向上点阵结构的力学性能作为参考，计算 K-ISO-C 点阵结构在不同方向上力学性能之间的差别。不同方向上的杨氏模量之间的最大差别为 14.42%，屈服应力之间的最大差别为 19.42%。K-ISO-C 点阵结构在三个方向上的平均应力分别为 2.86MPa、2.53MPa 和 2.24MPa，平均应力之间的最大差别为 21.68%。上述结果表明，具有立方对称性的 K-A 点阵结构的力学性能对方向具有明显的依赖性，而在拓扑优化过程中引入各向同性约束设计得到的 K-ISO-C 点阵结构的方

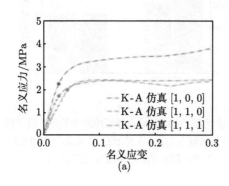

(a)

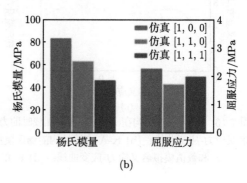

(b)

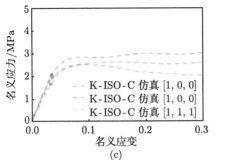
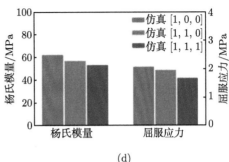

图 7.17　两种点阵结构在三个主方向上准静态载荷作用下的力学行为数值模拟结果：(a)K-A 点阵结构的名义应力-应变曲线；(b)K-A 点阵结构的杨氏模量和屈服应力；(c)K-ISO-C 点阵结构的名义应力-应变曲线；(d)K-ISO-C 点阵结构的杨氏模量和屈服应力

向依赖性已明显降低。此外，与仅有立方对称性的点阵结构相比，各向同性的点阵结构不仅其弹性性质对方向的依赖性明显降低，其非线性力学特性 (如本节中的屈服应力和平均应力) 对方向的依赖性也明显降低。

参 考 文 献

[1] Sigmund O, Maute K. Topology optimization approaches[J]. Structural and Multidisciplinary Optimization, 2013, 48(6): 1031-1055.

[2] Michell A G M. The limits of economy of material in frame-structures[J]. The London,Edinburgh, and Dublin Philosophical Magazine and Journal of Science, 1904, 8(47): 589-597.

[3] Bendsøe M P, Kikuchi N. Generating optimal topologies in structural design using a homogenization method[J]. Computer Methods in Applied Mechanics and Engineering, 1988, 71(2): 197-224.

[4] Bendsøe M P, Soares C A M. Topology design of structures[M]. Berlin: Springer Science &Business Media, 2012.

[5] Cheng K T, Olhoff N. An investigation concerning optimal design of solid elastic plates[J]. International Journal of Solids and Structures, 1981, 17(3): 305-323.

[6] Bendsøe M P. Optimal shape design as a material distribution problem[J]. Structural Optimization, 1989, 1(4): 193-202.

[7] Sigmund O. Materials with prescribed constitutive parameters: An inverse homogenization problem [J]. International Journal of Solids and Structures, 1994, 31(17): 2313-2329.

[8] Sethian J A, Wiegmann A. Structural boundary design via level set and immersed interface methods [J]. Journal of Computational Physics, 2000, 163(2): 489-528.

[9] Wang X, Wang M, Guo D. Structural shape and topology optimization in a level-set-based framework of region representation[J]. Structural and Multidisciplinary Optimization, 2004, 27(1): 1-19.

[10] Wang Y, Luo Z, Zhang N, et al. Topological shape optimization of multifunctional tissue engineering scaffolds with level set method[J]. Structural and Multidisciplinary Optimization, 2016, 54(2): 333-347.

[11] Yang X, Xie Y, Steven G, et al. Bidirectional evolutionary method for stiffness optimization[J]. AIAA Journal, 1999, 37(11): 1483-1488.

[12] Carstensen J V, Lotfi R, Chen W, et al. Topology-optimized bulk metallic glass cellular materials for energy absorption[J]. Scripta Materialia, 2022, 208: 114361.

[13] Guo X, Zhang W, Zhong W. Doing topology optimization explicitly and geometrically-A new moving morphable components based framework[J]. Journal of Applied Mechanics, 2014, 81(8): 081009.

[14] Guo X, Zhang W, Zhang J, et al. Explicit structural topology optimization based on moving morphable components (MMC) with curved skeletons[J]. Computer Methods in Applied Mechanics and Engineering, 2016, 310: 711-748.

[15] Du Y, Li H, Luo Z, et al. Topological design optimization of lattice structures to maximize shear stiffness[J]. Advances in Engineering Software, 2017, 112: 211-221.

[16] Bendsoe M P, Sigmund O. Topology Optimization: Theory, Methods, and Applications[M]. Berlin: Springer Science & Business Media, 2003.

[17] Challis V, Roberts A, Wilkins A. Design of three dimensional isotropic microstructures for maximized stiffness and conductivity[J]. International Journal of Solids and Structures, 2008, 45(14-15):4130-4146.

[18] Huang X, Radman A, Xie Y M. Topological design of microstructures of cellular materials for maximum bulk or shear modulus[J]. Computational Materials Science, 2011, 50(6): 1861-1870.

[19] Zhou S, Li Q. Design of graded two-phase microstructures for tailored elasticity gradients[J]. Journal of Materials Science, 2008, 43(15): 5157-5167.

[20] Carstensen J V, Lotfi R, Chen W, et al. Topology-optimized bulk metallic glass cellular materials for energy absorption[J]. Scripta Materialia, 2022, 208: 114361.

[21] Zhou S, Li Q. The relation of constant mean curvature surfaces to multiphase composites with extremal thermal conductivity[J]. Journal of Physics D: Applied Physics, 2007, 40(19): 6083.

[22] Huang X, Zhou S, Xie Y, et al. Topology optimization of microstructures of cellular materials and composites for macrostructures[J]. Computational Materials Science, 2013, 67: 397-407.

[23] Clausen A, Wang F, Jensen J S, et al. Topology Optimized Architectures with Programmable Poisson's Ratio over Large Deformations[J]. Advanced Materials, 2015, 27(37): 5523-5527.

[24] Sigmund O. A new class of extremal composites[J]. Journal of the Mechanics and Physics of Solids, 2000, 48(2): 397-428.

[25] Gao J, Li H, Luo Z, et al. Topology optimization of micro-structured materials featured with the specific mechanical properties[J]. International Journal of Computational

Methods, 2020, 17(03): 1850144.

[26] Zheng Y, Wang Y, Lu X, et al. Evolutionary topology optimization for mechanical metamaterials with auxetic property[J]. International Journal of Mechanical Sciences, 2020, 179: 105638.

[27] Song J, Wang Y, Zhou W, et al. Topology optimization-guided lattice composites and their mechanical characterizations[J]. Composites Part B: Engineering, 2019, 160: 402-411.

第 8 章 基于数据驱动的微点阵材料设计方法

8.1 引　　言

尽管拓扑优化方法为微点阵材料的设计提供了极大的便利，但该方法的优化目标通常为小变形下的力学行为，如强度、模量等。随着人工智能技术的发展，国内外提出了采用数据驱动的方法开展结构设计。这类方法是基于现有成熟的算法，对结构进行力学设计。这类优化方法有别于基于经验的设计方法，避免了基于经验计算繁重的仿真工作，以及迭代设计过程，是未来力学设计的趋势。但这类方法又与经验设计方法相辅相成，需要人为考虑构件的使用因素从而对理论优化结果进行修正。

众所周知，点阵结构的力学性能依赖其细观构型，这为调控点阵结构的力学行为提供了思路，拓展了点阵结构构型的设计空间和相应的力学响应空间，实现了通过改变点阵结构的细观构型调控其力学性能的目的。目前，基于某种点阵结构的细观构型，可建立理论分析模型或数值模型预测点阵结构的力学行为。然而，由于点阵结构构型与其力学响应之间的复杂非线性关系，预测点阵结构庞大的力学响应空间需要耗费大量的计算资源和时间，此外，根据特定目标响应逆向设计点阵结构的细观结构还亟待探索。在航空航天和智能机器等领域，对可定制力学响应的智能化点阵结构具有迫切的需求。因此，探索点阵结构的细观构型和相应力学响应的多样性，有助于实现点阵结构细观构型的逆向设计，拓展功能点阵结构的应用领域。

8.2 异构点阵结构的机器学习算法构建

8.2.1 机器学习算法研究现状

机器学习是用来教会计算机如何根据已有的数据集对新数据做出预测。最重要的是，机器学习并不需要显式地写出程序代码以及预先指定所有参数。机器学习诞生于 1943 年，在 20 世纪 90 年代开始迅速发展壮大，是人工智能领域最成功的子域之一。机器学习根据学习过程一般可以分为监督学习、无监督学习以及强化学习。监督学习算法使用带有标签的数据集进行模型训练，是机器学习最基本的学习类型。监督学习十分适合分类问题 (如探测裂纹) 和回归问题 (如强度预测)。与监督学习不同, 无监督学习算法使用没有标签的数据集进行模型训练, 而强化学习算法使用不断试错的方式进行模型训练。广泛使用的机器学习算法包括: 人工神经网络 (artificial neural network, ANN)[1]、决策树 [2]、支持向量机 (support vector machine)[3]、随机森林 (randomforest) 和生成对抗网络 (generative adversarial network, GAN) 等 [4]。其中, 人工神经网络的结构由神经元构成, 各个神经元之间相互连接。最简单的人工神经网络包含一个输入层、一个输出层和一个隐藏层。输入层用来向神经网络中输入数据, 输出层表示神经网络对输入值的预测值, 隐藏层主要是对输入数据进行计算。当人工神经网络的隐藏层超过一层时, 可将其称为深度学习 (deep learning)[5,6]。生成对抗网络是一种十分著名的深度学习网络模型, 通过训练一对相互竞争的网络来实现, 其中一个网络是生成器 (generator), 另外一个网络是鉴别器 (discriminator)。预测点阵结构的力学响应可以采用理论分析和数值模拟的方法, 但是理论分析方法在计算具有复杂拓扑构型的点阵结构的力学响应时往往因为计算过程过于复杂而丧失了可行性, 数值模拟模型通常也需要消耗大量的计算时间和资源。此时, 机器学习模型提供了一个计算准确且高效率的方法。Kulagin 等 [7] 基于具有一个隐藏层的人工神经网络设计了具有可调各向异性性能的二维点阵结构, 其中机器学习方法用来建立点阵结构的构型与其弹性性质之间的关系。Yang 等 [8,9] 通过对抗生成网络架起了连接二维材料的微观结构-设计空间-物理性质三者之间的桥梁, 实现了从材料的微观结构到其应力-应变场的准确预测, 整个计算流程如图 8.1 所示。Challapalli 等 [10] 首次基于生成对抗网络建立了逆向设计微点阵结构胞元的框架, 用于根据微点阵结构的目标特性设计轻质微点阵结构的细观构型。该框架由一个生成对抗网络、一个前向回归模型以及存储边界条件的部分组成。实验和数值模拟结果表明通过该框架设计得到的最优结构的压缩强度相比于八角点阵结构提高了 40% ~120%, 为使用逆向设计方法快速高效寻找最优结构提供了新的可能。Lee 等 [11] 将深度学习方法和高阶贝塞尔曲线结合对体心立方微点阵结构杆件的截面形状进行设计, 设计得到的新型杆件截面形状增强了杆件的交点的承载能力, 协调了微点阵结构的杆件内的轴向和弯曲两种变形, 实现了提升微点阵结构模量和强度的目的。优化后的新型体心立方微点阵结构更适用于承载和吸能。Wang 和 Panesar[12] 采用具有三层隐藏层的人工神经网络, 建立了表征微点阵结构力学属性与微观结构之间关系的点阵构型生成器, 通过有限元分析方法建立了训练网络模型的数据集。该方法实现了根据微点阵结构力学性能快速设计点阵结构细观构型的目的。改变微点阵结构的某些设计参数会丰富点阵结构的设计空间, 预测微点阵结构的力学行为现已成为可能。尽管如此, 如何有效识别具有某些力学特性的点阵结构仍是一项具有挑战性的工作。由于不同的微点阵结构可能会产生相同的有效刚度, 逆向设计问题本质上是不适定的。为了解决这一问题, Bastek 等 [13] 将没有任何约束的神经网络和提前引入物理模型知识的神经网络 (physics-guided neural network) 相结合，提出了一个深度学习框架，实现了设计具有定制化各向异性刚度微点阵结构的目的。此外，该深度学习框架还能够根据真实骨头的刚度参数获得满足要求的混杂点阵结构作为骨植入物，实现了混杂点阵结构中不同胞元间的平滑过渡。

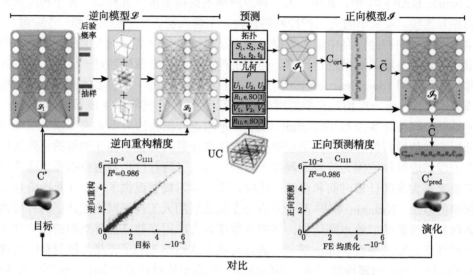

图 8.1　根据目标刚度生成微点阵结构的深度学习框架

弯曲主导型点阵结构的名义应力-应变曲线具有一个长且平坦的平台段，所以适合用于能量吸收的应用场景；而拉伸主导型点阵结构的名义应力-应变曲线具有高斜率的线性段和高初始峰值应力，通常应用于轻量化承载领域。在本章中，提出了一种异构化设计方法，其目的是设计可以结合拉伸主导型和弯曲主导型点阵结构力学性能优点的异构点阵结构。其中，选取以杆件弯曲变形为主的菱形十二面体点阵结构 (rhombic dodecahedron lattice structure，RDLS) 作为弯曲主导型

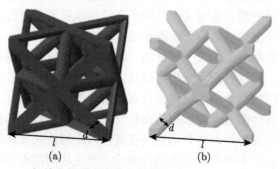

图 8.2　拉伸主导型和弯曲主导型胞元：(a) OT；(b) RD

点阵结构的代表，选取以杆件轴向拉压变形为主的八角点阵结构 (octet-truss lattice structure，OTLS) 作为拉伸主导型点阵结构的代表。基于选中的两种基本胞元构建出一系列细观结构具有异构结构特征的异构点阵结构。两种基本胞元的几何模型如图 8.2 所示，其中 d 是特征直径，l 为特征长度。

RD 单胞的相对密度可通过下式计算：

$$\rho_{\mathrm{RD}}^{*} = 2\sqrt{3}\pi \left(\frac{d}{l}\right)^{2} - 1.19C_1 \left(\frac{d}{l}\right)^{3} \tag{8.1}$$

OT 单胞的相对密度可通过下式计算：

$$\rho_{\mathrm{OT}}^{*} = 3\sqrt{2}\pi \left(\frac{d}{l}\right)^{2} - 6.825C_2 \left(\frac{d}{l}\right)^{3} \tag{8.2}$$

其中，常数 C_1 和 C_2 分别为 $64\sqrt{3}/9$ 和 $2\sqrt{2}$。所设计的异构点阵结构在空间中具有 4×4×4 共 64 个胞元。图 8.3 是设计异构点阵结构的示意图。图中位于 x-y 平面内的绿色区域是设计域，由 4 ×4 ×1 共 16 个胞元构成；沿 z 方向的灰色区域为扩张域，由 4×4×3 共 48 个胞元构成。对异构点阵结构进行结构设计的流程如下：用 OT 和 RD 这两种基本胞元将设计域填满，然后在扩张域内复制设计域的构型，这样便可以形成一系列异构点阵结构。基于上述设计方法，通过调整两种基本胞元各自的数量和位置所获得的异构点阵结构的数量十分庞大，丰富了点阵结构的细观构型，极大地拓展了点阵结构的设计空间。鉴于异构点阵结构数量繁多，本章仅选取了两种纯异构点阵结构进行几何设计和增材制造，将这两种异构点阵结构分别简记为第一种异构点阵结构 (HOLS) 和第二种异构点阵结构 (HTLS)。具体来说，第一种异构点阵结构的内部是 RD 胞元，外部包围一层 OT 胞元，这是一种外部刚硬而内部柔软的异构点阵结构。第二种异构点阵结构是在

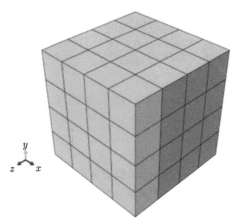

图 8.3　设计异构点阵结构的示意图

设计域的对角线位置上放置 OT 胞元，其余位置放置 RD 胞元。从广义异构点阵结构的角度来说，RD 点阵结构和 OT 点阵结构实际上也是两种特殊的异构点阵结构。因此在制备 HOLS 和 HTLS 的同时，也制备 RD 点阵结构和 OT 点阵结构。需要说明的是，在异构点阵结构几何结构设计过程中，将与 RD 胞元相接触的 OT 胞元的杆件补全为整根杆件，这样是为了能够将两种胞元更好地连接在一起，同时也符合增材制造工艺的要求。

图 8.4 中展示了异构点阵结构的设计几何模型和真实打印的试件。异构点阵结构的设计几何模型在点画线的左侧，真实试件的图片在点画线的右侧。

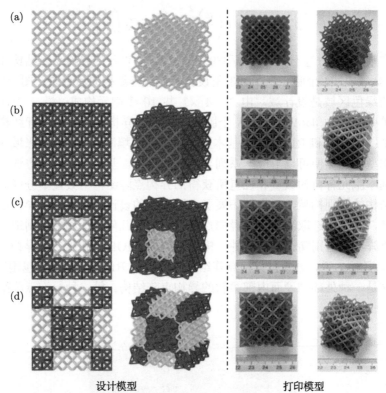

设计模型　　　　　　　　　　　　　　　　打印模型

图 8.4　异构点阵结构的几何模型和真实试件

8.2.2　人工神经网络构建

为了根据某一目标力学响应设计异构点阵结构的微结构，建立包含所有异构点阵结构构型与其相应力学响应的"字典"至关重要。建立有限元模型对某一异构点阵结构进行计算分析，从而获得异构点阵结构的力学性能是一个比较常用的方法。但是，对大批量异构点阵结构进行数值模拟需要耗费大量的时间和计算资源，极大地降低了该方法的可行性，本章所面临的情况正是如此。深度学习 (deep learning) 或人工神经网络 (artificial neural network，ANN) 提供了一个能够快速且准确地完成这项任务的替代方法。在本节中提出了一个人工神经网络模型来学习异构点阵结构构型与其相应力学响应之间的潜在联系规律。人工神经网络模型的表现与训练模型时数据的丰富程度有关，因此，在训练人工神经网络之前，准备了包含有足够多信息的数据集，数据集中的每组数据包含一个异构点阵结构的构型矢量以及表示该点阵结构力学行为的矢量。

8.2.3 构建数据集

此处为了简洁，将弯曲主导型 RD 胞元称为基体相 (matrix phase，MP)，将拉伸主导型 OT 胞元称为强化相 (reinforced phase，RP)。类似地，可以通过改变基体相和强化相的位置和数量获得一系列异构点阵结构。所有可能的异构点阵结构的构型可以由下式计算得到：

$$\sum_{n=0}^{16} \binom{16}{n} = 65536 \tag{8.3}$$

其中，n 表示 RP 的数量。相应地，MP 的数量为 $(16 - n)$。采用异构化设计方法获得的所有可能的异构点阵数量为 65536。特别是当 $n = 0$ 时，异构点阵结构退化为 RD 点阵结构；当 $n = 16$ 时，异构点阵结构退化为 OT 点阵结构。对数目如此庞大的异构点阵结构的构型进行表征是一个繁重且困难的任务，此处引入了二值化方法 (binarization method) 以便简单高效地对异构点阵结构的构型进行描述，此处用 1 表示 RP，用 0 表示 MP。根据 RP 和 MP 在异构点阵结构中的位置可以将异构点阵结构的构型二值化为一个二维矩阵。例如，RD 点阵结构和 OT 点阵结构的二值化矩阵可分别表示为

$$\begin{bmatrix} 0 & 0 & 0 & 0 \\ 0 & 0 & 0 & 0 \\ 0 & 0 & 0 & 0 \\ 0 & 0 & 0 & 0 \end{bmatrix}, \begin{bmatrix} 1 & 1 & 1 & 1 \\ 1 & 1 & 1 & 1 \\ 1 & 1 & 1 & 1 \\ 1 & 1 & 1 & 1 \end{bmatrix} \tag{8.4}$$

HOLS 和 HTLS 的二值化矩阵可分别表示为

$$\begin{bmatrix} 1 & 1 & 1 & 1 \\ 1 & 0 & 0 & 1 \\ 1 & 0 & 0 & 1 \\ 1 & 1 & 1 & 1 \end{bmatrix}, \begin{bmatrix} 1 & 0 & 0 & 1 \\ 0 & 1 & 1 & 0 \\ 0 & 1 & 1 & 0 \\ 1 & 0 & 0 & 1 \end{bmatrix} \tag{8.5}$$

　　对于所有可能的异构点阵结构的准静态力学行为,可考虑通过异构点阵结构构型的几何对称性去除力学响应相同的构型。如果两个异构点阵结构的二值化矩阵可以通过几何变换的方式相互转化,则认为这两个异构点阵结构是力学等效的。在本章中考虑的几何变换有:竖直翻转 (vertical flip)、水平翻转 (horizontal flip)以及这两种几何变换的组合 (the combination of vertical and horizontal flip)。对所有可能的异构点阵结构的构型进行几何变换,获得独立的 16576 种异构点阵构型。根据这些独立的异构点阵结构的构型建立相应的有限元模型,并提交计算。从计算结果文件 (.odb) 中提取点阵结构的名义应力-应变曲线。需要说明的是此处采用有限元方法对所有独立的异构点阵结构的力学性能进行预测有两个目的,其一为确定有限元方法需要耗费多少计算资源,其二为获得深度学习模型所预测的异构点阵结构的力学性能与相应有限元分析预测结果之间的误差分布。深度学习模型无法自动判断两个异构点阵结构的构型是否等效,因此将所有独立异构点阵

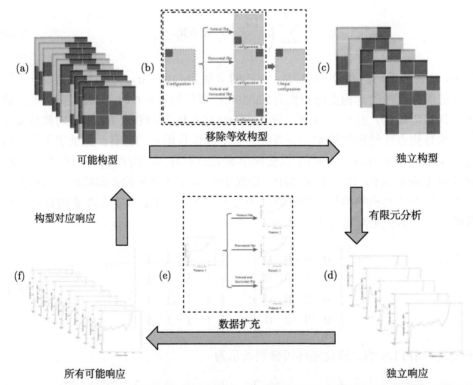

图 8.5　建立异构点阵结构数据集的流程图:(a) 用颜色标记的所有可能点阵构型的二值化矩阵;(b) 由三种几何变换相联系的等效构型;(c) 用颜色标记的所有独立点阵构型的二值化矩阵;(d) 所有独立构型的名义应力-应变曲线;(e) 数据增强;(f) 所有可能点阵构型的名义应力-应变曲线

结构的力学响应扩增到全部可能异构点阵结构的力学响应, 上述过程称为数据增强 (data augmentation)。经过数据增强处理之后, 便得到了所有异构点阵结构的名义应力-应变曲线。图 8.5 展示了上述建立数据集的流程图。为了简便快捷地完成上述任务, 开发了一系列 Python 脚本。例如, 使用几何变换对异构点阵结构的构型进行过滤以获得所有独立的构型、为每个独立的异构点阵结构建立有限元模型并提交计算、对计算结果进行后处理以导出名义应力-应变曲线以及数据增强等。这个包含所有异构点阵结构构型和相应名义应力-应变曲线的数据集将用来训练和评估人工神经网络的性能表现。

8.2.4　训练人工神经网络

TensorFlow 是一个免费开源的深度神经网络库, 本章的人工神经网络基于 TensorFlow 进行开发得到。本章提出了一个具有一个输入层、一个输出层以及五个隐藏层的人工神经网络模型, 其结构示意图如图 8.6 所示。输入层中的 16 个神经元对应着异构点阵结构扁平化后的二值化构型向量。输出层中的 50 个神经元对应着从名义应力-应变曲线中均匀采样的应力值的预测值。五个隐藏层中的神经元个数依次是 500、400、300、200 和 100, 所有神经元彼此之间相互连接。每个隐藏层均配置了修正线性单元 (rectified linear unit, ReLU) 作为激活函数, 在输出层中没有配置非线性激活函数, 这表明输出层的激活函数仅是线性函数。在模型训练期间, 采用基于随机梯度下降的 Adam 优化器 (Adam Optimizer) 最小化损失函数 (loss function), 即平均绝对误差 (mean absolute error, MAE)。Adam 优化器的学习率为 10^{-3}。平均绝对误差在回归分析中常被选作损失函数, 如式 (8.6) 所示, 其中 f_{ref} 是参考值, 在本章中代表通过有限元分析预测得到的结果, f_{pred} 是通过人工神经网络预测得到的数值。

$$\mathrm{MAE} = \frac{1}{n} \sum_{i=1}^{n} |f_{\mathrm{ref},i} - f_{\mathrm{pred},i}| \tag{8.6}$$

图 8.6 展示的人工神经网络结构的每一个神经网络层是关于每层的输入量 α 和输出量 β 之间的映射, 即

$$\phi_\theta : \alpha \to \beta \tag{8.7}$$

其中, 参数 $\theta := \{w, b\}$ 是该层神经网络的状态参数列表。前五个隐藏层所对应的映射 $\phi_{i\theta_i}$ 可写成一般形式, 即

$$\beta_i = \mathrm{ReLU}\left(\omega_i^{\mathrm{T}} \alpha_i + b_i\right) \tag{8.8}$$

输出层对应的映射 $\phi_{0\theta}$ 没有配置非线性函数, 因此该映射可写为

$$\beta_0 = \omega_0^{\mathrm{T}} \alpha_0 + b_0 \tag{8.9}$$

综上, 输入层 x 对应着异构点阵结构的扁平化二值构型向量, 输出层 f 对应着名义应力-应变曲线上均匀采样的应力值的预测值所构成的向量, 这两者之间的映射关系用上述六个映射的复合表示为

$$\phi_{0\theta_0}\phi_{5\theta_5}\phi_{4\theta_4}\phi_{3\theta_3}\phi_{2\theta_2}\phi_{1\theta_1} : x \to f \tag{8.10}$$

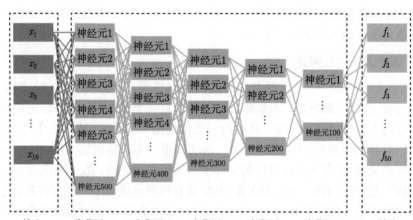

图 8.6　人工神经网络结构图: 该人工神经网络具有一个输入层、一个输出层以及五个隐藏层, 五个隐藏层中的神经元个数分别为 500、400、300、200 和 100

用式 (8.6) 计算得到的标量值衡量预测值与实际值之间的误差, 使用反向传播 (back-propagation) 求解误差对状态参数列表中的状态参数的梯度信息, 利用基于梯度下降的 Adam 优化器迭代更新参数, 最终通过训练得到一组使误差最小化的参数。训练人工神经网络模型之前, 先从数据集中随机选取 20% 的数据点, 再将取出的数据点按照 80%–20% 进行划分。其中 80% 的数据点作为训练集, 20% 的数据点作为验证集。最后从数据集剩余的 80% 中随机选取一些数据点作为验证集。本章所提出的人工神经网络模型规模较大, 具有较强的非线性表达能力, 因此为人工神经网络配置了提前停止技术 (early stopping technique) 以避免训练过程中出现过拟合现象。提前停止技术能够在验证损失 (validation loss) 不再显著降低时停止训练人工神经网络, 不再更新人工神经网络的权重。

8.2.5　确定超参数

本小节将对人工神经网络模型的超参数的确定过程进行说明。MAE 和 Adam 优化器广泛应用于回归分析, 因此它们在训练 ANN 之前便直接选定, ANN 的其他超参数将在本小节中进行说明。在本小节中, 验证损失函数 (即 MAE) 作为评价 ANN 性能表现的主要指标。

首先对 ANN 中隐藏层的数量进行确定。隐藏层的数量从 1 变化至 10 共 10 种情况。每层隐藏层上配置有恒定数量的神经元，分别为 100 和 500。因此，共有 20 种可能的 ANN 进行性能比较。图 8.7(a) 展示了 ANN 的验证损失函数随着隐藏层数量而变化的演化规律。从图中可明显看出，ANN 验证损失函数的数值随着隐藏层数量的增加先降低，随后该趋势放缓，随着隐藏层数量的进一步增加，验证损失函数不再继续降低甚至出现了升高的趋势。在验证损失函数降低的过程中，每个隐藏层配置 500 个神经元的 ANN 的性能优于每个隐藏层配置 100 个神经元的 ANN。从图中还可以看出，隐藏层的数量在某一个区域内变化时，ANN 的验证损失函数变化量较小。对于每层配置 100 个神经元的 ANN 来说，该区域为 5 ~ 7，对于每层配置 500 个神经元的 ANN 来说，该区域为 4 ~ 5。因此，选定隐藏层的数量为 5。

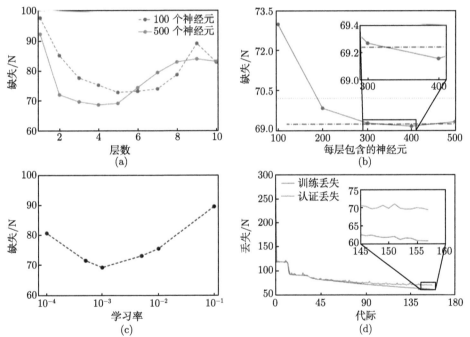

图 8.7　ANN 超参数的确定与相应神经网络模型的性能表现：(a) 隐藏层数量对验证损失值的影响；(b) 神经元数量排布形式对验证损失值的影响；(c) 优化器学习率对验证损失值的影响；(d) 所提出 ANN 的训练和验证损失值随训练周期的演化历史

然后，在隐藏层数量为 5 的基础上确定每个隐藏层上的神经元个数。共考虑了两种神经元排布方案：①每个隐藏层上配置相同数量的神经元；②每个隐藏层上配置不同数量的神经元。对于第一种排布方案，每个隐藏层上配置的神经元个数分别为 100、200、300、400 和 500。对于第二种方案，隐藏层可配置有依次增加神经元数量的情形，即隐藏层上神经元的个数分别为 100、200、300、400 和

500；隐藏层可配置有依次减小神经元数量的情形，即隐藏层上神经元的个数分别为 500、400、300、200 和 100。上述 7 种 ANN 的验证误差值如图 8.7(b) 所示。从图中可知，当 ANN 的每个隐藏层上配置相同数量的神经元时，验证损失函数的值随着神经元数量的增加而降低。当每个隐藏层中的神经元数量增加时，ANN 的规模也相应提高，这使得 ANN 的非线性表达能力显著提高。然而，当神经元的数量超过某一数值后，进一步增加神经元的数量不会提高 ANN 的表现能力。图中不仅展示了第一类 ANN 的损失函数值，还展示了第二类 ANN 的损失函数值。其中，绿色虚线是神经元数量具有升序排布的 ANN 的损失函数值，红色点画线表示神经元数量具有降序排布的 ANN 的损失函数值。从图中可知，神经元具有降序排布的 ANN 的表现优于神经元具有升序排布的 ANN。从该图中的放大部分可知，神经元数量具有降序排布的 ANN 的表现优于每层具有 300 个恒定数量神经元的 ANN，但没有超过每层具有 400 个恒定数量神经元的 ANN。每层具有 300 个恒定数量神经元的 ANN、神经元数量具有降序排布的 ANN 以及每层具有 400 个恒定数量神经元的 ANN 的待定参数分别为 381350、414550 和 668450。因此，为了平衡 ANN 的性能表现和网络复杂度，将 ANN 的网络结构选定为隐藏层的数量为 5，神经元的数量按降序排布，即每个隐藏层的神经元个数分别为 500、400、300、200 和 100。

最后，确定 Adam 优化器的学习率。学习率影响着 ANN 在训练过程中的学习进度。此处，学习率分别取为 0.0001、0.0005、0.001、0.005、0.01 和 0.1。具有不同学习率的 ANN 的验证损失值如图 8.7(c) 所示。ANN 的验证损失值最初随着学习率的增加而降低，但当学习率进一步增加时，验证损失函数值反而升高。此处，将学习率选定为 10^{-3}。至此，ANN 的超参数已全部确定，该 ANN 的训练损失值和验证损失值随着训练周期 (training epoch) 的演化历史如图 8.7(d) 所示。在训练的初始阶段，训练损失值和验证损失值均随着训练周期的增加显著下降。随后，训练损失值在之后的训练周期中继续保持下降，而验证损失值的下降速率在之后的训练周期中不断降低。当验证损失值不再明显下降后，整个训练过程结束。

8.3　异构点阵结构力学性能研究与逆向设计

本节采用准静态压缩实验、有限元分析以及人工神经网络对异构点阵结构的准静态力学行为进行了详细的研究。

8.3.1　准静态实验结果

图 8.8 是四种异构点阵结构在准静态载荷作用下的名义应力-应变曲线，四个子图中名义应力-应变曲线的一致性验证了准静态压缩实验结果的有效性。一般来

说，异构点阵结构的名义应力-应变曲线也具有三个阶段，即线性段、平台段和密实段。在线性段名义应力随着名义应变的增加而线性增长。在平台段应力会出现一定程度的波动，但应力幅值基本保持不变。在密实段名义应变的轻微增加便会导致名义应力的显著增强。具体来说，RD 点阵结构平台段的应力比较稳定，而OT 点阵结构的应力在平台段会出现比较严重的波动。这是两种胞元的主导变形模式不同导致的，这个现象与采用其他材料增材制造的 RD 和 OT 点阵结构的研究结果一致。OT 点阵结构的应力在初始峰值应力之后出现了明显的下降现象，这导致初始峰值应力与平台段的应力之间出现了差别。然而，在 RD 点阵结构的应力-应变曲线中并没有观察到这个现象。与 RD 点阵结构相比，HO 和 HT 点阵结构的名义应力有了明显的提升。例如，HO 和 HT 点阵结构的应力-应变曲线在弹性段的斜率高于 RD 点阵结构。除此之外，与 OT 点阵结构的应力-应变曲线平台段的应力波动相比，HO 和 HT 点阵结构在平台段的应力波动得到了极大的缓解。

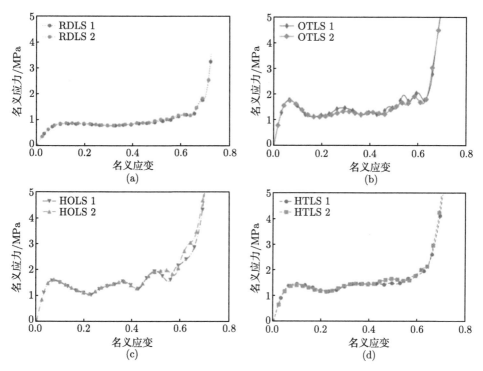

图 8.8　异构点阵结构在准静态载荷作用下的名义应力-应变曲线：(a) RD 点阵结构；(b) OT 点阵结构；(c) HO 点阵结构；(d) HT 点阵结构

除了异构点阵结构的名义应力-应变曲线以外，四种异构点阵结构的变形演化过程如图 8.9 所示。从图 8.9 中可以观察到 RD 点阵结构随着变形的发展，形成

了一个 "X" 形状的变形带。类似的变形特征在 Cao 等的研究中也有过报道。OT
点阵结构表现出逐层变形模式，形成了水平 "I" 形状的变形带。HO 和 HT 点阵
结构表现出了与 RD 和 OT 点阵结构截然不同的变形特征。对于强化相在外侧、
基体相在内侧的 HO 点阵结构来说，基体相受到外层强化相变形的引导，开始时
两者一起变形。随着变形过程的进行，内侧的基体相发生了十分严重的变形，形
成了哑铃状的变形区域，如图 8.9(c)($\varepsilon = 0.3$) 所示。对于 HT 点阵结构而言，变
形始于基体相，这导致处于四个角点的 OT 胞元发生转动。随着变形的不断累积，
变形带绕过了强化相并形成了钻石形的变形区域，如图 8.9(d)($\varepsilon = 0.3$) 所示。另
外，HT 点阵结构中间部位的横向变形明显小于其他三种异构点阵结构。根据上
述对于异构点阵结构变形模式的分析可知，异构点阵结构的变形特征对点阵结构
的构型具有强烈的依赖性。

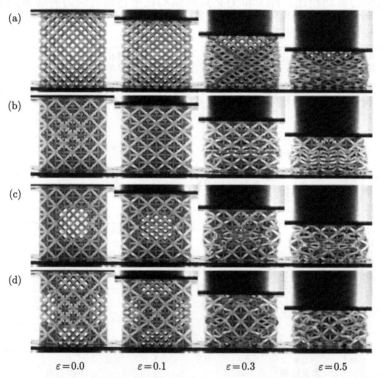

图 8.9　四种异构点阵结构的变形演化过程：(a) RD 点阵结构；(b) OT 点阵结构；
(c) HO 点阵结构；(d) HT 点阵结构

8.3.2 数值模拟结果

图 8.10 是通过数值模拟预测得到的点阵结构的名义应力-应变曲线与平均实验应力-应变曲线之间的对比图,蓝色曲线表示平均实验应力-应变曲线,而黑色曲线表示数值模拟结果。从图中可知,数值模拟结果捕捉到了四种异构点阵结构的实验结果的特征。从平均实验应力-应变曲线和数值模拟预测的应力-应变曲线中提取和计算了四种异构点阵结构的杨氏模量、初始峰值应力以及平台应力,如图 8.11 所示。从图中的对比结果可知,数值模拟结果较好地复现了实验结果。

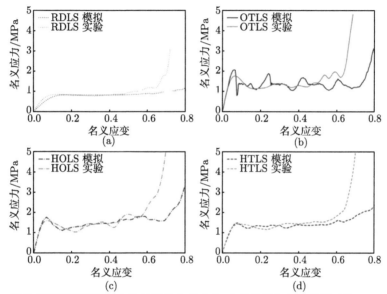

图 8.10　数值模拟预测得到的点阵结构的名义应力-应变曲线与实验结果对比:(a) RD 点阵结构;(b) OT 点阵结构;(c) HO 点阵结构;(d) HT 点阵结构

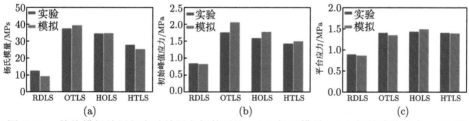

图 8.11　数值模拟结果与实验结果之间的对比:(a) 杨氏模量;(b) 初始峰值应力;(c) 平台应力

除了将数值模拟预测得到的四种异构点阵结构的应力-应变曲线与实验结果进行对比以外,还将数值模拟预测得到的点阵结构的变形演化过程与实验结果进行了对比,如图 8.12 所示。异构点阵结构的实际变形在图中的左侧部分,图中的右侧部分是带有等效塑性应变分布的数值模拟预测结果。显然,数值模拟结果重现了四种异构点阵结构的实验结果中的主要变形特征。在图 8.12(a)($\varepsilon = 0.3$) 中，实验结果表明 RD 点阵结构的中部横向变形显著高于两端的横向变形，但是数值模拟结果显示，点阵结构中部的横向变形与两端的横向变形比较接近。这可能与数值模拟和真实实验中的接触状态不完全相同有关，在实验中点阵结构与压头之间的接触为面–面接触，在数值模拟中点阵结构与压头之间的接触为节点–面接触，显然数值模拟中的接触面积要比实验中的小。在图 8.12(b)($\varepsilon = 0.3$) 中，实验结果显示 OT 点阵结构的杆件在大变形下以杆件的屈曲变形为主，在 OT 点阵结构的中部出现了水平方向的变形带。虽然数值模拟预测的点阵结构的变形带没有出现在点阵结构的中部，但是数值模拟结果捕捉到了 OT 点阵结构的主导变形模式，且在点阵结构的下方出现了水平方向的变形带。上述结果表明，所建立的有限元模型可以捕捉到点阵结构的主要变形特征，能够重现点阵结构的宏观变形模式。上述结果验证了有限元模型的可靠性与有效性。

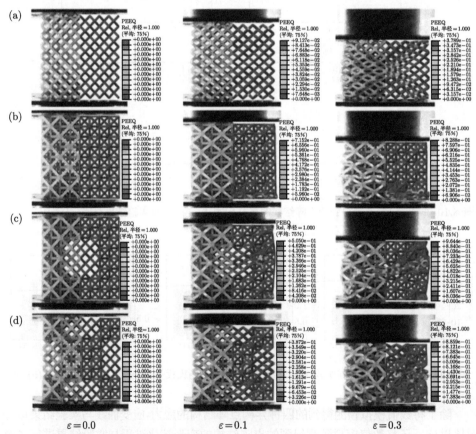

图 8.12   数值模拟预测的变形演化与实验结果之间的对比：(a) RD 点阵结构；(b) OT 点阵结构；(c) HO 点阵结构；(d) HT 点阵结构

8.3.3 人工神经网络的性能表现与预测结果

人工神经网络预测结果的准确度与训练网络时所使用数据集的丰富程度相关，数据集越丰富则训练得到的网络表现越好。在本章中，10485 组数据点作为训练集用于训练人工神经网络，2622 组数据点作为验证集用于在训练网络模型时验证网络的准确性。为了对人工神经网络预测结果的准确性进行评估，引入了相对误差 (relative-error，RE) 作为评估标准，该标准十分适合用于点对点的比较。相对误差是衡量预测值与参考值之间差别的一个指标，其定义式为

$$\mathrm{RE} = \frac{y_{\mathrm{predi}} - y_{\mathrm{refi}}}{y_{\mathrm{refi}}} \times 100\% \tag{8.11}$$

其中，y_{predi} 表示使用人工神经网络预测得到的结果；y_{refi} 表示通过有限元模型预测得到的结果。基于相对误差的计算结果，将相对误差值在 ±10% 内的概率 P 也作为一个评价训练后的人工神经网络表现的标准。这个概率值越大则表明人工神经网络的性能表现越好。

图 8.13 是使用训练之后的人工神经网络和有限元模型对具有不同数量强化相构型的异构点阵结构力学响应的预测结果。在该图中，左侧的 (a)~(e) 子图为人工神经网络模型和有限元模型对异构点阵结构的名义应力-应变曲线的预测结果，图中蓝色实线表示人工神经网络模型预测得到的结果，黄色实线表示有限元模型预测的结果。二值化异构点阵结构的构型矩阵用两种颜色进行表示，其中红色表示强化相，另外一种颜色表示基体相。从图中可知，人工神经网络模型预测得到的结果从线性段到密实段表现出了和有限元模型预测结果一致的变化趋势，并且完全捕捉到了线性段的响应。除了上述的定性分析，还对应力-应变曲线上每个特征点的相对误差 RE 和概率 P 进行了计算。图 8.13 中右侧子图 (f)~(j) 分别绘制了左侧子图 (a)~(e) 的相应相对误差值的分布情况。如果应力-应变曲线上某个特征点的相对误差在 ±10% 范围内，便用蓝色圆点对其进行标记，否则用红色圆点进行标记。根据圆点的颜色标识，计算概率 P 并将其附在每张子图中。从图中可以明显看到，大部分特征点均被标记为蓝色，这表明训练得到的人工神经网络模

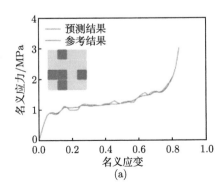

(a)

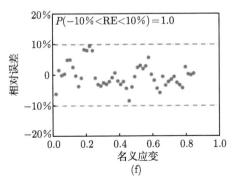

(f)

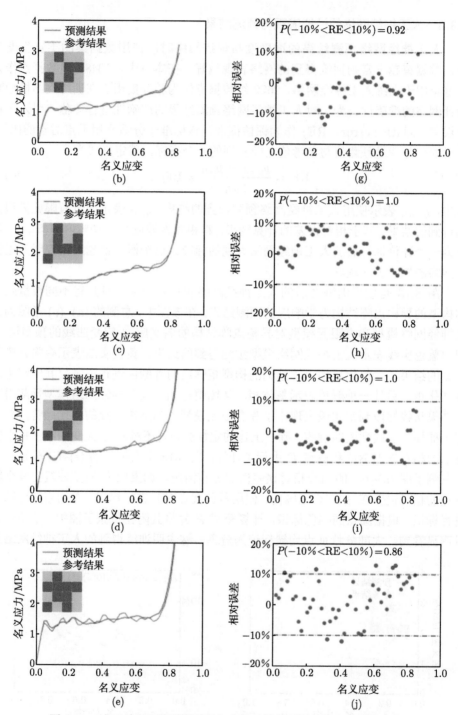

图 8.13　人工神经网络预测结果与有限元模型预测结果之间的对比图

型的预测精度较高。当然还有部分特征点被标记成了红色，见图 8.13(j)，但是此时的概率值接近 90% 且超出范围的特征点仍十分接近 ±10% 的边界。

除了将部分应力-应变曲线进行对比以外，还使用全体测试集对训练得到的人工神经网络的性能表现进行评估。全部测试集共有 52429 组数据点，每组数据点包含 50 个应力-应变曲线上的特征点，因此，测试集中共包含 2621450 个特征点。测试集中包含的特征点数量繁多，随机选取其中 1%(26214 个) 的特征点与相应有限元结果进行对比，对比结果如图 8.14(a) 所示。从该图中可以观察到，采用人工神经网络和有限元分析这两种方法获得的特征应力点的分布范围几乎完全一致，并且通过两种方法预测得到的特征应力点十分接近。为了对人工神经网络模型与有限元模型预测的特征点之间的关系进行量化分析，引入了皮尔逊相关系数 (Pearson correlation coefficient，Pearson's r)、决定系数 (coefficient of determination，R^2) 以及线性回归 (Linearregression) 这三种指标进行计算分析。皮尔逊相关系数线性量化了两个变量之间的相关性，其值域在 $[-1, 1]$ 之间，表明两个变量正负相关的程度，其表达式为

$$\text{Pearson's } r = \frac{\sum_{i=1}^{n}(x_i - \bar{x})(y_i - \bar{y})}{\sqrt{\sum_{i=1}^{n}(x_i - \bar{x})^2}\sqrt{\sum_{i=1}^{n}(y_i - \bar{y})^2}} \tag{8.12}$$

其中，n 表示样本数量；x_i 和 y_i 分别是每个变量的单个样本点；x 和 y 分别是每种变量的样本均值。决定系数的表达式为

$$R^2 = \frac{\sum_{i=1}^{n}(y_{\text{pred}i} - \bar{y}_{\text{ref}})^2}{\sum_{i=1}^{n}(y_{\text{ref}i} - \bar{y}_{\text{ref}})^2} \times 100\% \tag{8.13}$$

其中，$y_{\text{pred}i}$ 表示人工神经网络的预测值；$y_{\text{ref}i}$ 表示有限元模型的预测值；$\bar{y}_{\text{ref}}$ 表示有限元模型预测值的均值。

在本节中，y_{ref} 表示通过有限元模型获得的数据集，y_{pred} 表示通过训练后的人工神经网络获得的数据集。对这两个数据集进行皮尔逊相关系数、决定系数以及线性回归计算，结果如图 8.14(b) 所示。皮尔逊相关系数和决定系数分别为 0.9881 和 0.9727，这两个指标表明人工神经网络模型构建的数据集与有限元模型构建的数据集之间存在很强的线性关系。图中黑色点画线表示两个变量之间完全理想的线性关系，即 $y_{\text{pred}} = y_{\text{ref}}$，红色实线是通过拟合得到的线性回归线，其斜率为 0.9745，该数值与 1 十分接近。从图中还可以看到，特征应力点近乎均匀地分布在线性回归线的两侧，当特征应力点与黑色点画线越近时，表明人工神经网络的预测结果越准确。值得注意的是当应力值小于 1MPa 时，人工神经网络模型与有限元模型预测的应力点之间的差异几乎可以忽略不计。

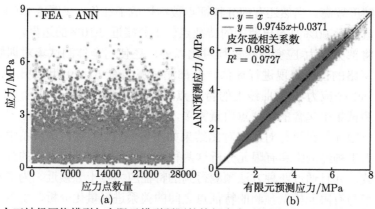

图 8.14　人工神经网络模型与有限元模型预测的特征应力对比图: (a) 部分特征应力点之间的
对比; (b) 特征应力点之间的线性关系

　　图 8.15 是相对误差在测试集上的统计分布特性。记相对误差为一个随机变量,首先采用密度直方图对随机变量的分布特性进行描述。从图中可观察到随机变量的密度直方图与正态分布的密度直方图比较接近。引入平均值和标准差这两个统计参数对随机变量的分布特性进行表征,这两个统计参数的数值分别为 0.3019% 和 5.8752%,这表明从统计学的角度来说相对误差的分布集中在 0 附近,证明了人工神经网络预测结果的准确性。采用基于核密度估计 (kernel density estimation,KDE) 的非参数方法对随机变量的概率密度函数 (probability density function,PDF) 进行合理估计,然后在整个分布区域上对获得的概率密度函数进行积分获得随机变量的累积分布函数 (cumulative density function,CDF)。从图 8.15 中可知,通过 KDE 得到的随机变量的概率密度函数捕捉到了随机变量的分布特性,且随机变量的分布集中在 $[-10\%, 10\%]$ 的范围内。在该图中,$[-10\%, 10\%]$ 区域已用两条蓝色点画线显式地进行标注。相对误差在该区域内的概率为 0.9098,这表明绝大多

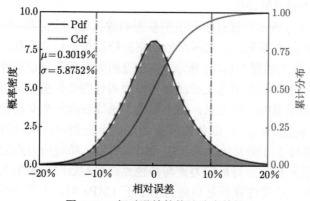

图 8.15　相对误差的统计分布特性

数的相对误差都集中在该区域内，同时也证明了预测结果的准确性。综上，对于人工神经网络模型对异构点阵结构力学性能预测结果的分析表明，训练得到的人工神经网络模型具有较好的泛化能力。因此，可以使用该模型准确预测在训练过程中尚未见过的异构点阵结构的力学响应，替代十分耗费时间的有限元分析。

8.3.4 异构点阵结构力学性能对其构型的依赖性

为了定量评估细观构型对异构点阵结构力学性能的影响，在本节中引入了几个表征指标。名义应力-应变曲线线性段的斜率称为弹性模量 (Young's modulus)。应力-应变曲线上的初始最大应力称为初始峰值应力 (initial peak stress)，即

$$\sigma_{\mathrm{pl}} = \frac{1}{\varepsilon_{\mathrm{d}} - \varepsilon_{\mathrm{i}}} \int_{\varepsilon_{\mathrm{i}}}^{\varepsilon_{\mathrm{d}}} \sigma(\varepsilon) \, \mathrm{d}\varepsilon \tag{8.14}$$

其中，σ_{pl} 表示平台应力；ε_{i} 是初始峰值应力处对应的应变；ε_{d} 是初始密实应变，可通过能量吸收效率曲线获得。能量吸收效率曲线 $\eta(\varepsilon)$ 的表达式为

$$\eta(\varepsilon) = \frac{\int_0^{\varepsilon} \sigma(\tau) \, \mathrm{d}\tau}{\sigma(\varepsilon)} \tag{8.15}$$

初始密实化应变对应于能量吸收效率曲线一阶导数为 0 处的应变，即

$$\frac{\mathrm{d}\eta(\varepsilon)}{\mathrm{d}\varepsilon} \Big|_{\varepsilon=\varepsilon_{\mathrm{d}}} = 0 \tag{8.16}$$

点阵结构单位体积所吸收的能量 (energy absorption per volumn，EA) 可通过对名义应力-应变曲线积分得到

$$\mathrm{EA} = \int_0^{\varepsilon} \sigma(\tau) \, \mathrm{d}\tau \tag{8.17}$$

基于 EA，点阵结构单位质量所吸收的能量 (specific energy absorption，SEA) 也可以用来评估点阵结构的力学性能，且排除了质量的影响

$$\mathrm{SEA} = \frac{\mathrm{EA}}{\rho^* \rho_{\mathrm{s}}} \tag{8.18}$$

其中，ρ_{s} 表示基体材料的密度；ρ^* 表示点阵结构的相对密度。撞击力效率 (crushingforce efficiency，CFE)，即平台应力与初始峰值应力的比值

$$\mathrm{CFE} = \frac{\sigma_{\mathrm{pl}}}{\sigma_{\mathrm{ip}}} \tag{8.19}$$

四种异构点阵结构的密度并不相同，为了排除密度对异构点阵结构力学性能的影响，计算了异构点阵结构的比力学性能，并将其绘制在图 8.16 中。从图中可以观察到，RD 点阵结构的比杨氏模量、比初始峰值应力、比平台应力和 SEA 均低于 OT 点阵结构，只有比 CFE 较 OT 点阵结构高。值得注意的是，OT 点阵结构的比初始峰值应力和比平台应力之间有较大的差距。上述性质严重限制了 RD 点阵结构和 OT 点阵结构在能量吸收领域中的应用，而异构点阵结构极大地缓解了上述窘境。与 RD 点阵结构相比，除了比 CFE 以外，异构点阵结构的其余力学性能均得到了显著的提升。与 OT 点阵结构相比，异构点阵结构的比初始峰值应力与比平台应力之间的差别显著减小。因此异构点阵结构成功地结合了拉伸主导型和弯曲主导型点阵结构的优点，更适合作为能量吸收材料。

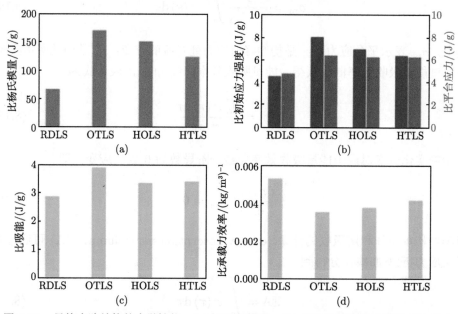

图 8.16   异构点阵结构的力学性能：(a) 比杨氏模量；(b) 比初始峰值应力和比平台应力；
(c) SEA；(d) 比 CFE

图 8.17 是异构点阵结构 (HOLS 和 HTLS) 的比吸能与已有点阵结构之间的对比图。已有的点阵结构包括传统点阵结构、基于板元素的点阵结构 (plate-lattice structures)、基于壳的点阵结构 (shell-lattice structures) 和多相点阵结构 (multi-morphology lattice structures，MM lattice structures)。图中不同的颜色和符号对应着已有的点阵结构。用于对比的点阵结构的密度和比吸能的跨度范围较大，图中的横纵坐标采用以 10 为底的对数坐标。从图中可知，异构点阵结构的能量吸收能力优于传统点阵结构和其他力学超材料 (mechanical metamaterials)。值得注意的是，异构点阵结构的比吸能远远超过多相点阵结构，多相点阵结构也是一

种典型的异构点阵结构。显然，异构点阵结构的比吸能与部分基于板元素的点阵结构 (如 Plate SC 和 Flat-Plate Tesseract) 和基于壳元素的点阵结构 (如 IWP-LTPMS、CY-LTPMS 和 Uniform Schwarz P) 接近，且显著高于一些基于板元素的点阵结构 (如 Flat-Plate Vintile 和 Modified Auxetic)。上述结果再次表明异构点阵结构具有应用于能量吸收领域的潜力。

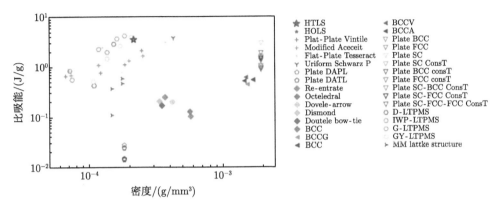

图 8.17　异构点阵结构与已有点阵结构比吸能的 Ashby 图

上述的研究结果进一步确认了构型对异构点阵结构的力学性能具有十分显著的影响。接下来选取异构点阵结构构型中的两个典型几何因素，并讨论其对异构点阵结构力学性能的影响。这两个几何因素分别为加载方向连续增强相的数量和两相之间的界面数量。

8.3.5　增强相的数量对异构点阵结构力学性能的影响

虽然增强相的体积分数恒定时，具有不同构型的异构点阵结构的相对密度不会发生显著的变化，但是构型决定了点阵结构具体的变形演化过程。为了探索构型对异构点阵结构的力学性能和变形模式的影响规律，指导异构点阵结构的结构设计，本节对加载方向连续增强相的数量这一几何因素对异构点阵结构的力学行为的影响进行了研究。将加载方向连续增强相的数量记为 n，为了研究增强相在加载方向的数量对异构点阵结构力学性能的影响，选取具有不同 n 值的异构点阵结构，如图 8.18(a) 所示。使用人工神经网络对这些异构点阵结构的名义应力-应变曲线进行预测，然后再根据应力-应变曲线计算异构点阵结构的力学性能，绘制在图 8.18(b)~(e) 中。上述结果表明，比杨氏模量和比初始峰值应力会随着 n 的增加而提高，但比平台应力几乎没有受到影响。当 $n=4$，即增强相占满整列时，异构点阵结构将具有最大的杨氏模量和初始峰值应力。根据式 (8.16) 和式 (8.18) 可计算得到异构点阵结构的初始密实化应变和比吸收能，这两个力学特性随着 n 的增加而降低。

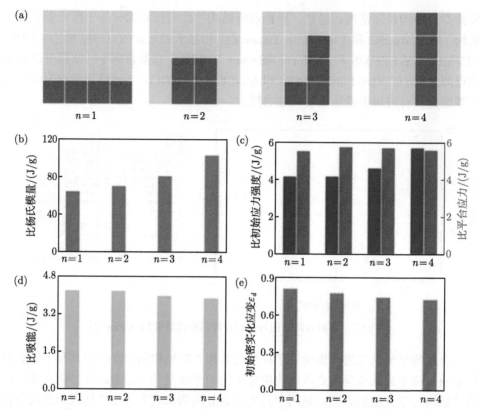

图 8.18　加载方向增强相的数量对异构点阵结构力学性能的影响：(a) 加载方向具有不同增强相的异构点阵结构构型；(b)~(e) 比杨氏模量、比初始峰值应力、比平台应力、比吸能以及初始密实化应变

8.3.6　两相界面数量对异构点阵结构力学性能的影响

HO 和 HT 这两种异构点阵结构的不同变形模式可能与增强相和基体相之间界面数量有关。除了上述两种点阵结构宏观变形模式的不同以外，在增强相和基体相的界面处还能观察到十分严重的变形，这可能为点阵结构力学性能的调控提供了另外一种方法。

为了研究增强相和基体相之间的界面数量对异构点阵结构力学性能的影响，使用训练好的人工神经网络对包含相同数量的增强相但两相间的界面数量不同的异构点阵结构的名义应力-应变曲线进行了预测。将界面的数量记为 s，具有不同两相界面数量的异构点阵结构如图 8.19(a) 所示，两相界面的数量 s 分别为 8、10、12 和 14。以上四种异构点阵结构的力学性能如图 8.19(b)~(e) 所示。从图中可以明显看到比杨氏模量、比初始峰值应力以及比平台应力均随着两相界面的数量 s 的增加而增加，而比吸能和初始密实化应变不随着两相界面数量 s 的增加而单调增加。上述结果表明，异构点阵结构的比杨氏模量、比初始峰值应力、比平台应力和比吸能可以通过合理地设置两相界面而得到提高。

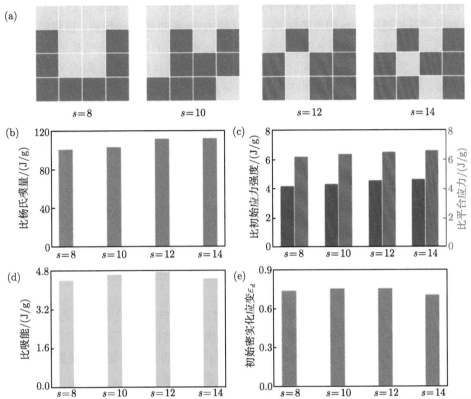

图 8.19　两相界面数量对异构点阵结构力学性能的影响：(a) 具有不同两相界面数量的异构点阵构型；(b)~(e) 比杨氏模量、比初始峰值应力、比平台应力、比吸能和初始密实化应变

8.3.7　具有不同构型的异构点阵结构的多样化力学性能

现有研究表明，点阵结构的构型对点阵结构的力学性能具有显著影响。比如异构点阵结构的两个典型几何因素，即加载方向增强相的数量和两相界面的数量。然而，相比于异构点阵结构的所有可能构型，具有上述几何因素的构型都具有十分明显的几何特征。因此，在本节中将根据异构点阵结构的名义应力-应变曲线的特征对更多异构点阵结构的构型进行介绍。

在本节中，依然考虑具有 4 个和 8 个增强相的异构点阵结构。在所有可能的构型中，具有 4 个增强相的异构点阵结构的总数为 $\begin{pmatrix} 16 \\ 4 \end{pmatrix} = 1820$，具有 8 个增强相的异构点阵结构的总数为 $\begin{pmatrix} 16 \\ 8 \end{pmatrix} = 12870$。随机从具有 4 个增强相和 8 个

增强相的异构点阵结构的构型中分别选取 4 个构型，使用训练好的人工神经网络对这些随机选取的异构点阵结构的名义应力-应变曲线进行预测，预测结果如图 8.20 所示。具体来说，图 8.20(A) 是具有 4 个增强相的异构点阵结构的名义应力-应变曲线，而图 8.20(B) 中展示了具有 8 个增强相的异构点阵结构的名义应力-应变曲线。除了使用人工神经网络对异构点阵结构的名义应力-应变曲线进行预测以外，还应用有限元分析对这些异构点阵结构的名义应力-应变曲线进行了预测。从图中可以看出，使用两种方法预测得到的应力-应变曲线之间具有较好的一致性。有限元模型还对这些异构点阵结构的变形演化过程进行了预测，如图 8.20(C) 和 (D) 所示。同时，在相应图中还附上了异构点阵结构的用颜色进行标记的二值化矩阵，如图 8.20(C) 和 (D) 中的 a~h 所示。图中具有 d 和 g 构型的异构点阵结构的名义应力-应变曲线仅具有一个平坦的平台，与 RD 点阵结构的名义应力-应变曲线特征类似。具有 a、b、c、e 和 h 构型的异构点阵结构的名义应力-应变曲线具有两个应力幅值的平台段，且平台段的长度也不相同。除了上述描述的应力-应变曲线的两种特征以外，具有 f 构型的异构点阵结构的名义应力-应变曲线表现出了一个连续强化区域的特征。

除了使用人工神经网络和有限元模型对异构点阵结构的名义应力-应变曲线进行预测以外，还使用有限元模型对不同异构点阵结构的变形模式进行预测，以探索应力-应变曲线表现出这些特征的本质原因。总的来说，变形总是起始于基体相，即弱相，但是异构点阵结构的构型也会影响其变形模式。例如，具有 a、b、c、e 和 h 构型的异构点阵结构展现出了两个阶段变形的特征，而这正是应力-应变曲线出现双应力平台的原因。其中，基体相的变形主导着应力-应变曲线的第一个平台段，而增强相的变形主导着应力-应变曲线的第二个平台段。具有 d 和 g 构型的异构点阵结构表现出基体相和强化相混合变形的变形模式。两相同时变形，使得应力-应变曲线表现出了一个长且平坦的平台段。对于具有 f 构型的异构点阵结构，变形最开始出现在基体相中，然后随着变形的进行，增强相逐渐参与到变形中，这种变形模式对应于应力-应变曲线的增强段，而不会展现出两段平台的特征。这里需要注意的是，这些异构点阵结构没有出现类似于 RD 点阵结构的贯穿对角线的变形带，这表明引入的增强相起到阻碍变形传播的作用。特殊的是，具有 b 和 c 构型的异构点阵结构的变形带穿过了基体相和增强相的界面继续传播。增强相和基体相间的稳定的混合变形会导致应力的平稳提升，见应力-应变曲线两个平台段过渡的部分，应力平滑地从第一个平台段向第二个平台段过渡。综上可以得出结论，不同的异构点阵结构构型对点阵结构的力学性能确实具有显著的影响，

影响的范围包括但不限于杨氏模量、初始峰值应力、平台应力的幅值、平台段的个数以及平台段的长度。上述的分析结果表明，采用异构化策略设计得到的异构点阵结构包含形式多样的力学响应，极大地拓展了点阵结构的设计空间与响应空间，这为定制化点阵结构的力学行为提供了潜在的可能。

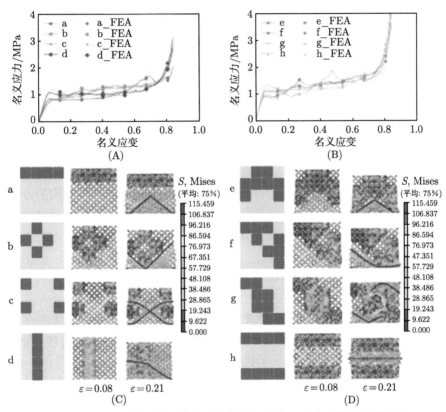

图 8.20　具有多种构型的异构点阵结构的名义应力-应变曲线和变形模式

8.3.8　基于人工神经网络逆向设计异构点阵结构

在特定载荷的作用下，预测具有某一构型的点阵结构的力学行为属于一个正问题，而寻求点阵结构的某一特定构型以满足已知目标响应是一个逆问题。对于点阵结构的正问题，可以建立理论模型对点阵结构的弹性模量和初始峰值应力进行预测，也可以使用有限元分析方法对点阵结构的详细应力分布情况和变形模式进行预测。但是如果需要预测的点阵结构的数量十分庞大，再采用上述理论分析和有限元数值模拟的方法解决这一问题显然不现实。在此处，可以使用训练好的人工神经网络模型替代烦琐的有限元分析对大量异构点阵结构的力学行为进行预测，实现节省时间和计算资源的目的。

现有研究结果已经明确表明, 异构点阵结构的力学性能与其构型具有强相关性。点阵结构的构型与力学响应之间的这种强相关性为根据特定目标响应设计点阵结构的微结构提供了潜在可能, 实现这种可能性的难点是获得这种强相关性的表达函数。人工神经网络为表示这种强相关性关系提供了可能。如前面研究内容所示, 训练得到的人工神经网络能够快速准确地预测大批量异构点阵结构的力学行为。因此, 使用人工神经网络对 65536 种异构点阵结构的力学性能进行预测。将每个异构点阵结构的构型与其相应的力学响应绑定在一起形成了一种独特形式的 "键值对", 共计 65536 组 "键值对", 所有 "键值对" 形成了异构点阵结构的力学性能 "字典"。因此, 可以在该 "字典" 中对指定构型异构点阵结构的力学性能进行查询, 反之, 可以根据异构点阵结构的力学响应获得其对应的构型。根据点阵结构的构型对其力学响应进行查询属于正问题, 在此不过多赘述。下面主要描述如何通过该 "字典" 根据某一目标响应获取最适合的构型的执行过程, 该过程如下。

在对异构点阵结构的细观结构进行逆向设计时, 首先需要提供一个合理的力学响应。然后, 将该目标响应与 "字典" 内所包含的所有异构点阵结构的力学响应进行比较。目标响应与某一异构点阵结构的力学响应之间的偏差可通过均方相对误差 (mean square relative error, MSRE) 来衡量, 其定义式为

$$\text{MSRE} = \frac{1}{n} \sum_{i=1}^{n} \left(\frac{y_{\text{T}i} - y_i}{y_{\text{T}i}} \right)^2 \tag{8.20}$$

其中, y_{T} 表示目标响应矢量; y 表示 "字典" 中异构点阵结构的力学响应矢量。接着, 将 "字典" 中所有的构型根据其对应的均方相对误差从小到大排序。最终, 将最符合目标响应的异构点阵结构的构型返回作为目标设计构型。

基于上述根据目标响应逆向设计异构点阵结构的方法, 设计了四种具有不同特征的应力-应变曲线作为目标响应进行点阵结构的逆向设计, 以演示 "字典" 在逆向设计点阵结构的构型中的应用。这些目标分别是: ①应力-应变曲线上仅有一个平台段; ②应力-应变曲线上有两个长度相等的平台段; ③应力-应变曲线上有两个平台段, 第二个平台段的长度较第一个平台段长; ④应力-应变曲线上有一个连续硬化段直至密实阶段。图 8.21 是分别具有以上四种特征的目标响应曲线和由 "字典" 推荐的异构点阵结构的力学响应曲线。其中, 图 8.21(a) 是具有一个平台段的应力-应变曲线, (b)、(c) 是具有两个不同长度平台段的应力-应变曲线, (d) 是具有线性强化段的应力-应变曲线。在图 8.21 中, 青色实线表示目标响应曲线 (Target), 黑色点画线表示人工神经网络模型预测的结果 (C_ANN)。对由 "字典" 推荐的异构点阵结构进行三维几何设计、增材打印, 并开展准静态压缩实验获得其应力-应变曲线。红色实线表示拥有最适合构型的异构点阵结构的准静态实验结果 (C_E)。同时, 还采用有限元分析对拥有最合适构型的异构点阵结构的力学响

应进行数值模拟，预测结果在图中用红色虚线 (C_FEA) 表示。此外，在图中还增加了最合适几何构型的用颜色标记的二值化矩阵，以及打印后的异构点阵结构的准静态压缩实验照片。从图中可以看到，根据四种典型目标响应生成的相应异构点阵结构的应力-应变曲线能够复现目标响应的主要特征，这表明生成的异构点阵结构的力学响应能够满足目标响应，实现了逆向设计异构点阵结构微结构的目的。此外，使用人工神经网络模型预测得到的结果通过了相应实验结果和有限元模型预测结果的验证。从图中同样能够观察到，人工神经网络模型的预测值与有限元模型预测的结果几乎一致，再次表明了用人工神经网络替代有限元分析的可行性。上述例子验证了基于人工神经网络模型对异构点阵结构可能构型的力学行为进行预测以建立力学响应的"字典"，并借助该"字典"实现根据目标响应逆向设计异构点阵结构细观构型的方法的可行性。

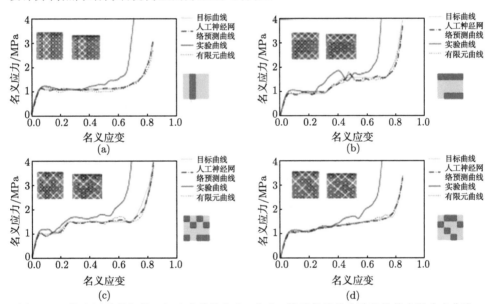

图 8.21 具有四种特征的目标响应曲线和由"字典"推荐的异构点阵结构的力学响应曲线：
(a) 具有一个平台段的应力-应变曲线；(b)、(c) 具有两个不同长度平台段的应力-应变曲线；
(d) 具有线性强化段的应力-应变曲线

8.4 构筑材料基于机器学习的多目标设计

8.4.1 多目标机器学习算法

下面介绍一种机器学习程序，它可以有效地将生成模型与模拟相结合，在各种约束条件下执行高维多目标优化 [14]。如图 8.22 所示，该方法由以下部分组成：① 生成式结构设计 (GAD)。在这一步中，GAD 利用编码器-解码器神经网络 (自动编码器) 来生成具有未知属性的体系结构集。自编码器将以无监督的方式学习高纬度的数据的有效表达方法，将结构高维设计空间的探索转化为一个低维的问题。这种方法已被证明是一项革命性技术。② 多目标主动学习环 (MALL)。MALL 对生成的数据集进行评估，并通过交互查询有限元方法 (FEM) 来搜索高性能架构。将整个方法称为 GAD-MALL。

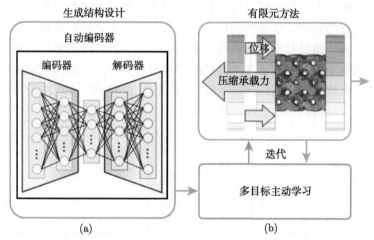

图 8.22　GAD-MALL 生成式架构设计-多目标主动学习循环：(a) 神经网络提出具有未知属性的候选项；(b) 机器学习 (ML) 算法通过交互查询有限元方法 (FEM) 来提出新的设计

　　目前有研究者将 GAD-MALL 方法应用于临床上非常重要的多属性优化问题——骨植入体。虽然骨骼有自我修复的功能，但当骨质缺损较大时，需要依靠植入体来支撑骨骼内部载荷，并诱导骨骼重新生长。金属材料优异的力学性能使其成为骨植入体的候选材料之一。然而实体金属结构的刚度过大，导致的应力屏蔽效应会阻碍骨骼生长。一个有效的解决办法是选择拥有较低刚度的多孔金属结构。通常多孔金属结构中杆件的力学响应可以用压应力-应变曲线表示。曲线线性部分的斜率 E 表示材料在永久变形前抵抗外部应力的能力，屈服点为 0.2% 应变时的屈服强度 (Y)，代表了不可逆变形开始前的最大阻力。因此，当需要将点阵结构应用于骨植入时，需要在外部约束下优化几个目标：① 点阵植入体的 E 必须与骨骼匹配；② Y 必须尽可能高，以支撑骨骼；③ 最终结构必须具有生物相容性和 3D 打印性能。此外，还需防止点阵结构的整体质量过大，以保证生物安全性。此外，为了平衡复杂度和计算效率，采用 $3\times3\times3$ 立方布置的 Gyroid 单元作为优化任务的模型输入。因此，该问题可视为高维多目标优化问题，该问题因"维数灾难"而呈现指数难度。

　　Gyroid 单元被归为三周期极小曲面 (TPMS) 族，具有高连通性、光滑表面和高度的可设计性，是一种理想的骨植入多孔结构。多目标拓扑优化也可以通过在约束条件下优化拓扑结构来实现多个力学性能目标，但这种变化往往会损害其他生物功能，并导致过度复杂的设计，限制打印性或力学表现。因此，为了保证生物相容性、可打印性和服务适用性，可以调整多孔结构内部 Gyroid 单元 (孔隙度) 的大小，而不是改变单元的拓扑结构，从而调整结构的整体力学性能。

为了模拟小梁和致密骨的力学行为，任务是设计 $E = 2500\,\mathrm{MPa}$ 和 $5000\,\mathrm{MPa}$ (E2500 和 E5000) 的高屈服强度支架。首先，为设计特定力学性能的均匀点阵结构，需为机器学习算法设定 "黄金标准"。分别为专业设计准则：利用拓扑优化生成的点阵结构；均匀设计准则：其他研究中所采用的均匀 Gyroid 单元尺寸的点阵结构。如果设计出的点阵结构的屈服强度显著超过 "黄金标准"(称为 "宝藏" 结构) 或学习过程没有进一步的进展，GAD-MALL 计算将会停止。

图 8.23(a) 展示了在计算过程中，GAD-MALL 算法中的 3D 卷积神经网络 (3D-CNNs) 在测试数据集 (从标记数据集中均匀采样) 上的良好性能。在当前问题设置和已知全局最优解的情况下 [图 8.23(b)]，GAD-MALL 与其他基线方法的比较证明了其优越的效率。GAD-MALL 曲线表现出明显的结构强度上升趋势，而基于随机搜索和基于贝叶斯优化的主动学习曲线均较为平坦，没有明显的提升。

实验结果表明，GAD-MALL 机器学习 (ML) 设计的点阵结构 (A1~A4) 比均匀点阵结构 (H1 和 H2) 表现出更好的性能，见图 8.23(c)。A1 和 H1 点阵的实验应变-应力曲线如图 8.23(c) 的插图所示。有限元分析证实了上述观察结果。图 8.23(d) 显示了 A1 和 H1 点阵的 von Mises 应力和静水压力的分布。与 H1 点阵相比，A1 点阵受应力集中的影响要小得多；此外，大量的 A1 点阵的杆件被压缩而不是被拉伸。ML 模型优先将更多的材料放置在点阵表面中心，优化了应力分布，提高了结构强度，同时增加了一定的质量。因此，GAD-MALL 能够通过有效地从少量初始数据点学习来找到最优架构。

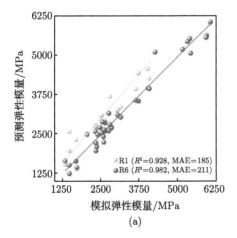

(a)

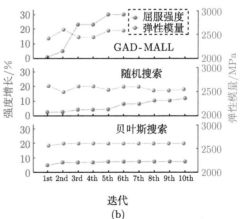

(b)

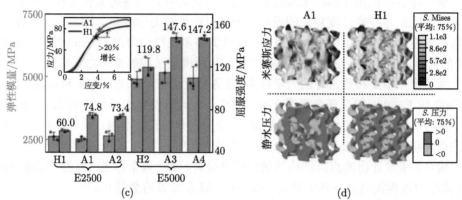

图 8.23　高性能点阵的高效数据学习：(a) 弹性模量 (E) 的 3D 卷积神经网络 (3D- CNNs) 的回归图 (第一轮和最后一轮主动学习)，两个 3D-CNNs 在测试集上都表现出出色的准确性，显示出较低的平均绝对误差 (MAE) 和较高的决定系数 (R^2)；(b) GAD-MALL(生成式架构设计-多目标主动学习循环) 与随机搜索和贝叶斯优化的基线比较；(c) 机器学习 (ML) 设计点阵 (E2500 为 A1、A2，E5000 为 A3、A4) 与均匀设计点阵 (E2500 为 H1, E5000 为 H2) 的实验 E、Y 比较，插图为 A1 和 H1 点阵的实验应变-应力曲线，插图中的虚线是将应力-应变曲线线段水平移 0.2% 应变偏移得到的，并用于得到曲线的屈服点；ML 设计点阵的 Y 值明显高于均匀设计点阵，数据以平均值来呈现 ±SD, $n = 3$；(d) 数值压缩分析, 在 10% 的变形下显示 A1 和 H1 点阵的 y-z 截面的 von Mises 应力和静水压力

8.4.2　基于机器算法生成的骨移植体

大多数真实世界的骨植入支架需要符合缺陷骨解剖形状。图 8.24(a) 和 (b) 显示了新西兰兔动物模型的不规则形状的骨缺损——发生在胫骨中部 30 mm 的缺损。图 8.24(c) 显示了通过 Micro-CT 扫描获得的胫骨的三维形状。由于可供选择的支架结构有很多，因此无论是通过实验还是数值模拟，寻找适合该形状的最佳支架结构都是困难且耗时的。下面展示了机器学习的设计原则是如何通过一个简单的机-人设计工作流程适应临床场景的。具体来说，为了将 ML 设计的立方支架用于更大的骨移植体，解决大型不规则骨缺损的固定问题，具体工作流程分为以下两个步骤：① 以 ML 设计的立方点阵单胞为基本单元，手动创建了一个 3×3×9 的长方体，其宽度、长度和高度分别为 18mm、18mm 和 54mm。② 随后，从长方体内部挖出了一个形状不规则的支架，与骨骼形状相匹配。然后，对拓扑优化、ML 和均匀设计进行了有限元研究，以评估其力学性能，模拟结果表明 ML 设计的载荷承载力明显高于其他两种设计 [图 8.24(d)]。实验验证的宏观力学行为可以通过图 8.24(e) 所示的位移-力曲线来表征，从图中可以看出，均匀设计的移植体与 ML 移植体的刚度几乎相同，而 ML 移植体的承载能力 (stars 表示) 要高很多 (20%)。在图 8.24(e) 的插图中给出的 von Mises 应力分布表明，ML 设计

的总体应力 (在 0.6 mm 变形下) 大大高于均匀设计。在相同的骨骼形状和变形情况下，ML 设计的内部应力积累越高，表明骨种植体的支撑能力越强。因此，ML 设计的面心点阵的强化效应是逐渐累积的。一个由许多独立的强化立方体组成的大型结构仍然表现出比相同规模的均匀设计更好的承载能力。

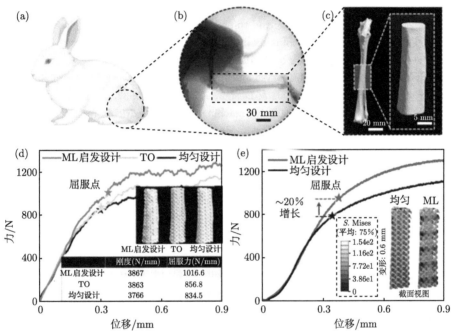

图 8.24　基于机器学习 (ML) 设计的骨支架：(a)、(b) 新西兰兔胫骨中部 30mm 的骨缺损；(c) 胫骨的断层扫描 (Micro-CT)；(d) 三维有限元方法 (FEM) 模拟 ML 结构、拓扑优化和均匀设计的位移-力曲线；(e)ML 设计与均匀设计的实验位移-力曲线，其中插图显示了两种设计在 0.6mm 变形下的 von Mises 应力

参 考 文 献

[1] Abiodun O I, Jantan A, Omolara A E, et al. State-of-the-art in artificial neural network applications: A survey[J]. Heliyon, 2018, 4(11): e00938.

[2] Myles A J, Feudale R N, Liu Y, et al. An introduction to decision tree modeling[J]. Journal of Chemometrics, 2004, 18(6): 275-285.

[3] Suthaharan S. Machine Learning Models and Algorithms for Big Data Classification: Thinking with Examples for Effective Learning[M]. New York: Springer, 2016.

[4] Creswell A, White T, Dumoulin V, et al. Generative adversarial networks: An overview[J]. IEEE ，Signal Processing Magazine, 2018, 35(1): 53-65.

[5] Schmidhuber J. Deep learning in neural networks: An overview[J]. Neural Networks, 2015, 61: 85-117.

[6]　LeCun Y, Bengio Y, Hinton G. Deep learning[J]. Nature, 2015, 521(7553): 436-444.

[7]　Kulagin R, Beygelzimer Y, Estrin Y, et al. Architectured lattice materials with tunable anisotropy: Design and analysis of the material property space with the aid of machine learning[J]. Advanced Engineering Materials, 2020, 22(12): 2001069.

[8]　Yang Z, Yu C H, Buehler M J. Deep learning model to predict complex stress and strain fields in hierarchical composites[J]. Science Advances, 2021, 7(15): eabd7416.

[9]　Yang Z, Yu C H, Guo K, et al. End-to-end deep learning method to predict complete strain and stress tensors for complex hierarchical composite microstructures[J]. Journal of the Mechanics and Physics of Solids, 2021, 154: 104506.

[10]　Challapalli A, Patel D, Li G. Inverse machine learning framework for optimizing lightweight metamaterials[J]. Materials & Design, 2021, 208: 109937.

[11]　Lee S, Zhang Z, Gu G X. Generative machine learning algorithm for lattice structures with superior mechanical properties[J]. Materials Horizons, 2022, 9(3): 952-960.

[12]　Wang J, Panesar A. Machine learning derived graded lattice structures[C]. 2021 International Solid Freeform Fabrication Symposium. Austin: University of Texas at Austin, 2021.

[13]　Bastek J H, Kumar S, Telgen B, et al. Inverting the structure-property map of truss metamaterials by deep learning[J]. Proceedings of the National Academy of Sciences, 2022, 119(1): e2111505119.

[14]　Peng B, Wei Y, Qin Y, et al. Machine learning-enabled constrained multi-objective design of architected materials. Nat Commun, 2023, 14: 6630.